全国高职高专建筑类专业规划教材
“互联网+”创新型教材

建筑构造与识图

（修订本）

主　编　宿翠霞　张　玮　魏　琳
副主编　陶登科　范海峥　何　江
　　　　周文静　宿兴华　刘京锋
主　审　黄敬文

黄河水利出版社
·郑　州·

内容提要

本书是全国高职高专建筑类专业规划教材，是根据教育部对高职高专教育的教学基本要求及中国水利教育协会职业技术教育分会高等职业教育教学研究会组织制定的建筑构造与识图课程标准编写完成的。本书共分为两篇，第一篇建筑构造，包括民用建筑概述、基础与地下室、墙体、楼地面、楼梯、屋顶、门与窗、变形缝；第二篇建筑识图，包括建筑施工图识图和结构施工图识图。

本书可作为高职高专职业院校、高等学校专科、成人教育学院等的建筑工程类专业教材和教学参考书，也可供从事土木建筑设计和施工的人员技术学习参考。

图书在版编目(CIP)数据

建筑构造与识图/宿翠霞，张玮，魏琳主编.—郑州：黄河水利出版社，2021.12 （2025.1 修订本重印）
全国高职高专建筑类专业规划教材
ISBN 978-7-5509-3182-4

Ⅰ.①建… Ⅱ.①宿… ②张… ③魏… Ⅲ.①建筑构造-高等职业教育-教材②建筑制图-识图-高等职业教育-教材 Ⅳ.①TU22 ②TU204

中国版本图书馆 CIP 数据核字(2021)第 256455 号

组稿编辑：王路平　电话：0371-66022212　E-mail：hhslwlp@163.com
韩莹莹　66025553　hhslhyy@163.com

出 版 社：黄河水利出版社　网址：www.yrcp.com
地址：河南省郑州市顺河路黄委会综合楼 14 层　邮政编码：450003
发行单位：黄河水利出版社
发行部电话：0371-66020550、66028024　E-mail：hhslcbs@126.com
承印单位：河南承创印务有限公司
开本：787 mm×1 092 mm　1/16
印张：13.75
字数：320 千字　印数：4 001—6 000
版次：2021 年 12 月第 1 版　印次：2025 年 1 月第 3 次印刷
2025 年 1 月修订本

定价：45.00 元

前 言

本书是根据中共中央办公厅、国务院办公厅《关于推动现代职业教育高质量发展的意见》(2021 年 10 月)、《国务院关于印发国家职业教育改革实施方案的通知》(国发〔2019〕4 号)等文件精神,编写的一本适合高职高专建筑类专业教材。本书依据国家最新相关标准、规范编写,主要涉及的新标准、新规范有《民用建筑设计统一标准》(GB 50352—2019)、《建筑设计防火规范》(GB 50016—2014)、《民用建筑热工设计规范》(GB 50176—2016)、《屋面工程技术规范》(GB 50345—2012)、《总图制图标准》(GB/T 50103—2010)、《房屋建筑制图统一标准》(GB/T 50001—2017)、《混凝土结构设计规范》(GB 50010—2010)等。

为了不断提高教材内容质量,编者于 2025 年 1 月根据教学实践中发现的问题和错误,对全书进行了系统修订完善。

“建筑构造与识图”是建筑类各专业的主要专业课,其特点是与生产实际有十分密切的关系。本书以培养学生能够满足生产实际岗位需求的基本技能为主线,注重把建筑构造知识与建筑识图的能力融会贯通,把培养学生的专业及岗位能力作为重心,突出其综合性、应用性和技能型的特色。

随着建筑技术的迅速发展,新材料、新工艺、新技术不断得到应用,与建筑、装饰工程相关的新标准、新规范、新技术也不断修订与更新。本书在编写过程中,遵循注重基本理论和基本技能培养的原则,按照新标准、新规范编写。以民用建筑构造为主,结合工程和行业特点,编入工程现状及发展,在参考同类教材相似内容的基础上,力争反映我国当前在建筑构造方面现行的新技术、新材料和新工艺的发展动态,并做到重点突出,注重实用性;在工程识图方面,以多套完整的建筑施工图纸进行系统性的综合识图能力培养。本书把建筑构造与识图的知识融会贯通,力争做到将内容与专业岗位的现实需求紧密结合,体现“教-学-做”相结合的项目化培养模式。

针对“建筑构造与识图”的课程特点,为了让学生学习过程更加直观地理解建筑构造,同时方便教学讲解,我们通过增强现实技术,以“互联网+教材”的思路,针对本书开发了二维码 APP 客户端,应用直观图片和微课视频等多种手段,融入典型建筑工程、名师讲解、施工工艺视频、建筑构造小动画,对教材中知识点进行了多方位立体式构建;同时,科技引领未来,物联网数字化时代,为更好地与移动终端相结合,本书对复习思考题也进行了二维码设置,形成了更好的互动性和用户体验。读者可以通过手机“扫一扫”的功能,扫描"复习思考题"二维码即可在课堂内外进行相应知识点的自我测试和练习，并通过答案解析，及时调整自我学习过程中遇到的问题。"互联网+教材"使读者对于"建筑构造与识图"课程的学习不仅仅局限于教材，还有了更直观的认识和了解，拓展了知识面，提高了学生的学习兴趣。

本书分为两篇，共十个项目，即民用建筑概述、基础与地下室、墙体、楼地面、楼梯、屋顶、门与窗、变形缝、建筑施工图识图和结构施工图。每个项目首先突出学习重点及能力培养目标，并以任务导入为载体，着重对方法的理解和理论的运用。以实际建筑工程为例，理论联系实际，同时以实际建筑施工图为例，做到图文并茂、深入浅出、立足实用、强化能力、注重实践；每个项目后面附有小结、复习思考题和技能实操。

本书参编单位及编写人员如下：山东水利职业学院宿翠霞、张玮、陶登科、周文静，河南水利与环境职业学院魏琳、何江，福建水利电力职业技术学院范海峥，中国建筑第七工程局有限公司宿兴华，日照市土地储备开发集团有限公司刘京锋。本书由宿翠霞、张玮、魏琳担任主编，宿翠霞负责全书的整体规划与统稿；由陶登科、范海峥、何江、周文静、宿兴华、刘京锋担任副主编；由山东水利职业学院黄敬文担任主审。

由于作者水平有限，书中难免存在不足和疏漏之处，敬请读者批评指正，在此谨表谢意！

编　者

2025 年 1 月

本书互联网全部资源

目 录

第二篇　建筑识图

第一篇 建筑构造

项目一 民用建筑概述

【学习重点】

◇ 建筑的构成要素。

◇ 建筑的分类与分级。

◇ 影响建筑构造的因素。

◇ 建筑模数。

◇ 建筑常用结构体系。

【能力培养】

◇ 能够了解建筑和建筑构造的定义。

◇ 能够了解建筑的分类与分级。

◇ 能够掌握影响建筑构造的主要因素。

◇ 能够掌握并应用建筑模数。

◇ 能够熟悉建筑常用结构体系特点及其适用的建筑类型。

【任务提出】

1. 建筑的起源与发展

人类建造建筑的最初原因是为了居住。人类最初的房屋是用树木搭建而成的,仅仅是为了能够遮风避雨。这只能说是建筑的雏形,随着人类的进化,建筑领域也出现了越来越多的奇迹。中国北京城宏伟壮观的故宫、诗情画意的苏州园林、埃及的金字塔,以及古罗马、古希腊的大教堂,都是让我们为之自豪的建筑。

2. 中国古建筑发展(见码 1-1)

码 1-1

夏,宫殿建筑和封闭庭院的首次出现,建筑形式为木架夯土。

商,建筑技术明显提高。但仍是"茅茨土阶"。商代后期迁都于殷(今河南安阳一带),城市形成。

西周,建都陕西。建造一系列奴隶主实行政治、军事统治的城市,制度明确,等级严明。四合院建筑产生,屋顶已采用瓦,到西周晚期,有的屋顶已全部铺瓦,并出现半瓦当,内墙面用三合土抹面。

春秋,奴隶社会的井田制日渐瓦解,封建生产关系开始出现。瓦的普遍使用和高台建筑(台榭)的出现,建筑技术和艺术有了飞跃性的发展,中国传统建筑体系初步形成。

战国，出现城市建设高潮，高台建筑盛行，瓦广泛使用，装修用砖出现。

秦，统一全国，修筑都城、宫殿和陵墓。其中，阿房宫、骊山陵墓规模之大，在历史上是空前的。

汉，古建筑繁荣期，其宫殿未央宫、建章宫等是前无古人的，木结构渐趋成熟；砖石结构和拱券结构也有了很大发展。

三国、晋、南北朝，佛寺、佛塔和石窟是当时突出的建筑形式，风水园林建设也极其兴盛。

隋、唐至宋，是我国封建社会的鼎盛时期。建筑技术和艺术有巨大的发展和提高。

明清时期，建筑有了相当的进步，建筑业趋向程序化、定型化，建筑规模不断扩大，建筑装饰也变得琐碎复杂起来。

现代建筑，宏伟壮观，不断挑战结构难题，高层建筑、超高层建筑拔地而起，充满现代科技感。中国现代建筑将传统的木结构体系与西方的混凝土结构相融合，逐渐形成中国特色建筑风格。

建筑是建筑物和构筑物的总称，是人类为了满足日常生活和社会活动而创造的空间环境。凡是能直接供人们在其内进行生产、生活或进行其他活动的房屋或场所均称为建筑物，如住宅、办公楼、学校、影剧院和工厂的车间等；而把不具备或不能直接供人们居住使用的建筑称为构筑物，如水坝、水塔、蓄水池、烟囱等。本课程研究对象是建筑物。

建筑构造是一门研究建筑物的构造组成、构造原理和构造方法的学科。建筑构造组成研究的是一般房屋的各个组成部分及其作用；构造原理研究的是房屋各个组成部分的构件或配件的构造原理；构造方法则是在构造原理的指导下，运用不同的建筑材料和建筑制品构成构件和配件，以及构配件之间的连接方法。因此，建筑构造具有很强的实践性和综合性，涉及建筑材料、建筑结构、建筑设备、建筑施工等方面的知识。

【课程思政】

党的二十大报告提出，推进文化自信自强，铸就社会主义文化新辉煌。中国建筑作为一种独特的文化艺术形态，具有深厚的历史和文化意义。中国建筑起源可追溯至新石器时代，历经数千年的发展，形成了丰富多样的建筑类型和风格，山西应县佛宫寺木塔、中国古典园林等都是中国优秀的传统建筑代表，被誉为世界建筑史上的瑰宝。近年来，中国建造的现代化建筑也日趋创新和精美，北京国家大剧院、上海环球金融中心等高科技的现代化建筑不仅斩获了国际大奖，也成为了中国的城市名片。中国建筑文化是我们民族的瑰宝，更是我们展示文化自信的重要形式。

任务一　建筑的构成要素、分类与等级划分

一、建筑的构成要素

构成建筑的基本要素包括建筑功能、建筑技术和建筑艺术形象三个方面。

（一）建筑功能

建筑功能是人们建造房屋的具体目的和使用要求的综合体现。建筑不但要满足各自的使用功能要求，而且还要为人们创造一个舒适的卫生环境，满足人们生理要求的功能。

建筑功能主要体现在以下几个方面。

1. 满足人体尺度和人体活动所需空间尺度的要求

建筑是供人使用的，它的空间尺度必须满足人体活动的要求，既不能使人活动不方便，也不应造成不必要的浪费。建筑物中房屋的面积、尺寸及家具、设备的尺寸，踏步、窗台、栏杆的高度，门洞、走廊、楼梯的宽度和高度，也都与人体尺度及其活动所需的空间尺度有关。所以，人体尺度和人体活动所需的空间尺度是确定建筑空间的基本依据。

2. 满足人的生理要求

要求建筑应具有良好的朝向、保温、隔声、防潮、防水、采光及通风的性能，这也是人们进行生产和生活活动所必需的条件。

3. 满足不同建筑有不同使用特点的要求

不同性质的建筑物在使用上有不同的特点，例如火车站要求人流、货流畅通，影剧院要求听得清、看得见和疏散快，工业厂房要求符合产品的生产工艺流程，某些实验室对温度、湿度的要求等，都直接影响着建筑物的使用功能。

建筑的千变万化形式中满足功能要求是建筑的主要目的，建筑功能在建筑构成的要素中起主导作用。

（二）建筑技术

建筑技术是建造房屋的手段，包括建筑材料与制品技术、结构技术、施工技术、设备技术等方面的内容。随着材料技术的不断发展，各种新型材料不断涌现，为建造各种不同结构形式的房屋提供了物质保障；随着建筑结构计算理论的发展和计算机辅助设计的应用，建筑结构设计技术不断革新，为房屋建筑的安全性提供了保障；各种高性能的建筑施工机械、新的施工技术和工艺提供了房屋建造的手段；建筑设备的发展为建筑满足各种使用要求创造了条件。随着建筑技术的不断发展，高强度建筑材料的产生、结构设计理论的成熟和更新、设计手段的更新、建筑内部垂直交通设备的应用，有效地促进了建筑朝大空间、大高度、新结构形式的方向发展。

（三）建筑艺术形象

构成建筑艺术形象的因素有建筑的体形、立面形式、细部与重点的处理、材料的色彩和质感、光影和装饰处理等。建筑艺术形象是建筑功能和技术的综合反映。建筑艺术形象处理得当，就能产生良好的艺术效果，给人以美的享受。不同社会和时代、不同地域和民族的建筑都有不同的建筑形象，它反映了时代的生产水平、文化传统、民族风格等特点。

综上所述，建筑三要素既相互联系、相互约束，又不可分割，但有主次之分。建筑功能起到了主导作用；建筑技术是达到建造目的手段，但是技术对功能又有约束和促进的作用；建筑艺术形象是功能和技术的反映，如果充分发挥设计者的主观作用，在一定功能和技术条件下可以把建筑设计得更加美观。

二、建筑的分类

建筑的分类方法很多，一般按以下几种情况进行分类（见码 1-2）。

(一)按建筑物使用性质分类

码 1-2

1. 民用建筑

民用建筑是指供人们工作、学习、生活和居住用的建筑物。

(1)居住建筑,如住宅、宿舍、公寓等。

(2)公共建筑,按性质不同又可分为 15 类之多,如文教建筑、托幼建筑、医疗卫生建筑、观演性建筑、体育建筑、展览建筑、旅馆建筑、商业建筑、电信及广播电视建筑、交通建筑、行政办公建筑、金融建筑、饮食建筑、园林建筑、纪念建筑。

2. 工业建筑

工业建筑是指供为人们从事各种工业生产活动的建筑,如生产车间、辅助车间、动力用房、仓储建筑等。

3. 农业建筑

农业建筑是指供农(牧)业生产和加工用的建筑,如种子库、温室、畜禽饲养场、农副产品加工厂、农机修理厂(站)等。

(二)按地上建筑高度或层数分类

(1)建筑高度不大于 27.0 m 的住宅建筑、建筑高度不大于 24.0 m 的公共建筑及建筑高度大于 24.0 m 的单层公共建筑为低层或多层民用建筑。

(2)建筑高度大于 27.0 m 的住宅建筑和建筑高度大于 24.0 m 的非单层公共建筑,且高度不大于 100.0 m 的,为高层民用建筑。

(3)建筑高度大于 100.0 m 的为超高层建筑。

建筑高度是指建筑物自室外设计地面至建筑主体檐口顶部的垂直高度。

注:建筑防火设计应符合现行国家标准《建筑设计防火规范》(GB 50016)有关建筑高度和层数计算的规定。

(三)按建筑结构分类

建筑结构是指建筑物中由承重构件(基础、墙体、柱、梁、楼板、屋架等)组成的体系。

1. 砖木结构

砖木结构是指主要承重构件由砖、木构成的结构。其具有构造简单、施工方便的特点,一般为 3 层以下,便于就地取材,能节约钢材、水泥,降低造价。20 世纪 50~60 年代建造的民用房屋和简易房屋,大多为这种结构。

2. 砖混结构

砖混结构是指竖向承重构件采用砖墙或砖柱,水平承重构件采用钢筋混凝土楼板的混合结构。砖混结构一般为 6 层以下,造价较低,抗震性能较差,这类建筑物正逐步被钢筋混凝土结构的建筑物所替代,常用于多层住宅等建筑。

3. 钢筋混凝土结构

钢筋混凝土结构的主要承重构件有梁、板、柱、墙(剪力墙)、屋架等,是由钢筋和混凝土两大材料构成的。其围护构件是由轻质砖或其他砌体做成的。其具有坚固耐久、抗震性能好、防火、可塑性较强等特点,目前发展前途最大。

4. 钢结构

钢结构是指主要承重构件均是用钢材制成的结构。这种结构力学性能好,自重轻,制作安装方便,多用于高层公共建筑和跨度大的建筑,如体育馆、影剧院、跨度大的工业厂房等。

(四)按建筑施工方法分类

1. 现浇、现砌式建筑

这种建筑物的主要承重构件均是在施工现场浇筑和砌筑而成的。

2. 预制、装配式建筑

这种建筑物的主要承重构件均是在加工厂制成预制构件,在施工现场进行装配而成的。

3. 部分现浇现砌、部分装配式建筑

这种建筑物的一部分构件(如墙体)是在施工现场浇筑或砌筑而成的,一部分构件(如楼板、楼梯)是采用在加工厂制成的预制构件。

4. 装配式建筑

这种建筑物的主要承重构件均采用预制厂预制,然后现场进行组装。

三、建筑的等级划分(见码 1-2)

建筑物的等级,一般按耐久年限和耐火年限进行划分。

(一)按耐久性能划分

建筑物的耐久等级,主要根据建筑物的重要性和规模大小划分,作为基建投资和建筑设计的重要依据。

耐久等级是指建筑的设计使用年限,使用年限的长短是依据建筑物的性质决定的。影响建筑使用年限的主要因素,是结构构件的选材和结构体系。

《民用建筑设计统一标准》(GB 50352—2019)中规定,民用建筑的设计使用年限应符合表 1-1 的规定。

表 1-1　建筑物耐久等级

类别	设计使用年限(年)	示例
1	5	临时性建筑
2	25	易于替换结构构件的建筑
3	50	普通建筑和构筑物
4	100	纪念性建筑和特别重要的建筑

(二)按耐火性能划分

建筑物的耐火等级,是衡量建筑物耐火程度的标准,是由组成建筑物的构件的燃烧性能和耐火极限的最低值所决定的。划分建筑物耐火等级的目的在于根据建筑物的不同用途提出不同的耐火等级要求,做到既有利于安全,又有利于节约基本建设投资。

《建筑设计防火规范》(GB 50016—2014)将建筑物的耐火等级划分为一、二、三、四级,如表 1-2 所示。

一级的耐火性能最好,四级的耐火性能最差。性能重要、规模宏大或者具有代表性的建筑,通常按耐火等级一、二级进行设计;大量性或一般性的建筑,按二、三级设计;次要或临时的建筑,按四级设计。

1. 建筑构件的燃烧性能

建筑构件的燃烧性能,是指建筑构件受到火的作用以后参与燃烧的能力。它可分为如下三类:

表 1-2 不同耐火等级建筑相应构件的燃烧性能和耐火极限 (单位:h)

构件名称		耐火等级			
		一级	二级	三级	四级
墙	防火墙	不燃性 3.00	不燃性 3.00	不燃性 3.00	不燃性 3.00
	承重墙	不燃性 3.00	不燃性 2.50	不燃性 2.00	难燃性 0.50
	非承重外墙	不燃性 1.00	不燃性 1.00	不燃性 0.50	可燃性
	楼梯间和前室的墙、电梯井的墙、住宅建筑单元之间的墙和分户墙	不燃性 2.00	不燃性 2.00	不燃性 1.50	难燃性 0.50
	疏散走道两侧的隔墙	不燃性 1.00	不燃性 1.00	不燃性 0.50	难燃性 0.25
	房间隔墙	不燃性 0.75	不燃性 0.50	难燃性 0.50	难燃性 0.25
柱		不燃性 3.00	不燃性 2.50	不燃性 2.00	难燃性 0.50
梁		不燃性 2.00	不燃性 1.50	不燃性 1.00	难燃性 0.50
楼板		不燃性 1.50	不燃性 1.00	不燃性 0.50	可燃性
屋顶承重构件		不燃性 1.50	不燃性 1.00	可燃性 0.50	可燃性
疏散楼梯		不燃性 1.50	不燃性 1.00	不燃性 0.50	可燃性
吊顶(包括吊顶搁栅)		不燃性 0.25	难燃性 0.25	难燃性 0.15	可燃性

注:除《建筑设计防火规范》(GB 50016—2014)另有规定外,以木柱承重且墙体采用不燃材料的建筑,其耐火等级应按四级确定。

(1)不燃烧体。指用不燃烧材料(如天然石材、人工石材、金属材料等)做成的建筑构件。

(2)难燃烧体。指用难燃烧材料做成的建筑构件,或虽用燃烧材料做成,但用不燃烧材料作为保护层的构件。难燃烧材料是指在空气中受到火烧或高温作用时难起火、微燃、难炭化,当火源移走后燃烧或微燃立即停止的材料,如沥青混凝土构件、木板条抹灰的构件(经过防火处理的木材)、用有机物填充的混凝土和水泥刨花板等。

(3)燃烧体。指用容易燃烧的材料做成的建筑构件。燃烧材料是指在空气中受到火烧或高温作用时立即起火或微燃,且火源移走后仍继续燃烧或微燃的材料,如木材、纸板、胶合板等。

2. 建筑构件的耐火极限

建筑构件的耐火极限,是指建筑构件按时间-温度标准曲线进行耐火试验,从受到火的作用时起,到失去支持能力或失去隔火作用时为止的这段时间,用小时(h)表示。只要三个条件(失去支持能力,完整性被破坏,失去隔火作用)中任何一个条件出现,就可以确定达到其耐火极限。

任务二　建筑的构造组成及影响因素

一、建筑的构造组成

一幢建筑一般是由基础、墙、楼地层、楼梯、屋顶和门窗等六大部分组成的，如图 1-1 所示。

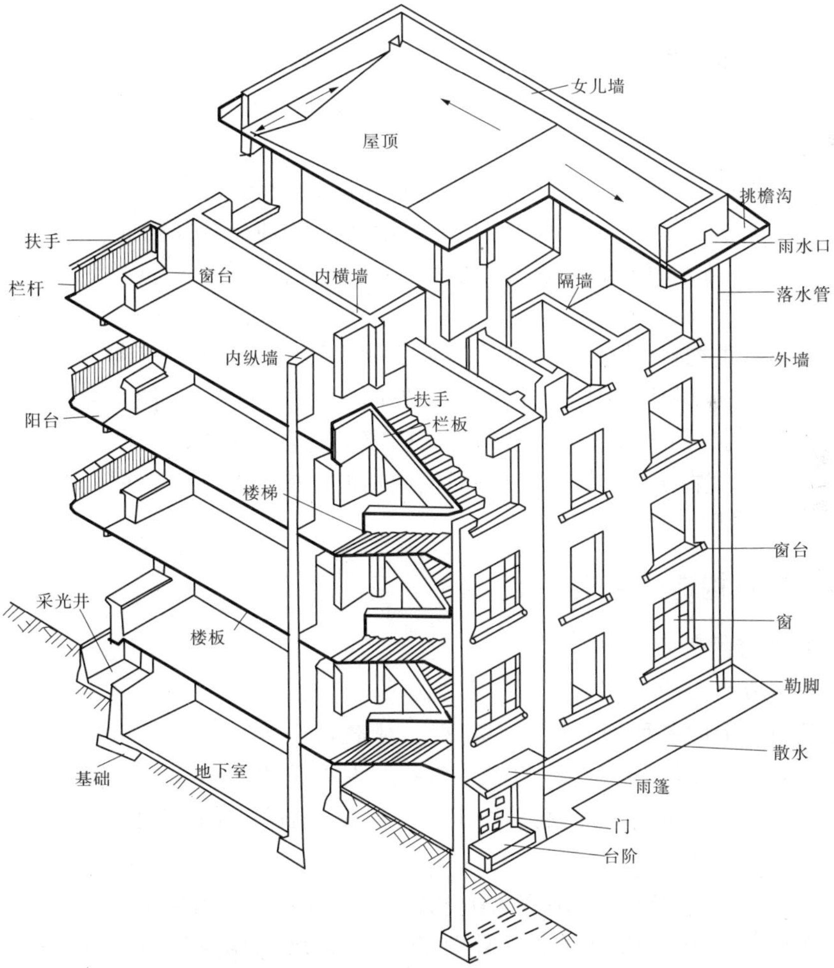

图 1-1　房屋的构造组成

(一)基础

基础是房屋底部与地基接触的承重结构，它的作用是把房屋上部的荷载传给地基。基础必须具有足够的强度和刚度，并能抵抗地下的各种侵蚀，以确保建筑的安全。

(二)墙

墙是建筑物的竖向承重结构和围护构件。墙体应具有足够的强度、稳定性，并具有保温、隔热、防水、防火、耐久及经济等性能。

(三)楼地层

楼地层包括楼板层和地坪层。

楼板层是水平方向的承重结构,用来分隔楼层之间的空间。楼板层承受家具、设备和人体荷载以及本身的自重,并将这些荷载传给墙,同时对墙体起着水平支撑作用。因此,要求楼板层应具有足够的抗弯强度、刚度和隔声、防潮、防水的性能。

地坪层是底层房间与地基土层相接的构件,起承受底层房间荷载的作用。要求地坪层还应具有耐磨、防潮、防水、防尘和保温的性能。

(四)楼梯

楼梯是房屋的垂直交通工具,作为人们上下楼层和发生紧急事故时疏散人流之用。因此,要求楼梯具有足够的通行能力,并且防滑、防火,能保证安全使用。

(五)屋顶

屋顶是房屋顶部的围护构件,起抵抗风、雨、雪的侵袭和太阳辐射热影响的作用。屋顶又是房屋顶部的承重结构,承受风、雪和施工期间的各种荷载。因此,屋顶应具有足够的强度、刚度及防水排水、保温、隔热等性能。

(六)门窗

门窗均属非承重构件,也称为配件。门主要供人们出入内外交通和分隔房间用,窗主要起通风、采光、分隔、眺望等围护作用。处于外墙上的门窗也是围护构件的一部分,要满足热工及防水的要求;某些有特殊要求的房间门窗应具有保温、隔声、防火的能力。

建筑除上述六大基本组成部分外,不同使用功能的建筑物,还有许多特有的构件和配件,如阳台、雨篷、台阶、排烟道等。

二、影响建筑构造的因素

(一)外界环境的影响

1. 外界作用力的影响

作用在建筑物上的各种外力统称为荷载。荷载可分为恒荷载(如结构自重)和活荷载(如人群、家具、风雪及地震荷载)两类。荷载的大小是建筑结构设计的主要依据,也是结构选型及构造设计的重要基础,起着决定构件尺度、用料多少的重要作用。

2. 气候条件的影响

太阳的辐射热,自然界的风、雨、雪、霜、地下水等构成了影响建筑物的多种因素,故在构造上应对各有关构配件及部位采取必要的防护措施,如防潮、防寒、隔热、防温度变形等。

3. 各种人为因素的影响

各种人为因素如噪声、振动、化学辐射、爆炸、火灾等,应通过在房屋相应的部位采取可靠的构造措施提高房屋的生存能力。

(二)建筑技术条件的影响

建筑技术条件指建筑材料技术、结构技术和施工技术等。随着这些技术的不断发展和变化,建筑构造技术也在改变着,如砖混结构构造技术不可能与钢筋混凝土构造技术相同。所以,建筑的构造做法不能脱离一定的建筑技术条件而存在。

(三)建筑标准的影响

建筑标准所包含的内容较多,与建筑构造关系密切的主要有建筑的造价标准、建筑装修标准和建筑设备标准。标准高的建筑,其装修质量好,设备齐全且档次高,建筑的造价也较高;反之,则建筑造价较低。

任务三　建筑模数与定位轴线

一、建筑模数

(一)建筑模数的概念

建筑模数是选定的尺寸单位,作为尺度协调中的增值单位,也是建筑设计、建筑施工、建筑材料与制品、建筑设备、建筑组合件等各部门进行尺寸协调的基础。

(二)建筑模数的内容

1.基本模数

基本模数是选定的标准尺寸单位,用 M 表示,1M=100 mm。整个建筑物以及建筑组合件的模数化尺寸,应是基本模数的倍数。

2.导出模数

1)扩大模数

扩大模数是基本模数的整数倍。

(1)水平扩大模数:基数为 3M、6M、12M、15M、30M、60M 等 6 个,相应的尺寸分别为 300 mm、600 mm、1 200 mm、1 500 mm、3 000 mm、6 000 mm。

(2)竖向扩大模数:基数为 3M 和 6M,其相应的尺寸为 300 mm 和 600 mm。

2)分模数

分模数是基本模数的分数值。基数为 1/10M、1/5M、1/2M 等 3 个,其相应的尺寸为 10 mm、20 mm、50 mm。

3)模数数列

模数数列是指由基本模数、扩大模数、分模数为基础扩展成的一系列尺寸。模数数列应按表 1-3 采用。

模数数列的适用范围如下:

(1)水平基本模数 1M~20M 的数列,应主要用于建筑物的门窗洞口和构配件截面等处。

(2)竖向基本模数 1M~36M 的数列,应主要用于建筑物的层高、门窗洞口和构配件截面等处。

(3)水平扩大模数 3M、6M、12M、15M、30M、60M 的数列,应主要用于建筑物的开间或柱距、进深或跨度、构配件尺寸和门窗洞口等处。

(4)竖向扩大模数 3M 的数列,应主要用于建筑物的层高和门窗洞口等处。

(5)分模数 1/10M、1/5M、1/2M 的数列,应主要用于建筑物的缝隙、构造节点、构配件截面等处。

表 1-3 模数数列

(单位:mm)

基本模数	扩大模数						分模数		
1M	3M	6M	12M	15M	30M	60M	1/10M	1/5M	1/2M
100	300	600	1 200	1 500	3 000	6 000	10	20	50
100							10		
200							20	20	
300	300						30		
400							40	40	
500							50		50
600	600	600					60	60	
700							70		
800							80	80	
900	900						90		
1 000							100	100	100
1 100							110		
1 200	1 200	1 200	1 200				120	120	
1 300							130		
1 400							140	140	
1 500	1 500			1 500			150		150
1 600							160	160	
1 700							170		
1 800	1 800	1 800					180	180	
1 900							190		
2 000							200	200	200
2 100	2 100							220	
2 200								240	
2 300									250
2 400	2 400	2 400	2 400					260	
2 500								280	
2 600								300	300
2 700	2 700							320	
2 800								340	
2 900									350
3 000	3 000	3 000		3 000	3 000			360	
3 100								380	
3 200								400	400
3 300	3 300								450
3 400									500
3 500									550
3 600	3 600	3 600							600
	3 900								650
	4 200	4 200							700
	4 500			4 500					750
	4 800	4 800	4 800						800
	5 100								850
	5 400	5 400							900
	5 700								950
	6 000	6 000	6 000	6 000	6 000	6 000			1 000
	6 300								

续表 1-3

基本模数	扩大模数						分模数		
1M	3M	6M	12M	15M	30M	60M	1/10M	1/5M	1/2M
100	300	600	1 200	1 500	3 000	6 000	10	20	50
	6 600	6 600							
	6 900								
	7 200	7 200	7 200						
	7 500			7 500					
		7 800							
		8 400	8 400						
		9 000		9 000					
		9 600	9 600						
			10 800	10 800					
			12 000	12 000	12 000	12 000			
					15 000				
					18 000	18 000			
					21 000				
					24 000	24 000			
					27 000				
					30 000	30 000			
					33 000				
					36 000	36 000			

二、定位轴线

定位轴线是定位轴面在水平面或垂直面的投影线，用来确定建筑物主要结构构件位置及其标志尺寸的基准线，同时也是施工放线的基线。用于平面时称为平面定位轴线，用于竖向时称为竖向定位轴线。

(一) 平面定位轴线

1. 平面定位轴线编注方法

平面定位轴线有横向定位轴线和纵向定位轴线。横向定位轴线编注在图的下方，其编号用阿拉伯数字从左至右顺序编写；纵向定位轴线编注在图的左方，其编号用大写的拉丁字母从下至上顺序编写（见图 1-2）。定位轴线用细点画线绘制。定位轴线一般应编号，编号应注写在轴线端部的圆内。圆应用细实线绘制，直径应为 8 mm，详图上可增为 10 mm。定位轴线端部圆的圆心，应在定位轴线的延长线上或延长线的折线上。组合较复杂的平面图中定位轴线也可采用分区编号，注写形式为“分区号-该区轴线号”（见图 1-3）。

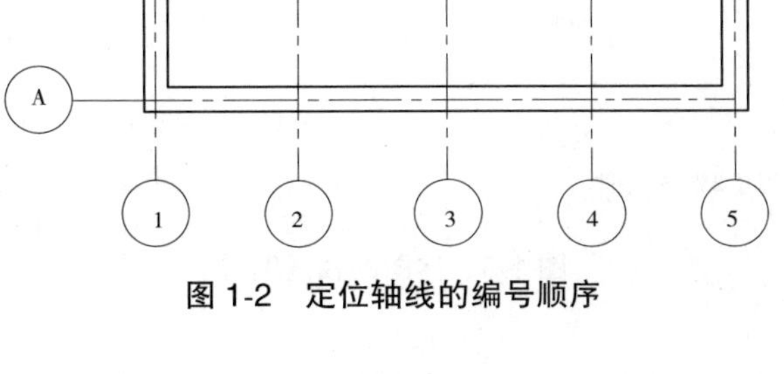

图 1-2　定位轴线的编号顺序

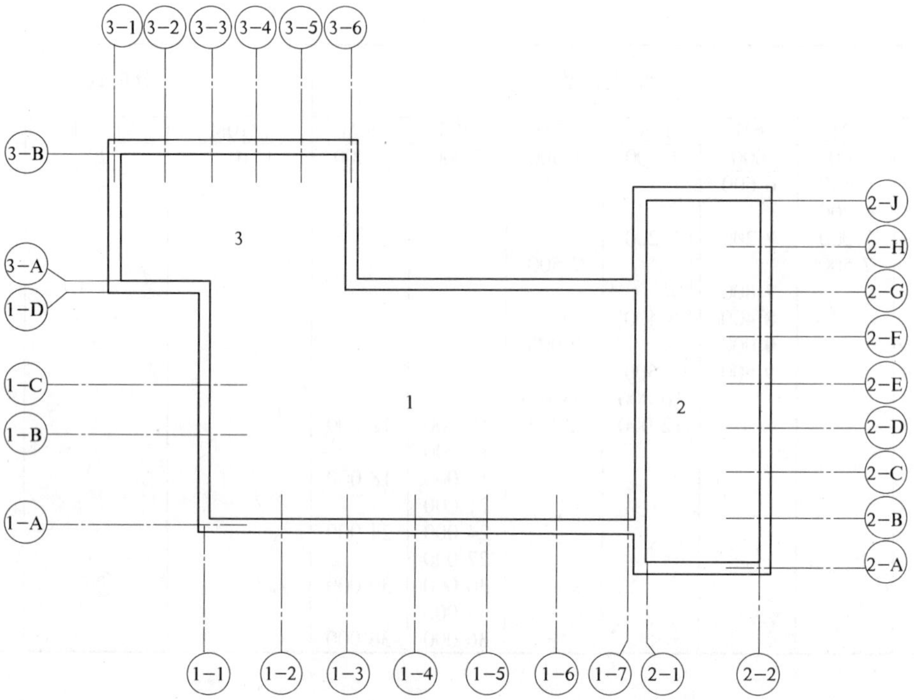

图 1-3　定位轴线的分区编号

附加定位轴线的编号应以分数形式表示，并应按下列规定编写：两根轴线间的附加轴线，应以分母表示前一根轴线的编号，分子表示附加轴线的编号，编号宜用阿拉伯数字按顺序编写；①号轴线或Ⓐ号轴线之前的附加轴线的分母应以 01 或 0A 表示，如图 1-4 所示。

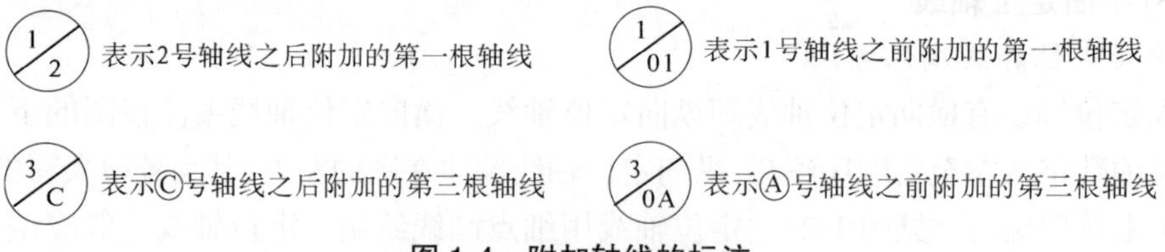

图 1-4　附加轴线的标注

一个详图适用于几根轴线时，应同时注明各有关轴线的编号，如图 1-5 所示。通用详图中的定位轴线，应只画圆，不注写轴线编号。

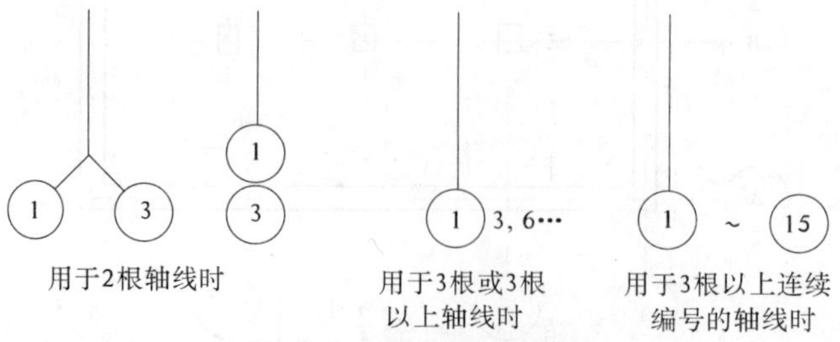

图 1-5　详图的轴线编号

圆形平面图中定位轴线的编号，其径向轴线宜用阿拉伯数字表示，从左下角开始，按逆时针顺序编写；其圆周轴线宜用大写拉丁字母表示，从外向内顺序编写，如图 1-6 所示。

折线形平面图中定位轴线的编号可按图 1-7 的形式编写。

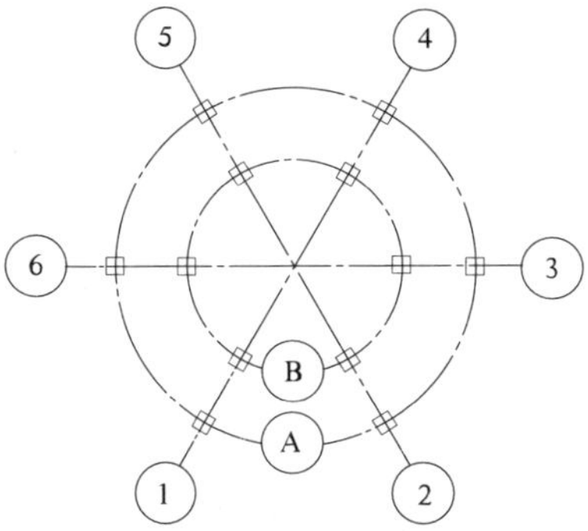

图 1-6 圆形平面定位轴线的编号

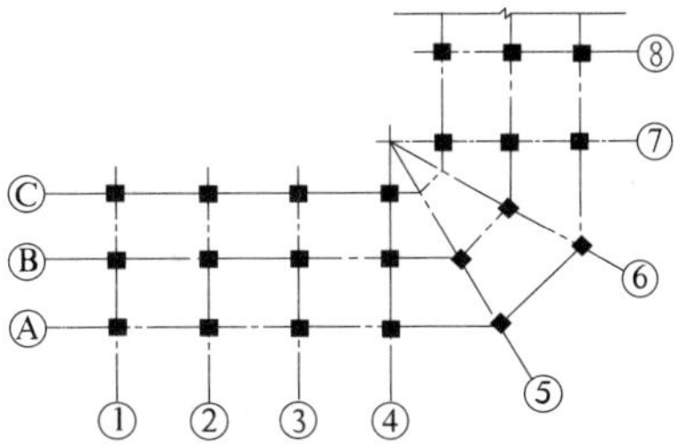

图 1-7 折线形平面定位轴线的编号

2. 平面定位轴线的定位方法

1) 混合结构建筑

(1) 砖墙的平面定位轴线：承重外墙顶层墙身内缘与定位轴线的距离应为 120 mm [见图 1-8(a)]，承重内墙顶层墙身中心线应与定位轴线相重合[见图 1-8(b)]。

(2) 变形缝处定位轴线：为了满足变形缝两侧结构处理的要求，变形缝处通常设置双墙两条轴线。

①当变形缝处一侧为墙体，另一侧为墙垛时，墙垛的外缘应与平面定位轴线重合。当墙体是外承重墙时，平面定位轴线距顶层墙内缘 120 mm；当墙体是非承重墙时，平面定位轴线应与顶层墙内缘重合，如图 1-9 所示。

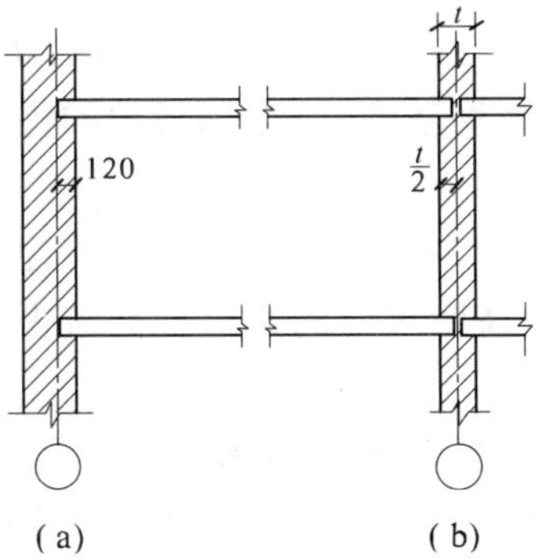

图 1-8 混合结构墙体定位轴线

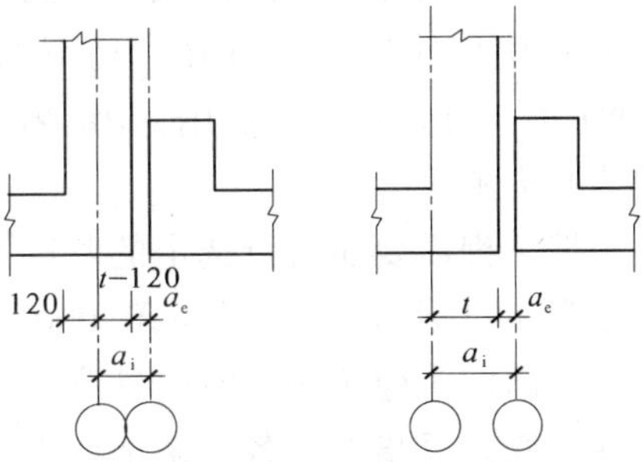

图 1-9 变形缝外定位轴线(变形缝一侧有墙体)

②当变形缝两侧均为墙体时，如两侧墙体均为承重墙，平面定位轴线应分别设在距顶层墙内缘 120 mm 处；当两侧墙体均按非承重墙处理时，平面定位轴线应分别与顶层墙体内缘重合，如图 1-10 所示。

2) 框架结构建筑

中柱定位轴线一般与顶层柱截面中心线相重合[见图 1-11(a)]。边柱定位轴线一般与顶层柱截面中心线相重合或距柱外缘 250 mm[见图 1-11(b)]。

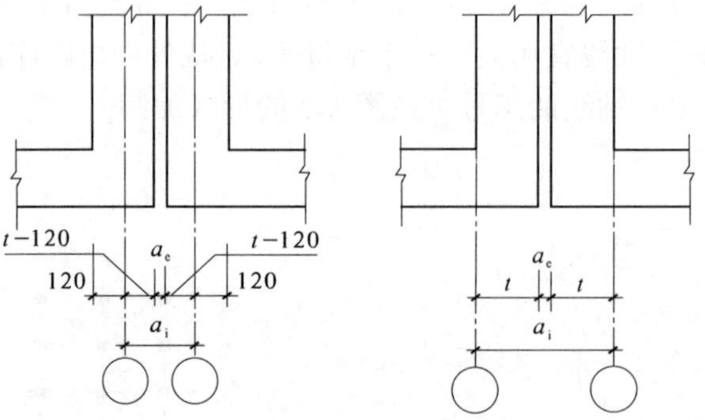

图 1-10　变形缝处定位轴线(变形缝两侧有墙体)

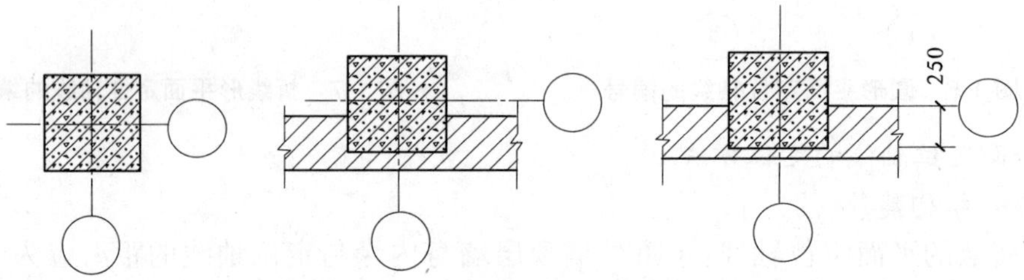

图 1-11　框架结构柱定位轴线

(二)标高及构件的竖向定位

1. 标高的种类及关系

绝对标高又称绝对高程或海拔高度,我国的绝对标高是以青岛港验潮站历年记录的黄海平均海平面为基准,并在青岛市一个山洞建立了水准原点,其绝对标高为 72. 260 m,于 1987 年 5 月正式通告启用,并定名为“1985 国家高程基准”。全国各地的绝对标高都以它为基准测算。

根据工程需要而自行选定的基准面,即为相对标高或假定标高。一般将建筑物底层地面定为相对标高零点,用“± 0. 000”表示。相对标高所对应的绝对标高减去室外地面的绝对标高即为建筑物的室内外高差。

建筑标高是指上下各层楼地面上表面之间的竖向距离,也称层高。

结构标高是指楼地层结构表面的标高。建筑标高减去楼地面面层厚度即为结构标高。

2. 建筑构件的竖向定位

1)楼地面的竖向定位

楼地面的竖向定位应与楼地面的上表面重合,即用建筑标高标注,如图 1-12(a)所示。

2)门窗洞口的竖向定位

门窗洞口的竖向定位与洞口结构层表面重合,为结构标高,如图 1-12(b)所示。

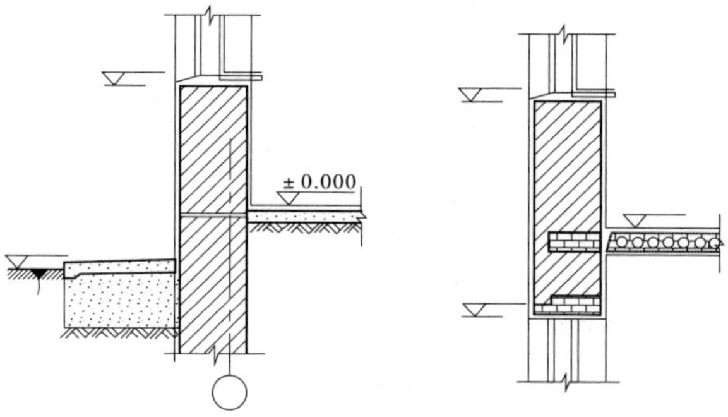

(a)　　(b)

图 1-12　楼地面、门窗洞口的竖向定位

3）屋面的竖向定位

屋面的竖向定位应为屋面结构层的上表面与距墙内缘 120 mm 处或与墙内缘重合处的外墙定位轴线的相交处，即用结构标高标注，如图 1-13 所示。

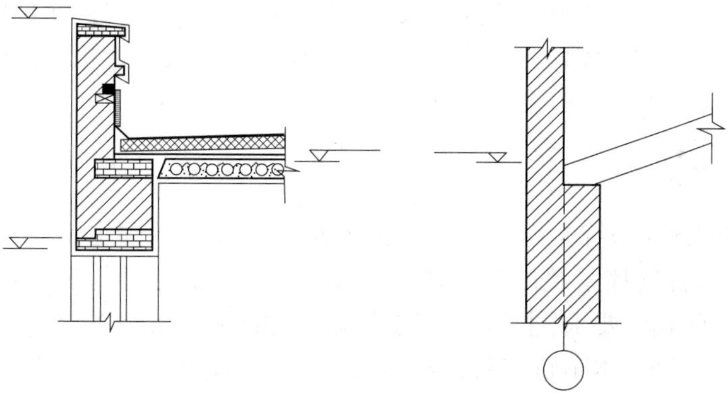

(a)　　(b)

图 1-13　屋面、檐口的竖向定位

3. 几种尺寸

1）标志尺寸

标志尺寸是用以标注建筑物定位轴线之间的距离（跨度、柱距、层高等）以及建筑制品、建筑构配件、建筑组合件、有关设备位置界限之间的尺寸。

2）构造尺寸

构造尺寸是生产、制造建筑构配件、建筑组合件、建筑制品等的设计尺寸，一般情况下，构造尺寸为标志尺寸减去缝隙或加上支承尺寸。

3）实际尺寸

实际尺寸是建筑构配件、建筑组合件、建筑制品等生产制作后的尺寸，实际尺寸与构造尺寸之间的差数应符合建筑公差的规定。

几种尺寸间的相互关系如图 1-14 所示。

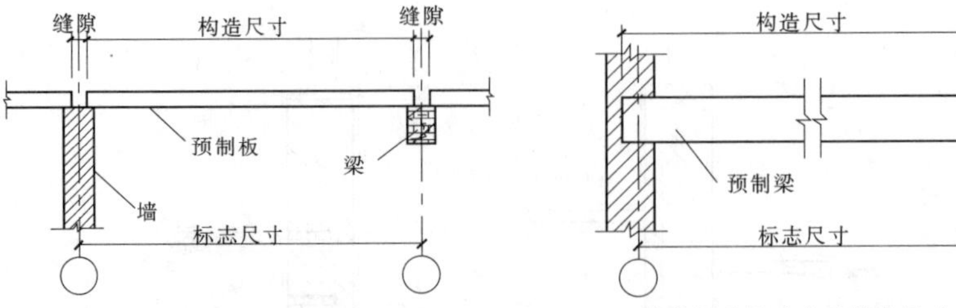

(a)构件标志尺寸大于构造尺寸　(b)构件标志尺寸小于构造尺寸

图 1-14　几种尺寸间的相互关系

任务四　建筑常用结构体系

建筑物的结构支撑系统的主要作用是传递荷载及保证建筑物在受力、变形等方面的安全可靠性和稳定性。但是不同类型的结构体系，由于其所用材料、构件构成关系及力学特征等方面的差异，其所适用的建筑类型是不尽相同的。在设计时，除合理性及经济方面的考虑外，还应通过比较和优化，尽量使结构方案能够与建筑设计相互协调、相互融合，以便更好地满足建筑物在空间功能及美学、风格等各方面的要求。

一、墙体承重结构

码 1-3

墙体承重结构支撑系统是以部分或全部建筑外墙及若干固定不变的建筑内墙作为垂直支撑系统的一种体系（见码 1-3）。根据建筑物的建造材料及高度、荷载等要求，主要分为砌体墙承重的混合结构系统和钢筋混凝土墙承重系统（本项目主要讲述剪力墙）。前者由于抗震的需要主要用于限定高度下的建筑，而后者则适用于各种高度的建筑，特别是高层建筑。剪力墙不仅能够承受垂直荷载，还能够承受水平荷载，为建筑物提供较大的抗侧力刚度，这对于抵抗侧向风力和地震水平分布力的影响都是十分重要的。

（一）砌体墙承重体系

砌体墙承重体系是以砌体墙作为竖向承重体系，来支撑由其他材料（如钢筋混凝土、钢-混凝土组合材料或木构件等）构成的屋盖系统或楼面及屋盖系统的一种常用混合结构形式。由于墙体材料的来源丰富，施工方便，对建筑平面的适应性强，因此大量应用于低层和多层的民用建筑，特别是住宅、旅馆、学校、托幼、办公用房和一些小型商业用房、工业厂房、诊疗所等的建设中。此类建筑常有重复的建筑单元空间，例如教室、旅馆客房、办公室等，往往需要用固定的分隔墙体来划分空间。这些建筑采用混合结构体系，符合砌体以受压为主要力学性能的特征，承重墙布置较为容易，而且施工方便、造价较低。

砌体墙有三种承重方案：横墙承重、纵墙承重和纵横墙混合承重。沿建筑物短轴方向布置的墙称为横墙，沿建筑物长轴方向布置的墙称为纵墙。在考虑承重墙体的布置时，除兼顾建筑空间分隔的需要及结构受力的合理性外，还应考虑满足通风采光及设备布置和走向等方面的需求。

1. 横墙承重体系

横墙承重是将楼板、屋面板等水平承重构件放置在横墙上，楼面、屋面荷载通过结构板依次传递给横墙、基础与地基，如图 1-15 所示。横墙承重的建筑横向刚度较强，整体性好，有利于抵抗风荷载、地震作用等水平荷载和调整地基不均匀沉降。由于纵墙是非承重墙，因此内纵墙可自由布置，在外纵墙上开设门窗洞口较为灵活，在纵墙方向可以获得较大的开窗面积，容易得到较好的采光条件，特别是对于采用纵向内走道的建筑，由于走道两侧的房间都是单面采光的，开窗面积就显得尤其重要。但是横墙间距受到最大间距限制，建筑开间尺寸不够灵活，且墙体所占的面积较大，相应地降低了建筑面积的使用率。横墙承重方案适用于房间开间尺寸不大，房间面积较小的建筑，如宿舍、旅馆、办公楼、住宅等。

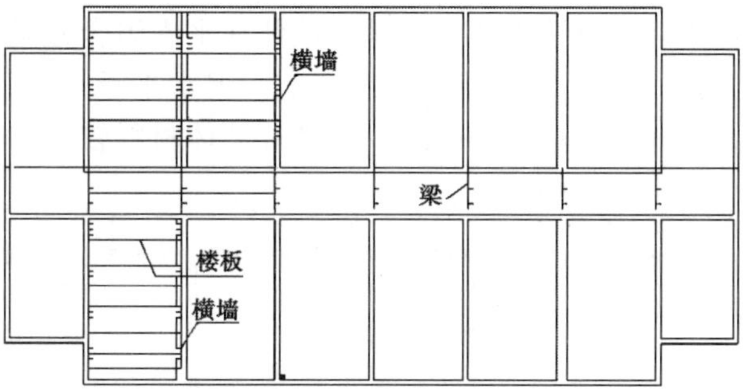

图 1-15 横墙承重体系

2. 纵墙承重体系

纵墙承重是将楼板、屋面板等水平承重构件搁置在纵墙上，横墙只起分隔空间和连接纵墙的作用，如图 1-16 所示。楼面、屋面荷载通过结构板依次传递给纵墙、基础与地基。由于横墙是非承重墙，因此可以灵活布置，可增大横墙间距，分隔出较大的使用空间。建筑中纵墙的累计长度一般要少于横墙的累计长度，纵墙承重方案中横墙厚度薄，相应地增大使用面积，同时节省墙体材料；纵墙因承重需要而较厚，而在北方地区，外纵墙因保温需要，其厚度往往大于承重所需的厚度，因此充分发挥了外纵墙的作用。采用纵墙承重的方式，虽然可以减少横墙的数量，对开放室内空间有一定的好处，但其整体刚度往往不如横墙承重的方案好，纵向开窗面积也受到限制，不易组织采光、通风，所以在高烈度地震区应合理选择墙体承重方案。纵墙承重方案适用于使用上要求有较大空间的建筑，如办公楼、商店、餐厅等。

3. 纵横墙混合承重体系

纵横墙混合承重方案的承重墙体由纵横两个方向的墙体组成，如图 1-17 所示。纵横墙混合承重方式综合了横墙承重和纵墙承重的优点，房屋刚度较好，平面布置灵活，可根据建筑功能的需要综合运用。在实际工程中，混合结构体系的建筑常采用纵横墙混合承重方案，特别是当楼板为现浇钢筋混凝土时，常会形成双向板，有的砌体墙体承重的公共建筑则由于室内单个空间较大，楼层结构需要添加梁，也会形成纵横墙混合承重的结果，甚至需要在局部添加墙垛或壁柱以增加墙体的能力及稳定性，或在建筑物内部局部添加

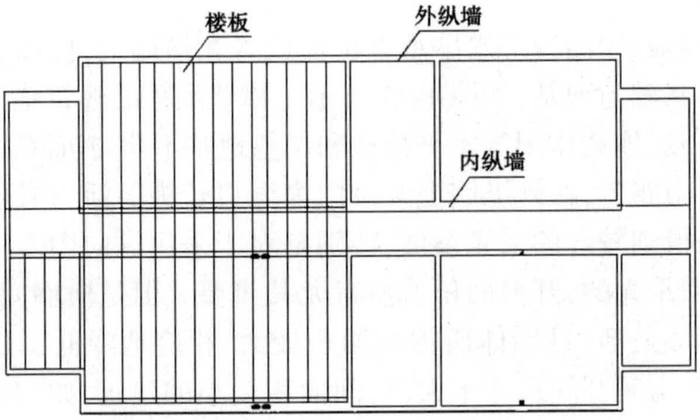

图 1-16　纵墙承重体系

柱，以形成内框架。砌体墙承重结构体系的承重墙体在平面组合方面相对自由，并能够形成较好的采光和通风的条件，尤其适用于民用住宅。但水平承重构件类型较多，施工复杂，墙体所占面积较大，降低建筑面积的使用率，消耗墙体材料较多。

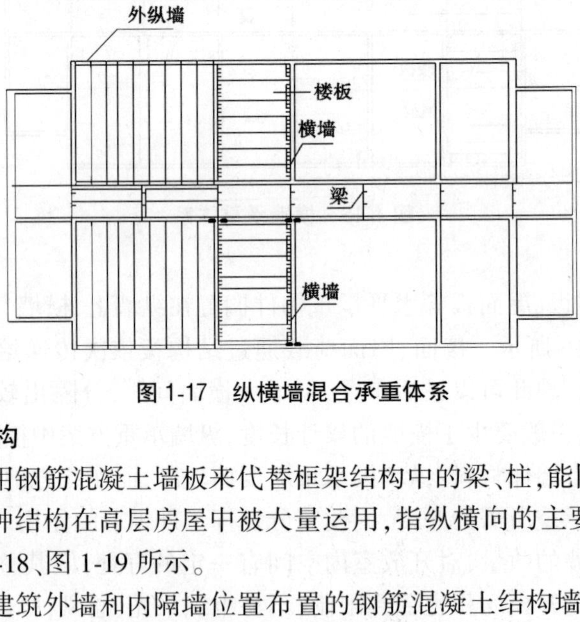

图 1-17　纵横墙混合承重体系

（二）剪力墙结构

剪力墙结构是用钢筋混凝土墙板来代替框架结构中的梁、柱，能同时承受竖向荷载和侧向力的结构。这种结构在高层房屋中被大量运用，指纵横向的主要承重结构全部为结构墙的结构，如图 1-18、图 1-19 所示。

剪力墙是利用建筑外墙和内隔墙位置布置的钢筋混凝土结构墙，属于下端固定在基础顶面上的竖向悬臂板。竖向荷载在墙体内主要产生向下的压力，侧向荷载在墙体内产生水平剪力和弯矩。因这类墙体具有较大的承受水平力（水平剪力）的能力，故被称为剪力墙。在地震区，水平力主要为水平地震作用力，因此把抗震结构中的剪力墙也称为抗震墙。

剪力墙结构的适用范围较大，从十几层到三十几层的建筑都很常见，在四五十层及更高的建筑中也很适用。这类建筑物的隔墙位置较为固定，布置剪力墙不会影响各个房间的使用功能，而且在房间内没有柱、梁等外凸构件，既整齐美观，又便于室内家具布置。

图 1-18 剪力墙结构建筑

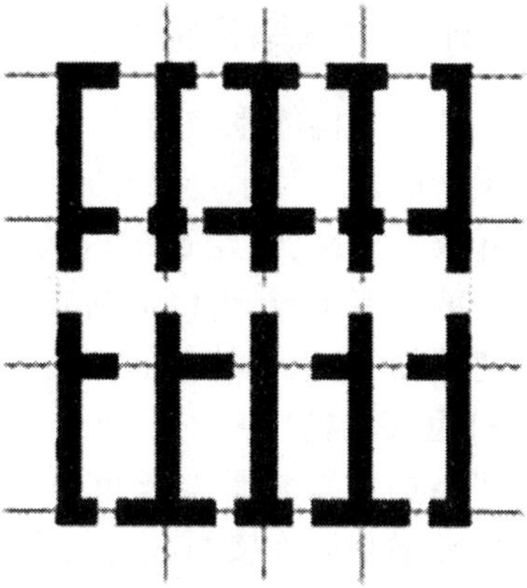

图 1-19 剪力墙结构平面图

目前,剪力墙结构多采用大开间,横墙间距为 6~8 m,中间采用轻质隔墙支撑在楼板上,便于建筑上灵活布置,又可充分利用剪力墙的材料强度减轻结构自重。

为防止剪力墙发生斜拉型剪切破坏,在墙体中应当配置一定数量的水平向和竖直向的分布钢筋,以限制斜裂缝开展,同时也可减小温度收缩等不利因素的影响,如图 1-20 所示。剪力墙内竖直向和水平向的分布钢筋间距均不宜大于 300 mm,直径均不应小于 8 mm。房屋顶层剪力墙、长矩形平面房屋的楼梯间和电梯间剪力墙、端开间纵向剪力墙及端山墙的水平向和竖直向分布钢筋间距均不应大于 200 mm。

剪力墙内的分布钢筋不应采用单排配筋。当剪力墙厚度不大于 400 mm 时可采用双排钢筋网。当剪力墙厚度大于 400 mm,但不大于 700 mm 时,宜采用三排配筋;当剪力墙厚度大于 700 mm 时,宜采用四排配筋。各排钢筋网之间应采用拉筋连接,拉筋直径不应小于 6 mm,间距不应大于 600 mm,拉筋应与外皮水平钢筋勾牢。在底部加强部位,可适当增加拉筋数量。

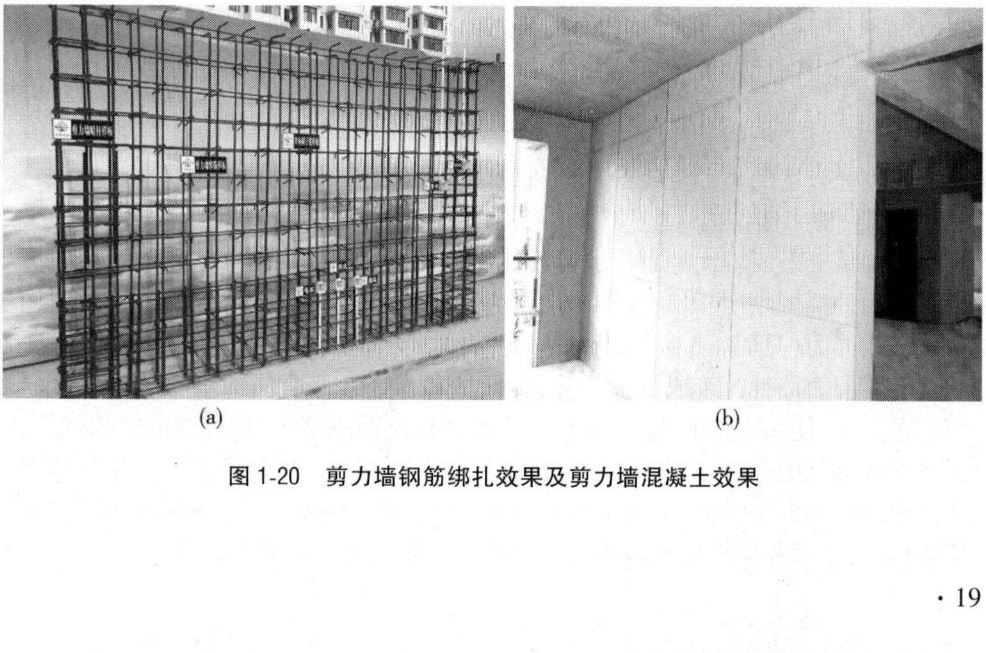

(a) (b)

图 1-20 剪力墙钢筋绑扎效果及剪力墙混凝土效果

二、骨架承重结构体系

骨架承重结构体系与墙承重结构体系对于建筑空间布置的不同主要在于用两根柱和一根横梁来取代一片承重墙。这样原来在墙承重结构体系中承重墙体占据的空间就尽可能地给释放了出来,使建筑结构构件所占据的空间大大减少,而且在骨架结构承重系统中,内、外墙均不承重,可以灵活布置,因此较适用于需要灵活分隔空间的建筑物,或内部空旷的建筑物,而且建筑立面也较为灵活。

(一)框架结构

框架结构体系是骨架承重体系中最常用的一种,如图1-21、图1-22所示,见码1-3。框架结构由梁和柱连接而成。其主要结构承重构件为柱、梁和板。框架结构也分为横向框架承重、纵向框架承重及纵横向框架混合承重几种。无论采用哪种承重形式,由于结构稳定性需要,结构本身双向均需由梁搭接,这样就形成了柱网的对位关系。框架结构具有建筑平面布置灵活、造型活泼、空间平面布置较为规整等优点,可以形成较大的使用空间,空间使用功能可以重新分隔,易于满足多功能的使用要求,适用于商场、办公楼、学校、医院、宾馆、交通站点等。

图1-21 框架结构建筑

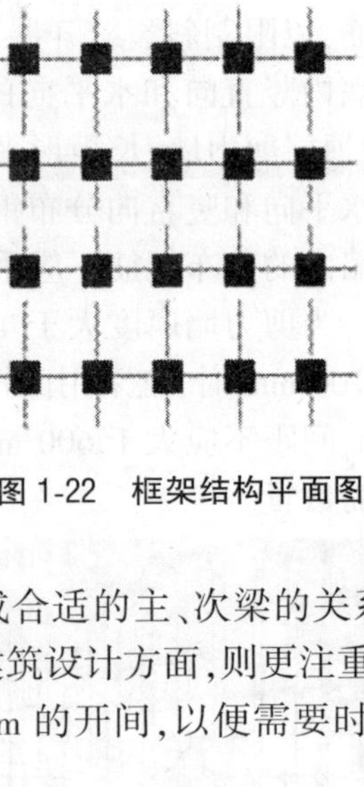

图1-22 框架结构平面图

合理布置框架结构的梁、柱应选择合适的柱距及形成合适的主、次梁的关系,在结构设计方面有助于控制荷载的分布并达到经济的目的;在建筑设计方面,则更注重符合使用功能的建筑参数及变更的可能。如办公楼经常采用7.2 m的开间,以便需要时可以分隔成两间宽度较为合适的小办公室。

(二)框架-剪力墙结构

框架结构易于形成较大的自由灵活的使用空间,以满足不同建筑功能的要求;剪力墙则可提供很大的抗侧刚度,以减少结构在风荷载或侧向地震作用下的侧向位移,有利于提高结构的抗震能力(见码1-3)。如果在框架结构中的部分跨间布置剪力墙,或把剪力墙结构中的部分剪力墙抽掉改成框架承重,即成为框架-剪力墙结构。它既保留了框架结构建筑布置灵活、使用方便的优点,又有剪力墙结构抗侧刚度大、抗震性能好的优点,同时还可充分发挥材料的强度作用等技术经济指标,因而被广泛地应用于高层办公楼建筑和旅馆建筑中,图1-23为框架-剪力墙结构,图1-24为框架-剪力墙结构平面图。在框架-剪力墙结构中,框架和剪力墙同时承受竖向荷载和侧向力。在竖向荷载作用下,框架和剪力墙分别承担其受荷范围内的竖向力，受荷范围的确定与楼盖结构的布置有关；在侧向力作用下，框架和剪力墙协同工作，共同抵抗侧向力。

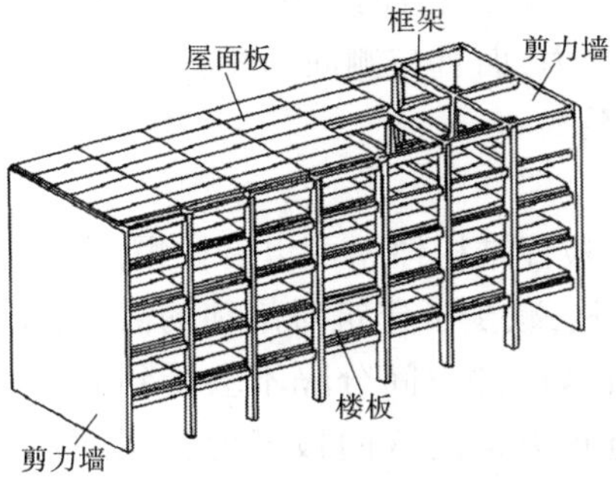

图 1-23　框架-剪力墙结构

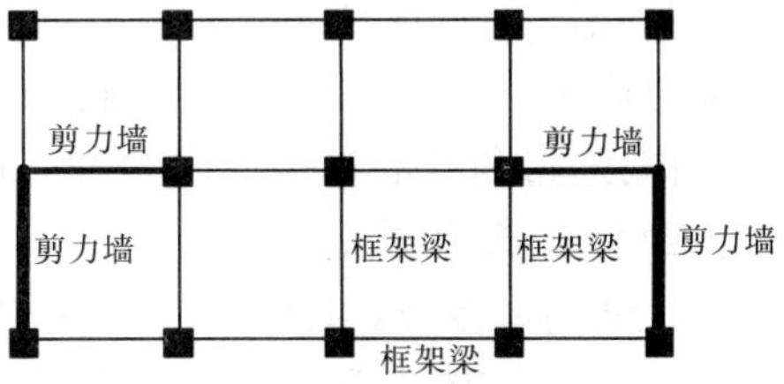

图 1-24　框架-剪力墙结构平面图

框架-剪力墙结构的适用范围很广，10～40 层的高层建筑均可采用这类结构体系。当建筑物较低时，仅布置少量的剪力墙即可满足结构的抗侧更求；而当建筑物较高时，则要有较多的剪力墙，并通过合理的布置使整个结构具有较大的抗侧刚度和较好的整体抗震性能。

（三）筒体结构体系

钢筋混凝土筒体结构体系中的筒体主要有核心筒和框筒（见码 1-3）。

1. 核心筒

核心筒一般由布置在电梯间、楼梯间及设备管线井道四周的钢筋混凝土剪力墙所组成。为底端固定、顶端自由、竖向放置的薄壁筒状结构，其水平截面为单孔或多孔的箱形截面，如图 1-25、图 1-26 所示。它既可以承受竖向荷载，又可承受任意方向上的侧向荷载，是一个空间受力结构。在高层建筑平面布置中，为充分利用建筑物四周作为景观和采光，电梯等服务性设施的用房常常位于房屋的中部，核心筒也因此而得名。因筒壁上仅开有少量洞口，故有时也称为“实腹筒”。

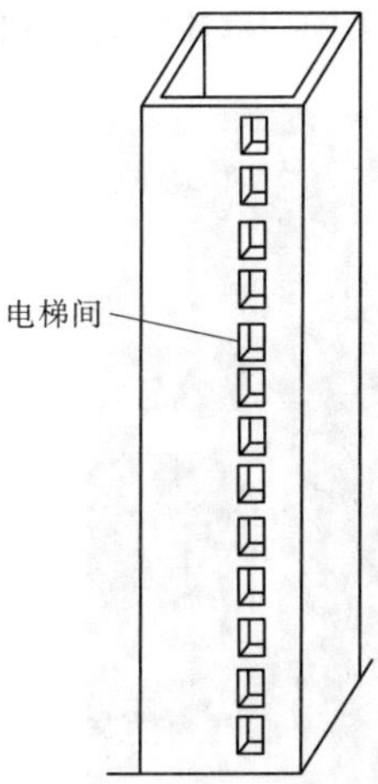

图 1-25　核心筒结构

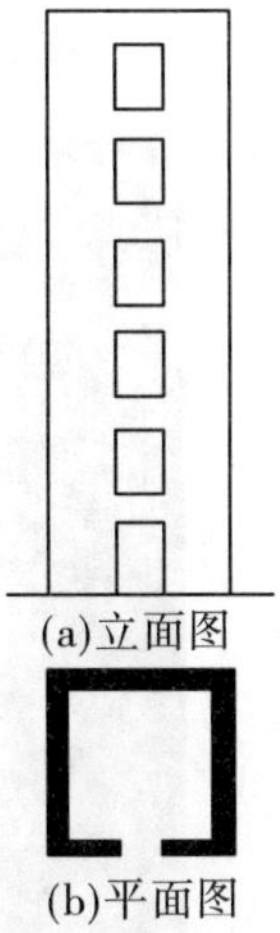

图 1-26　核心筒结构立面图、平面图

2. 框筒

框筒是由布置在房屋四周的密集立柱与高跨比很大的窗间梁所组成的一个多孔筒体，如图 1-27、图 1-28 所示。因其立面上开有很多窗洞，故有时也称为空腹筒。框筒结构在侧向力作用下，不但与侧向力平行的腹板框架受力，而且与侧向力相垂直的翼缘框架也参加工作，通过角柱的连接形成一个空间受力体系。

（四）板柱结构体系

板柱结构体系是直接用柱子来支撑楼板的。板柱结构体系可以有柱帽，也可无柱帽，如图 1-29 所示。因为取消了结构梁，所以板底平整，减少了建筑对吊顶的需要，也减小了平面结构构件所占据的空间，可以降低层高，而且其内部空间分隔不会受到梁的影响，故而具有相对较大的自由度。因为板柱结构以接近正方形的双向板最为合理，而且板面活荷载在一定的范围内才较经济，所以适用于商场、图书馆、仓储、多层轻型厂房等类型的建筑物。

图 1-27　框筒结构

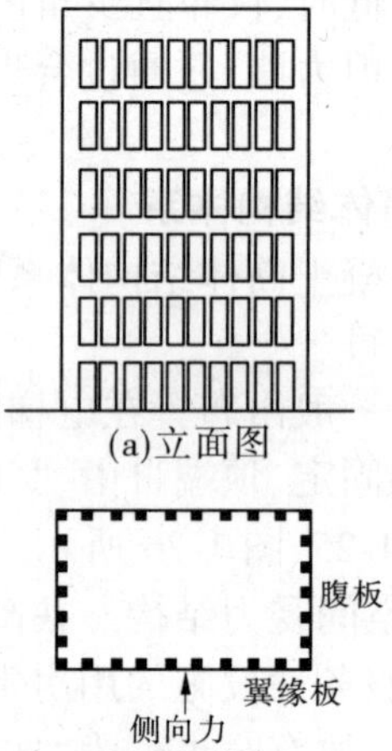

图 1-28　框筒结构立面图、平面图

图 1-29　板柱结构体系建筑

(五)单层刚架、拱及排架体系(见码 1-4)

1. 单层刚架

梁柱之间为刚性连接的结构称为刚架,单层刚架也称为门式刚架,但在梁跨中间可以断开成为铰接,这样就比较容易根据建筑需要布置通长的高出屋面的采光天窗或采光屋脊。单层刚架是梁柱合一的结构,杆件较少,结构内部空间较大,便于利用。单层刚架一般由直杆组成,制作方便。门式刚架从材料上来看,可采用钢筋混凝土结构或钢结构。横梁为折线形的门式刚架更具有受力性能良好、施工方便、造价较低和建筑造型美观等优点。适用于小型室内体育场馆、展示场所、车船客运站、库房等。门式刚架刚度较差,受荷载后产生跨变,如果在这些建筑内部需要设置起吊设备,则最好采用吨位较小的轻型吊车,以免其制动时对结构造成影响。

码 1-4

2. 拱

刚架结构的梁和柱的作用与成折角的连续梁相仿,如果这样的梁和柱在平面内按照某一曲率成为连续的弯曲构件时,就形成了拱。拱与刚架相似,也可以做成三铰拱、两铰拱和无铰拱。但是拱的受力情况以轴力为主,比刚架更加合理,更能充分发挥材料的性能,如古罗马拱结构建筑,因此人类在建筑活动的早期就学会了用拱券来实现对跨度的要求。

3. 排架

排架与刚架的主要区别在于其梁或其他支撑屋面的水平构件,如屋架等,与柱子之间采用的是铰接的方式,而柱与基础则为刚接,即在柱底形成一固定端,形成一个平面结构体系,是单层厂房结构的基本结构形式。排架结构承重体系一般由多个排架组成,在排架与排架之间通过支撑或连梁连接。排架结构在垂直方向和水平方向都需要选择合适的地方来添加支撑构件,以增加其水平刚度,而且在建筑物两端的山墙部位,还应该添加抗风柱,这使得排架建筑物的轴线定位与一般建筑物都不同。但排架能够承受大型的起重设备运行时所产生的动荷载,因此排架结构常用于重型的单层厂房。

三、空间结构体系

空间结构各向受力,可以较为充分地发挥材料的性能,因而结构自重小,是覆盖大型空间的理想结构形式。常用的空间结构体系有薄壳、网架、悬索、膜等及它们的混合形式(见码 1-5)。

码 1-5

(一)薄壳

壳,是一种曲面构件,材料大都采用钢筋和混凝土。壳体能充分利用材料强度,同时又能将承重与围护两种功能融合为一。对建筑而言,结构本身就形成了"面",而且可以切削,因此在实际工程中还可利用对空间曲面的切削与组合,形成造型奇特新颖且能适应各种平面的建筑,但较为费工和费模板。薄壳结构的优点是可以把受到的压力均匀地分散到物体的各个部分,减少受到的压力。许多建筑物屋顶都运用了薄壳结构的原理,如著名的薄壳结构——国家大剧院。

(二)网架

网架由许多杆件按照受力的合理性有规律地排列组合而成,具有空间受力小、重量轻、刚度大、抗震性能好等优点,可以分为平板网架和网壳两种。网架空间整体性好。平板网架杆件正交、斜交后可以形成不同的平面形状,使用相当灵活。网架结构体系可用作体育馆、影剧院、展览厅、候车厅、体育场看台雨篷、飞机库、双向大柱距车间等建筑的屋盖。

(三)悬索

悬索结构利用钢材良好的受拉性能,用高强钢丝做拉索,加上高强的边缘构件及下部的支撑构件,使得结构自重极大地减小,而跨度大大地增加,除稳定性相对较差外,是比较理想的大跨屋盖结构形式。对于建筑而言,拉索显示出柔韧的状态,使得结构形式轻巧且具有动感。

(四)膜

膜结构是用高强度柔性薄膜材料,由膜内空气压力支撑膜面,或利用柔性钢索或刚性支撑使膜面产生一定的预张力,从而形成稳定曲面,具有一定刚度,能够覆盖大空间的结构体系。其造型自由、轻巧、柔美,充满力量感,具有阻燃、制作简易、安装快捷、节能、易于施工、使用安全等优点,因而使它在世界各地受到广泛应用。国家游泳中心(水立方),目前是世界上最大的膜结构工程,建筑外围采用世界上最先进的环保节能 ETFE(四氟乙烯)膜材料。

小 结

建筑是建筑物和构筑物的总称。

建筑的构成要素包括建筑功能、建筑技术和建筑艺术形象三方面。

建筑可按照其使用性质、层数、结构和施工方法等进行分类。

一幢建筑一般由基础、墙、楼地层、楼梯、屋顶和门窗等六大部分组成。

建筑模数可以分为基本模数和导出模数。

建筑常用结构体系有墙体承重结构体系、骨架承重结构体系和空间结构体系。

【复习思考题】

扫码 1-6,做项目一的相关复习思考题。

码 1-6

项目二　基础与地下室

【学习重点】

◇ 地基与基础构造。

◇ 地下室构造。

【能力培养】

◇ 能够了解地基与基础的概念。

◇ 掌握基础埋置深度的概念，能够计算基础埋置深度。

◇ 能够对基础进行分类。

◇ 能够掌握地下室的构造组成、防潮与防水构造。

【任务提出】

上海某小区一在建13层住宅楼整体倒塌，调查倒塌的原因，怀疑是该建筑的地基不够牢固，因为该小区所在区域属于流砂比较严重的区域，如果没有牢固的地基，很容易引起房屋倾斜。因此，掌握基础与地下室的构造要求，是建筑工程技术人员不可或缺的一门基本功。

【课程思政】

党的二十大报告提出，教育、科技、人才是全面建设社会主义现代化国家的基础性、战略性支撑。“合抱之木，生于毫末；九层之台，起于累土。”建筑物的基础是建筑物的重要组成部分，是建筑物的生命所在，只有基础牢固可靠，上部结构才能正常使用。学习同样如此，只有夯实专业基础知识，才能提升自身的专业素养技能和解决实际问题的能力，并坚定理想信念、筑牢对党忠诚，为实现中华民族的伟大复兴努力。

任务一　概　述

一、地基与基础

(一) 地基

地基不是建筑物的组成部分。地基是承受由基础传下来的荷载的土层。地基每平方米所能承受的最大压力称为地基允许承载力。地基承受建筑物荷载而产生的应力和应变随着土层深度的增加而减小，在达到一定深度后便可忽略不计。直接承受建筑荷载的土层为持力层，持力层以下的土层为下卧层，如图2-1所示。

(二) 基础

基础是建筑物的重要组成部分，是建筑地面以下的承重构件，它承受建筑物上部结构传下来的全部荷载,并把这些荷载连同本身的重量一起传到地基上。

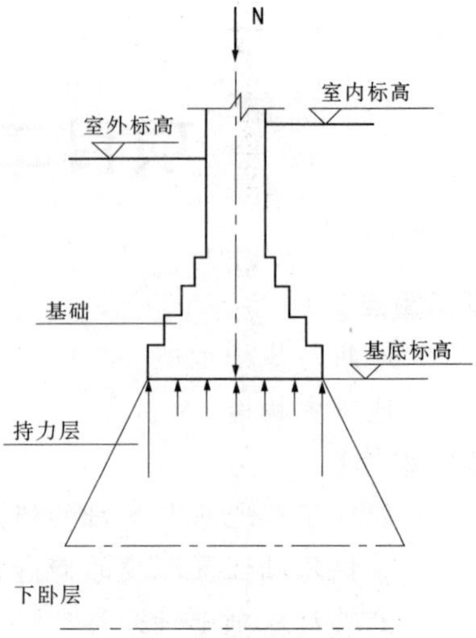

图 2-1 地基与基础

二、地基的分类

(一)天然地基

天然地基是指具有足够承载力的天然土层,可以直接在天然土层上建造基础的地基。岩石、碎石、砂石等可作为天然地基。

(二)人工地基

天然土层的承载力不能满足荷载要求,必须对土层进行人工加固的地基叫人工地基。其费料、费工,造价高。

人工加固地基通常采用压实法、换土法、化学加固法和打桩法等。

三、地基与基础的设计要求

(一)地基承载能力和均匀程度的要求

建筑物的建造地址尽可能选在地基土承载力较高且分布均匀的地段,如岩石类、碎石类等。若地基土质不均匀,会给基础设计增加困难。若处理不当,将会使建筑物发生不均匀沉降,而引起墙身开裂,甚至影响建筑物的使用。

(二)基础强度和耐久性的要求

基础是建筑物的重要承重构件,它对整个建筑的安全起着保证作用。因此,基础所用的材料必须具有足够的强度,才能保证基础能够承担建筑物的荷载并传递给地基。

基础是埋在地下的隐蔽工程,由于它在土中经常受潮,而且建成后检查和加固也很困难,所以在选择基础的材料和构造形式等问题时,应与上部结构的耐久性相适应。

(三)基础工程应注意经济问题

基础工程占建筑总造价的10%~40%,降低基础工程的投资是降低工程总投资的重要一环。因此,在设计中应选择较好的土质地段,对需要特殊处理的地基和基础,尽量使用地方材料,并采用恰当的形式及构造方法,从而节省工程投资。

四、基础的埋置深度及影响因素

(一)基础的埋置深度

基础的埋置深度(简称埋深)是从室外地坪算起的。室外地坪分自然地坪和设计地坪,自然地坪是指施工地段的现有地坪,设计地坪是指按设计要求工程竣工后室外场地经垫起或开挖后的地坪。基础的埋深是指设计室外地坪到基础底面的垂直距离,如图 2-2 所示。

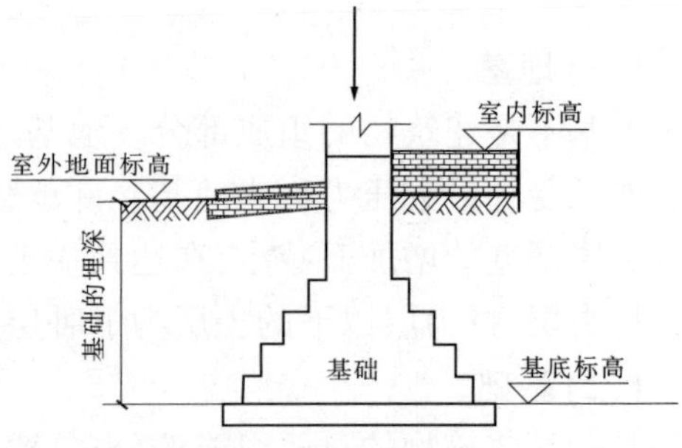

图 2-2 基础的埋深

根据其埋深的不同,基础分为浅基础和深基础。一般情况下,基础的埋深不超过 5 m 时叫浅基础,超过 5 m 的叫深基础。在确定基础的埋深时,应优先选用浅基础。其特点是:构造简单,施工方便,造价低廉且不需要特殊施工设备。只有在表层土质极弱或总荷载较大或其他特殊情况下,才选用深基础。但基础的埋深也不能过小,至少不能小于 500 mm,因为地基受到建筑荷载作用后可能将四周土挤走,使基础失稳,或地面受到雨水冲刷、机械破坏而导致基础暴露,影响建筑的安全。

(二)影响基础埋置深度的因素

1. 地基土层构造的影响

房屋必须建造在坚实的地基上。依地基土层分布不同,通常有以下几种情况,如图 2-3 所示。

(1)土质均匀的良好土,基础宜浅埋,但不得低于 500 mm,如图 2-3(a)所示。

(2)上层软土不超过 2 m,下层为好土,基础宜埋在好土内,如图 2-3(b)所示。

(3)上层软土为 2~5 m,下层为好土,低层、轻型建筑可埋在软土内,如图 2-3(c)所示;总荷载较大的建筑宜埋在好土内。

(4)上层软土>5 m,下层为好土,低层、轻型建筑可埋在软土内,如图 2-3(d)所示;总荷载较大的建筑宜埋在好土内或采用人工地基。

(5)上层为好土,下层为软土,应把基础埋在好土内,适当提高基础底面,并验算下卧层顶面处压力,如图 2-3(e)所示。

(6)地基由好土与软土交替组成,总荷载大的基础可采用人工地基或将基础埋深至好土中,如图 2-3(f)所示。

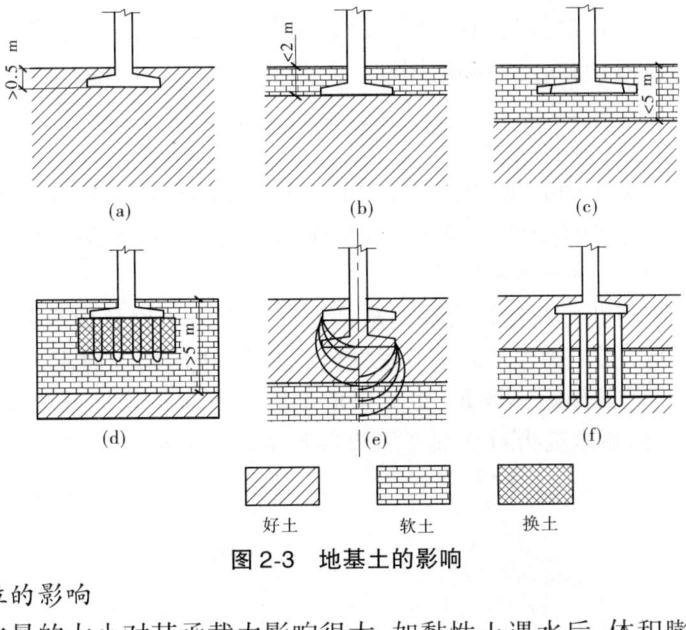

图 2-3　地基土的影响

2. 地下水位的影响

土壤中含水量的大小对其承载力影响很大,如黏性土遇水后,体积膨胀,使土的承载力降低。因此,为避免地下水的变化影响地基承载力,一般应尽量争取将基础底面埋在最高地下水位以上位置。

当地下水位较高时,基础底面不能埋在最高地下水位以上,为减小地下水位的升降变化对基础和地基承载力的影响,宜将基础底面埋置到最低地下水位 200 mm 以下位置,此时基础应采用耐水材料。地下水位的影响如图 2-4 所示。

3. 土冻结深度的影响

地面以下的冻结土与非冻结土的分界线称为冰冻线。由于各地区气温不同,冻结深度也不同。我国温暖和炎热地区冻结深度较小,如上海仅为 0. 12~0. 2 m;严寒地区冻结深度较大,如哈尔滨达 1. 9~2 m。

一般要求基础底面应埋置在冰冻线 200 mm 以下,如图 2-5 所示。

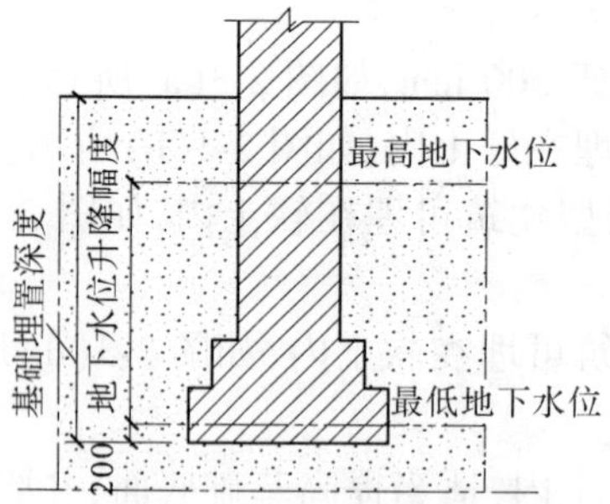

图 2-4 地下水位的影响

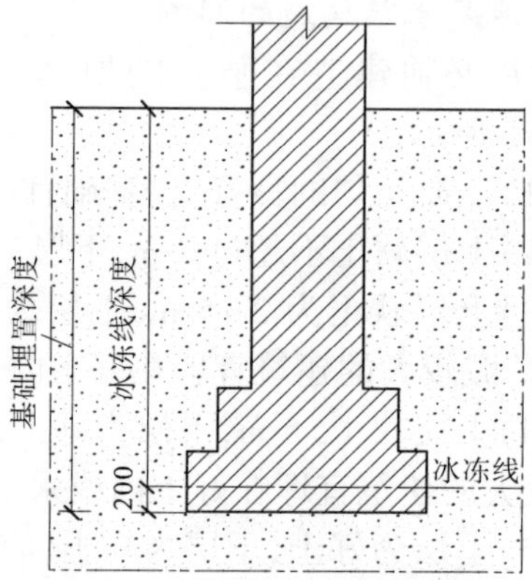

图 2-5 冻结深度的影响

4. 其他因素对基础埋深的影响

1) 建筑物的特点和性质

建筑物有无地下室、设备基础和地下设施,是多层建筑还是高层建筑,对于不同性质的建筑物应满足其各自的安全性和适用性。若为高层建筑,其基础埋深应为地上建筑物总高的 1/10。

2) 建筑物的荷载大小和性质

建筑物作用在地基上的荷载,应根据其大小和性质的不同,选择基础的类型、面积和埋深。一般在满足结构安全、构造合理的情况下,基础的埋深尽量浅一些,以降低基础的造价。

3) 相邻建筑物对基础埋深的影响

当存在相邻建筑物时,新建建筑物的基础埋深不宜大于原有建筑物的基础埋深。否则,两基础间应保持一定净距,其数值应根据荷载大小、土质情况而定,一般取相邻基础底面高差的 1~2 倍。若其间距不满足,也可采取加固原有建筑物地基或分段施工、设临时加固支撑等措施。相邻建筑物对基础埋深的影响如图 2-6 所示。

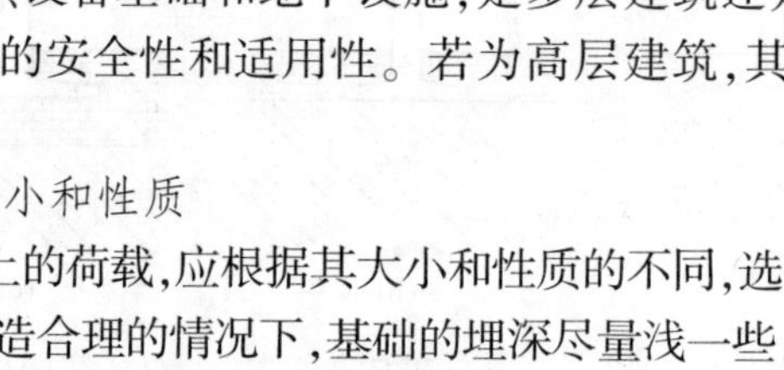

图 2-6 相邻建筑物对基础埋深的影响

任务二　基础的类型和构造

研究基础的类型是为了经济合理地选择基础的形式和材料，确定其构造。对于民用建筑的基础，可以按构造形式、材料及受力特点进行分类，见码 2-1。

码 2-1

一、按构造形式分类

（一）独立式基础

当建筑物上部结构采用框架结构或单层排架结构承重时，基础常采用方形或矩形的独立式基础，这类基础称为独立式基础或柱式基础。独立式基础是柱下基础的基本形式。

当柱采用预制构件时，基础做成杯口形，然后将柱子插入并嵌固在杯口内，故称杯口形基础，如图 2-7(c)所示。

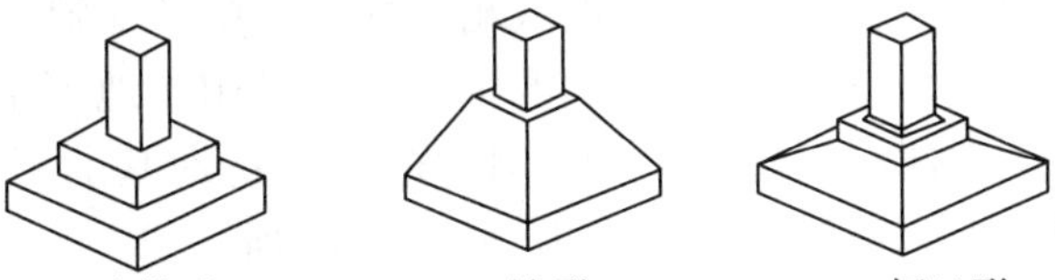

(a)阶梯形　(b)坡形　(c)杯口形

图 2-7　独立式基础

（二）条形基础

当建筑物上部结构采用墙承重时，基础沿墙身设置，多做成长条形，这类基础称为条形基础或带形基础，是墙承式建筑基础的基本形式，如图 2-8 所示。

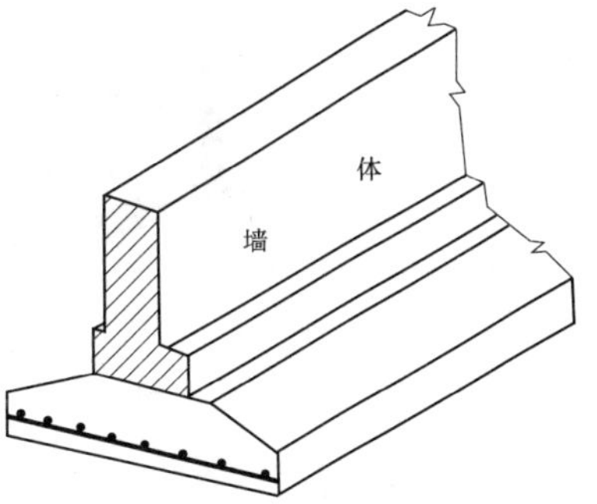

图 2-8　条形基础

（三）井格式基础

当地基条件较差时，为了提高建筑物的整体性，防止柱子之间产生不均匀沉降，常将柱下基础沿纵横两个方向扩展连接起来，做成十字交叉的井格式基础，如图 2-9 所示。

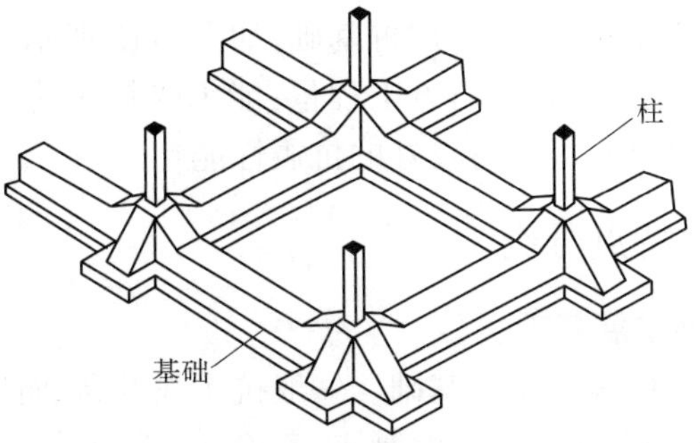

图 2-9　井格式基础

(四)筏形基础

当建筑物上部荷载大而地基又较弱时,采用简单的条形基础或井格式基础已不能适应地基变形的需要,通常将墙或柱下基础连成一片,使建筑物的荷载承受在一整块钢筋混凝土板上成为筏形基础。筏形基础有平板式和梁板式两种,如图 2-10 所示。

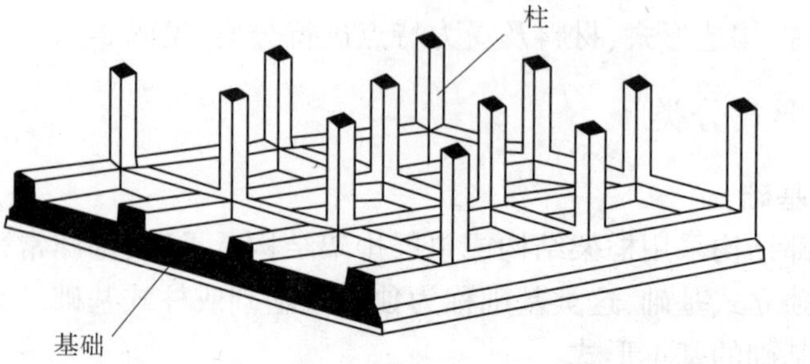

图 2-10　筏形基础

(五)箱形基础

当板式基础做得很深时,常将基础改做成箱形基础。箱形基础是由钢筋混凝土底板、顶板和若干纵横隔墙组成的整体结构,基础的中空部分可用作地下室(单层或多层的)或地下停车库。箱形基础整体空间刚度大,整体性强,能抵抗地基的不均匀沉降,较适用于高层建筑或在软弱地基上建造的重型建筑物,如图 2-11 所示。

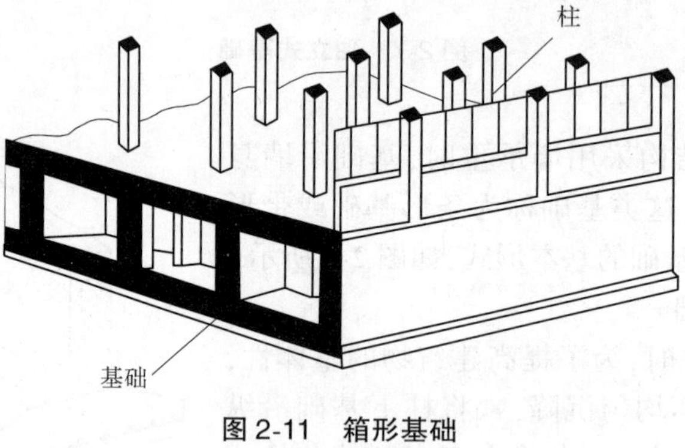

图 2-11　箱形基础

(六)桩基础

当建筑物荷载较大,地基的软弱土层厚度在 5 m 以上,基础不能埋在软弱土层,或对软弱土层进行人工处理不经济时,常采用桩基础,如图 2-12 所示。

桩基础能节约材料,减少挖填土石方工程量;能承受较大荷载,减少建筑物不均匀沉降;作用时对地基有挤密作用,经常有较好的抗震性能。

二、按材料及受力特点分类

(一)刚性基础(无筋扩展基础)

由刚性材料制作的基础称为刚性基础。一般抗压强度高,而抗拉、抗剪强度较低的材料就称为刚性材料,常用的有砖、灰土、混凝土、三合土、毛石等。为满足地基容许承载力

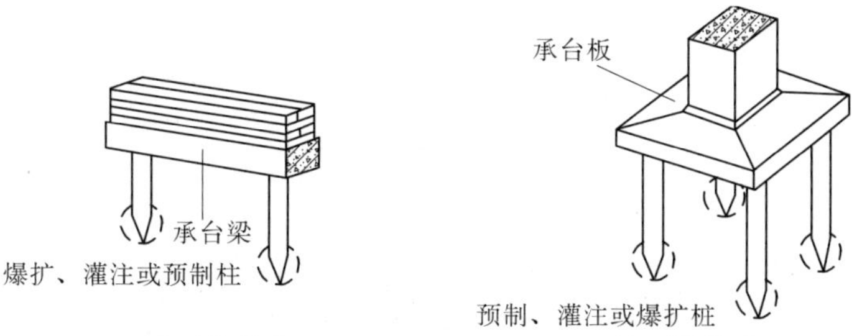

(a) 墙下桩基础　　(b) 柱下桩基础

图 2-12　桩基础

的要求,基础底面宽度 B 一般大于上部墙体宽,为了保证基础不受拉力、剪力而破坏,基础必须具有相应的高度。通常按刚性材料的受力状况,基础在传力时只能在材料的允许范围内控制,这个控制范围的夹角称为刚性角,用 α 表示。刚性基础的宽度大小应能使所产生的基础截面弯曲拉应力和剪应力不超过基础圬工材料的强度限值。满足了这个要求,就得到墩台边缘处的垂线与基底边缘的连线间的最大夹角,即称为刚性角。砖、石基础的刚性角控制在 26°~33°(1∶1.25~1∶1.50)以内,混凝土基础的刚性角控制在 45°(1∶1)以内。刚性基础的受力、传力特点如图 2-13 所示。

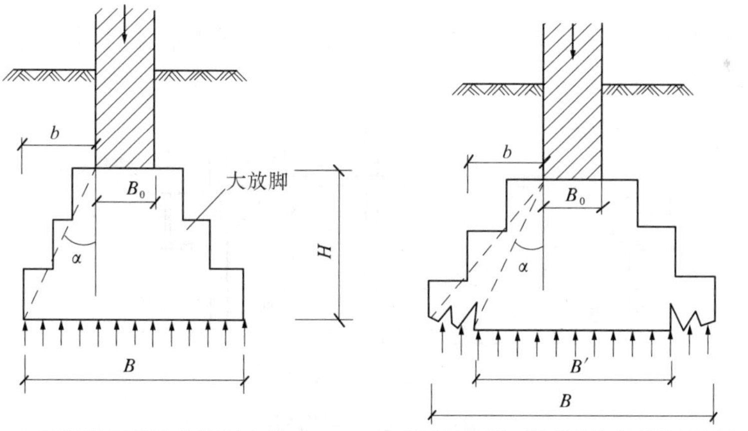

(a) 基础在刚性角范围内传力　　(b) 基础底面宽超过刚性角范围而破坏

图 2-13　刚性基础的受力、传力特点

(二)非刚性基础(扩展基础)

当建筑物的荷载较大而地基承载力较小时,基础底面宽度 B 必须加宽,如果仍采用混凝土材料做基础,势必加大基础的深度,这样很不经济。如果在混凝土基础的底部配以钢筋,利用钢筋来承受拉应力,使基础底部能够承受较大的弯矩,这时基础宽度不受刚性角的限制,故称钢筋混凝土基础为非刚性基础或柔性基础,如图 2-14 所示。

阶梯形基础每阶高度一般为 300~500 mm,将基础做成锥形时,基础最薄处不得小于 200 mm。由于阶梯形基础的施工质量较易保证,宜优先考虑采用。

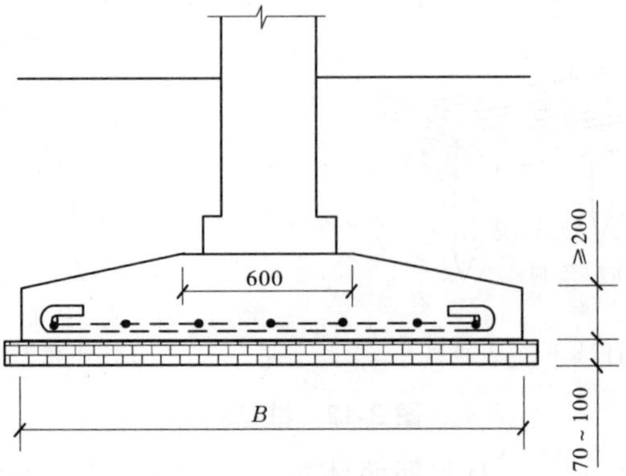

图 2-14　柔性基础

任务三　地下室的构造

一、地下室的构造组成

建筑物下部的地下使用空间称为地下室。地下室一般由墙体、顶板、底板、门窗、楼梯等部分组成,如图 2-15 所示。

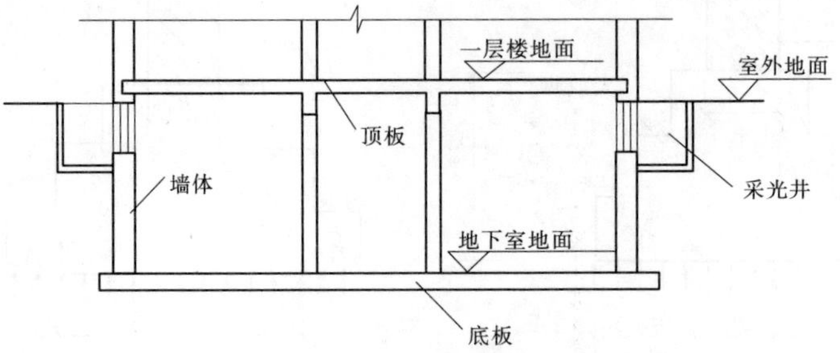

图 2-15　地下室的组成

(一)墙体

地下室的外墙应按挡土墙设计,如用钢筋混凝土或素混凝土墙,应按计算确定,其最小厚度除应满足结构要求外,还应满足抗渗的要求。其最小厚度不低于 300 mm,外墙应做防潮或防水处理,若用砖墙(现在较少采用)其厚度不小于 490 mm。

(二)顶板

顶板可用预制板、现浇板或者预制板上做现浇层(装配整体式楼板)。若为防空地下室,必须采用现浇板,并按有关规定确定厚度和混凝土强度等级,在无采暖的地下室顶板上,即首层地板处应设置保温层,以利首层房间的使用舒适。

(三)底板

当底板处于最高地下水位以上,并且无压力产生作用的可能时,可按一般地面工程处理,即垫层上现浇混凝土 60~80 mm 厚,再做面层。当底板处于最高地下水位以下时,底板不仅承受上部垂直荷载,还承受地下水的浮力荷载,因此应采用钢筋混凝土底板,并双层配筋,底板下垫层上还应设置防水层,以防渗漏。

(四)门窗

普通地下室的门窗与地上房间门窗相同,地下室外窗若在室外地坪以下,应设置采光井和防护箅,以利室内采光、通风和室外行走安全。防空地下室一般不允许设窗,若需开窗,应设置战时堵严设施。防空地下室的外门应按防空等级要求,设置相应的防护构造。

(五)楼梯

楼梯可与地面上房间结合设置,层高小或用作辅助房间的地下室,可设置单跑楼梯。防空要求的地下室至少要设置两部楼梯通向地面的安全出口,并且必须有一个是独立的安全出口。这个安全出口周围不得有较高建筑物,以防空袭倒塌堵塞出口、影响疏散。

二、地下室的分类

(一)按埋入地下深度的不同分类

1. 全地下室

全地下室是指地下室地面低于室外地坪的高度超过该房间净高的 1/2 的地下空间。

2. 半地下室

半地下室是指地下室地面低于室外地坪的高度为该房间净高的 1/3 ~ 1/2 的地下空间。

(二)按使用功能不同分类

1. 普通地下室

普通地下室一般用作高层建筑的地下停车库、设备用房,根据用途及结构需要可做成 1 层或 2 层、3 层、多层地下室,如图 2-16 所示。

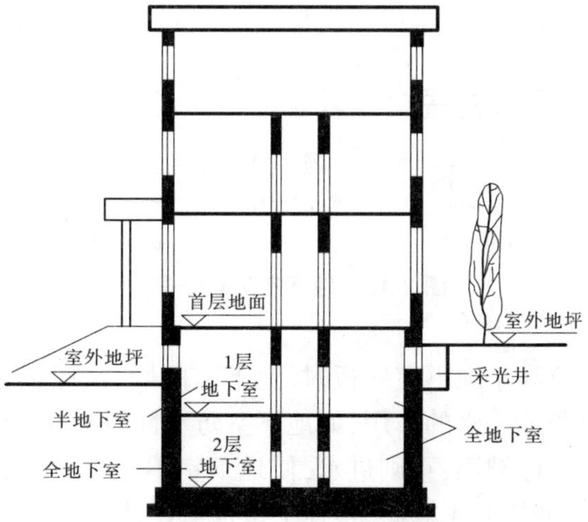

图 2-16　地下室的分类

2. 人防地下室

人防地下室是结合人防要求设置的地下空间,用以应对战争情况下人员的隐蔽和疏散，并具备保障人身安全的各项技术措施。

三、地下室的防潮与防水

地下室由于经常受到下渗地表水、土壤中的潮气和地下水的侵蚀，因此防潮、防水问题便成了地下室设计中所要解决的一个重要问题。由于忽视防潮、防水工作或处理不当，会导致内墙面生霉，抹灰脱落，甚至危及地下室的使用和建筑物的耐久性。见码 2-2。

码 2-2

（一）地下室的防潮

当设计最高地下水位低于地下室地坪标高，且无上层滞水时，地下室外墙和底板只受到上层中潮气的影响，此时一般只需要进行防潮处理。

地下室墙体应设两道水平防潮层，一道设在地下室底层地坪附近，另一道设在室外地面散水以上 300 mm 的位置，以防地潮沿地下墙身或勒脚处墙身侵入室内。在外墙外侧设置垂直防潮层，做法为：在外墙外表面先抹一层 20 mm 厚水泥砂浆找平，再刷冷底子油一道、热沥青两道。垂直防潮层做至室外散水处，回填低渗透性土壤，如黏土、灰土等，并逐层夯实，土层宽度 500 mm 左右。

地下室顶板和底板中间位置应设置水平防潮层，使整个地下室防潮层连成整体，以达到防潮目的，如图 2-17 所示。

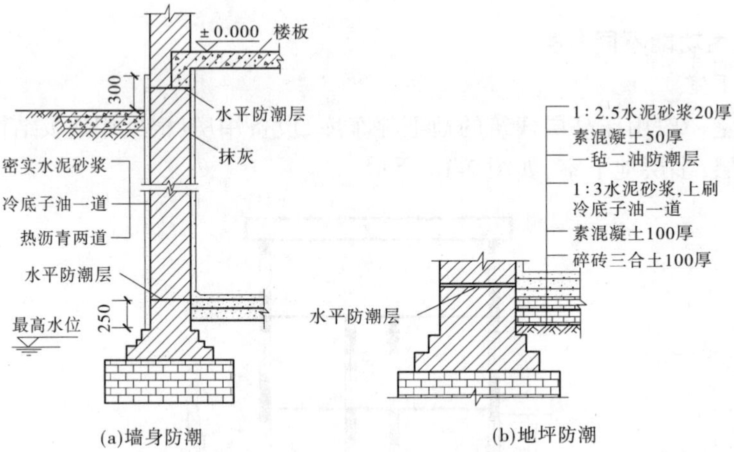

图 2-17　地下室防潮处理

（二）地下室的防水

当设计最高地下水位高于地下室底板时，地下室的墙身、底板不仅受地下水、上层滞水、毛细管水等作用，也受地表水的作用，如地下室防水性能不好，轻则引起室内墙面灰皮脱落，墙面上生霉，影响人体健康；重则进水，使地下室不能使用或影响建筑物的耐久性。因此，如何保证地下室在使用时不渗漏，是地下室构造设计的主要任务。我国把地下工程防水分为四级，如表 2-1 所示。各地下工程的防水等级应根据工程的重要性和使用中对防水的要求按表 2-2 选定。

表 2-1 地下工程防水等级标准

防水等级	防水标准
一级	不允许渗水，结构表面无湿渍
二级	不允许漏水，结构表面可有少量湿渍； 工业与民用建筑：总湿渍面积不应大于总防水面积（包括顶板、墙面、地面）的 1/1 000；任意 100 m^2 防水面积上的湿渍不超过 2 处，单个湿渍的最大面积不大于 0.1 m^2。其他地下工程：总湿渍面积不应大于总防水面积的 2/1 000；任意 100 m^2 防水面积上的湿渍不超过 3 处，单个湿渍的最大面积不大于 0.3 m^2
三级	有少量漏水点，不得有线流和漏泥砂； 任意 100 m^2 防水面积上的漏水或湿渍点数不超过 7 处，单个漏水点的最大漏水量不大于 2.5 L/d，单个湿渍的最大面积不大于 0.3 m^2
四级	有漏水点，不得有线流和漏泥砂； 整个工程平均漏水量不大于 2 L/(m^2·d)；任意 100 m^2 防水面积的平均漏水量不大于 4 L/(m^2·d)

表 2-2 不同防水等级的适用范围

防水等级	适用范围
一级	人员长期停留的场所；因有少量湿渍会使物品变质、失效的贮物场所及严重影响设备正常运转和危及工程安全运营的部位；极重要的战备工程、地铁车站
二级	人员经常活动的场所；在有少量湿渍的情况下不会使物品变质、失效的贮物场所及基本不影响设备正常运转和工程安全运营的部位；重要的战备工程
三级	人员临时活动的场所；一般战备工程
四级	对渗漏水无严格要求的工程

目前，我国地下工程防水常用做法有卷材防水、防水混凝土防水和弹性材料防水等。

1. 卷材防水

卷材防水是以沥青胶为胶结材料的一层或多层防水层。根据卷材与墙体的关系，可分为外防水和内防水。

卷材铺贴在地下室外墙外表面的做法称为外防水（又称外包防水）。

此外，还有将防水卷材铺贴在地下室外墙内表面的内防水做法（又称内包防水）。这种防水方案对防水不太有利，但施工简便，易于维修，多用于修缮工程。

地下室水平防水层的做法：先是在垫层上做水泥砂浆找平层，找平层上涂冷底子油，底面防水层就铺贴在找平层上，最后做好基坑回填隔水层（黏土或灰土）和滤水层（砂），并分层夯实，如图 2-18 所示。

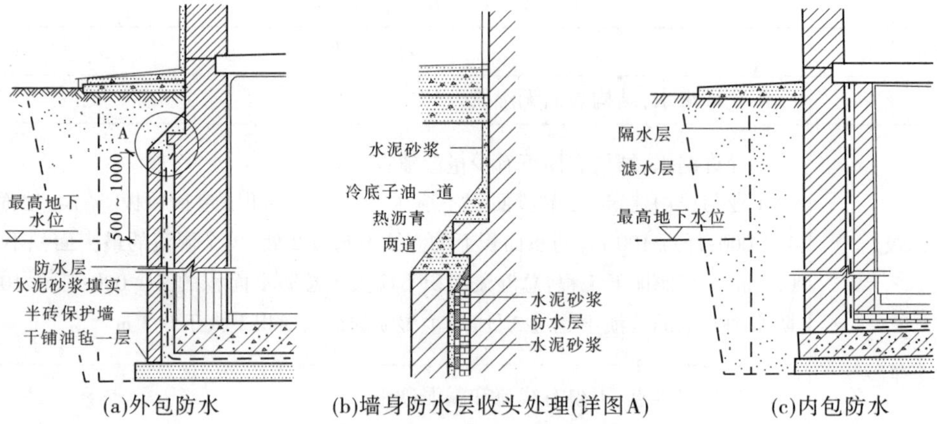

图 2-18　地下室卷材防水构造

2. 防水混凝土防水

混凝土防水结构是由防水混凝土依靠其材料本身的憎水性和密实性来达到防水目的的。防水混凝土分为普通混凝土和掺外加剂防水混凝土两类。混凝土构件自防水如图 2-19 所示。

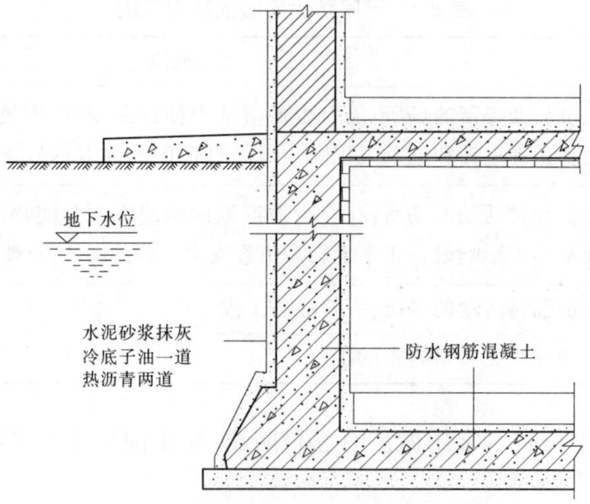

图 2-19　混凝土构件自防水

3. 弹性材料防水

我国目前采用的弹性防水材料有三元乙丙橡胶卷材和聚氨酯涂膜防水材料。涂膜防水如图 2-20 所示。

地下室防水作为隐蔽工程，应先验收，后回填，并加强施工现场的管理，以保证防水层的质量，避免后期补救工作给使用带来的不便。

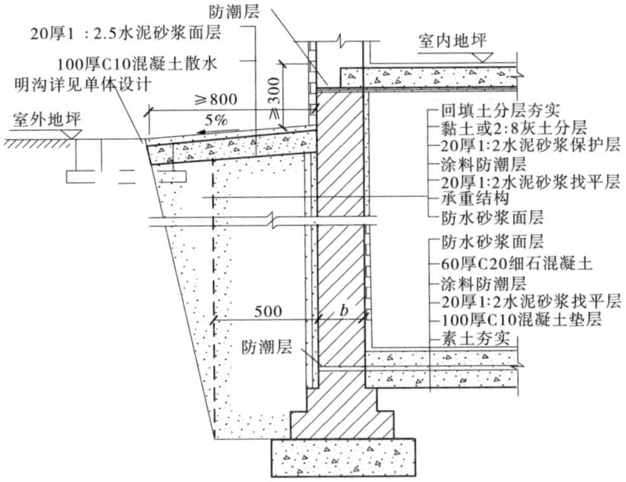

图 2-20 涂膜防水

小 结

地基是承受由基础传下来的荷载的土层，它不属于建筑物的组成部分，它是承受建筑物荷载产生的应力和应变的土层。基础是建筑物最下面与土层直接接触的扩大构件，是建筑的下部结构。

地基按土层性质和承载力的不同，可分为天然地基和人工地基两大类。

基础的埋置深度是指从设计室外地坪至基础底面的垂直距离。

基础的类型很多，按构造形式可分为独立式基础、条形基础、井格式基础、筏形基础、箱形基础和桩基础；按基础所用材料及受力特点可分为刚性基础和非刚性基础等。

当设计最高地下水位低于地下室地坪且无形成上层滞水可能，地下水不会直接进入地下室，地下室的外墙和底板只受到土层中潮气的影响，此时地下室只需做防潮处理。

当设计最高地下水位高于地下室地坪时，地下室相当于浸泡在地下水中，其外墙受到地下水的侧压力，底板受到地下水的浮力，必须对地下室的外墙和底板做防水处理。

【复习思考题】

扫码 2-3，做项目二的相关复习思考题。

码 2-3

【技能实操】

某室内首层地面标高±0.000 m，室外地面标高-0.450 m，基础顶面标高-0.600 m，基础底面标高-1.800 m，试计算基础埋置深度。

项目三　墙　体

【学习重点】

◇ 墙体的类型和设计要求。

◇ 砖墙构造。

◇ 隔墙和隔断的构造。

◇ 墙面装修构造。

◇ 节能墙体构造。

【能力培养】

◇ 能够对墙体进行分类;掌握墙体的设计要求。

◇ 能够掌握砖墙的细部构造。

◇ 能够掌握隔墙的种类、特点和构造。

◇ 能够掌握各类墙面装修构造。

【任务提出】

墙体是建筑物的重要组成部分。它的作用是承重或围护、分隔空间,还有隔热、保温、隔声等。墙体是房屋的重要组成部分。在一般砌体(砖混)结构建筑中,墙的质量占房屋总质量的40%~65%。如何选择墙体的材料和构造方法,将直接影响房屋的使用质量、自重、造价、材料消耗和施工工期。

砖是以泥土为原料并经高温烧制而成的建筑材料。改革开放以来,我国的红砖产量呈几何级数式增长,造成大量农田被毁,从1993年开始,国家已开始限制和取缔毁田烧砖的行为,明文规定禁止生产黏土实心砖,限制生产黏土空心砖。2000年国家建材局、建设部、农业部、国土资源部、墙体材料革新建筑节能办公室联合发布文件,要求在住宅建设中逐步限时禁止使用黏土实心砖。随着全面禁止使用红砖、黏土砖,出现了一批新型墙体材料,如加气混凝土砌块、陶粒砌块、小型混凝土空心砌块、纤维石膏板、新型隔墙板等。这些新型墙体材料以粉煤灰、煤矸石、石粉、炉渣等废料为主要原料,具有质轻、隔热、隔声、保温等特点。

【课程思政】

党的二十大报告提出,推动能源清洁低碳高效利用,推进工业、建筑、交通等领域清洁低碳转型。墙体是建筑物的重要组成部分,起着承重、围护和分隔等作用,还有保温、隔热、隔声等作用。在建筑设计和建造过程中,墙体材料革新、外墙保温技术等应严格按照国家相关文件要求和国家标准进行墙体保温节能设计,践行节能低碳、绿色环保的思想理念,促进人与自然的和谐共生。

任务一　概　述

墙体是建筑物的重要构件之一,其耗材、造价、自重和施工周期在建筑的各个组成构件中往往占据重要的位置。

一、墙体的类型(见码 3-1)

码 3-1

(一)按墙体所在位置分类

按墙体在平面上所处位置不同可分为外墙和内墙。位于房屋周边的墙统称为外墙,起着挡风、遮雨、保温、隔热等围护作用;位于房屋内部的墙统称为内墙,主要起着分隔室内空间的作用。沿建筑物短轴方向布置的墙称为横墙,有内横墙和外横墙之分,外横墙又俗称山墙。沿建筑物长轴方向布置的墙称为纵墙,有内纵墙和外纵墙之分,外纵墙又俗称檐墙。另外,窗与窗之间和窗与门之间的墙称为窗间墙,窗台下面的墙称为窗下墙,屋顶上部的墙称为女儿墙。墙体各部分名称如图 3-1 所示。

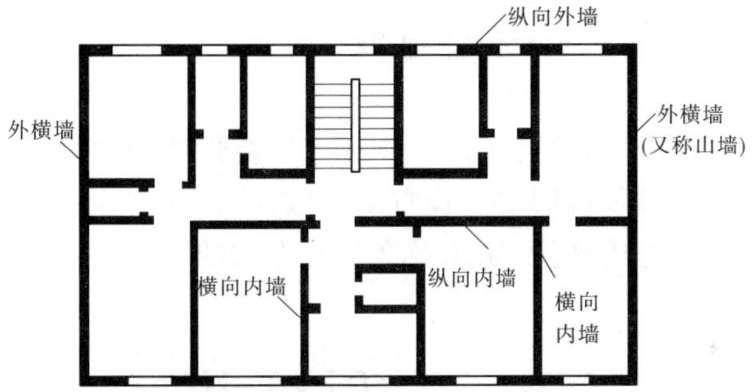

图 3-1 墙体各部分名称

(二)按墙体受力状况分类

按墙体受力状况分为承重墙和非承重墙。承重墙指直接承受上部楼板或屋顶传来的荷载并向下传递的墙体,非承重墙指不承受上部传来的荷载但承受自重的墙体。框架结构中的墙为非承重墙,只起分隔作用。

(三)按墙体构造和施工方式分类

按构造方式不同,墙体可以分为实体墙、空体墙和组合墙三种。实体墙由单一材料组成,如砖墙、砌块墙等。空体墙也是由单一材料组成的,可由单一材料砌成内部空腔,也可用具有孔洞的材料建造而成,如空斗砖墙、空心砌块墙等。组合墙由两种以上材料组合而成,如混凝土和加气混凝土复合板材墙,其中混凝土起承重作用,加气混凝土起保温隔热作用。

按施工方式不同,墙体可以分为块材墙、板筑墙及板材墙三种。块材墙是用砂浆等胶结材料将砖、石等块材组砌而成的墙体,如砖墙、石墙及各种砌块墙等。板筑墙是在现场立模板,现浇而成的墙体,如现浇混凝土墙等。板材墙是预先制成墙板,在施工现场安装、拼接而成的墙体,如预制混凝土大板墙、各种轻质条板内隔墙等。

二、墙体的构造要求

据墙体所处位置及功能的不同,墙体构造应满足如下要求。

(一)具有足够的强度和稳定性

强度是指墙体承受荷载的能力,它与墙体采用的材料、材料的强度等级、墙体的厚度等因素有关。作为承重墙的墙体,必须具有足够的强度,以确保结构的安全。

(二)具有必要的保温隔热性能

外墙是建筑围护结构的主体,其热工性能的好坏对建筑的使用环境及能耗有很大的影响。我国的《民用建筑热工设计规范》(GB 50176—2016)把我国不同的地区划分为五类热工设计分区:严寒地区、寒冷地区、夏热冬冷地区、夏热冬暖地区和温和地区。设计者要根据各分区的热工设计要求进行保温或隔热的设计。如在寒冷地区要求围护结构具有良好的保温性能,以减少室内热损失,同时还应防止在围护结构内表面和保温材料内部出现凝聚水现象。

(三)满足隔声要求

墙体主要隔离由空气直接传播的噪声。常用重而密实的材料做墙体隔声材料,此外还可采取以下措施:加强墙体缝隙的填密处理,在墙体中间加空气间层或松散材料(如毛毡、矿棉等)形成组合墙,利用垂直绿化降低噪声等。

(四)满足防火要求

墙体的材料和厚度都应符合防火规范中相应燃烧性能和耐火极限所规定的要求。在较大的建筑中应进行防火区域的划分,设置防火墙,防止火灾蔓延。

此外,作为墙体还应考虑防潮、防水及经济等方面的要求。

任务二　砖墙的构造

一、砖墙的材料

砖墙是用砂浆将砖按一定组砌方式和技术要求砌筑而成的砌体,其材料是砖和砂浆。

(一)砖

砖是传统的砌墙材料,按材料不同,有黏土砖、灰砂砖、页岩砖、粉煤灰砖、炉渣砖等;按外观形状分为普通实心砖(标准砖)、多孔砖和空心砖三种。

普通实心砖的标准名称叫烧结普通砖,是指没有孔洞或孔洞率小于15%的砖,常见的有黏土砖,还有炉渣砖、烧结粉煤灰砖等。

多孔砖是指孔洞率不小于15%,孔的直径小而数量多的砖,常用于建筑的承重部位。

空心砖是指孔洞率不小于15%,孔的直径大而数量少的砖,常用于建筑的非承重部位。

我国普通实心砖的规格为240 mm×115 mm×53 mm,砖的长∶宽∶厚=4∶2∶1(包括10 mm宽灰缝),如图3-2所示。普通砖砌墙时是以砖宽为基数,即115+10=125(mm)为砖的模数。这与《建筑模数协调标准》(GB/T 50002—2013)中的基本模数1M =100 mm不协调,因此在使用中,须注意普通砖的这一特征。为了适应这种情况,目前多孔砖分为P型(如240 mm×115 mm×90 mm、240 mm×180 mm×115 mm等)和M型(如190 mm×190 mm×90 mm)两种,如图3-3所示。

烧结普通砖和烧结多孔砖的强度等级有MU30、MU25、MU20、MU15、MU10五个等级。MU30 表示砖的极限抗压强度平均值为 30 MPa，即每平方毫米可承受 30 N 的压力。

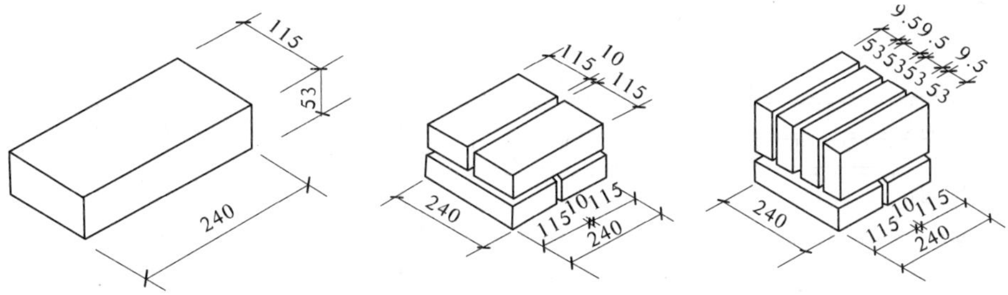

图 3-2　普通实心砖的尺寸关系

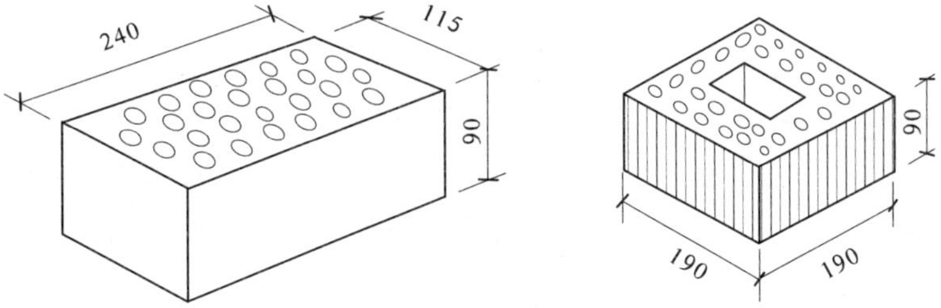

图 3-3　多孔砖的尺寸

(二)砂浆

砂浆是砌体的黏结材料。砖块需经砂浆砌筑成墙体，使它传力均匀。同时，砂浆还起嵌缝作用，能提高防寒、隔热和隔声的能力。砌筑砂浆要求有一定的强度，以保证墙体的承载力；同时还要求有适当的稠度和保水性，即有良好的和易性，使其施工方便。

常用的砌筑砂浆有水泥砂浆、混合砂浆、石灰砂浆三种。由于混合砂浆具有较高的强度和良好的和易性，故广泛用于砌筑地面以上的砌体。

砂浆的强度等级有 M15、M10、M7.5、M5、M2.5 共 5 个级别。

二、砖墙的组砌方式

码 3-2

组砌是指砌块在砌体中的排列(见码 3-2)。为了保证墙体的强度，砖砌体的组砌原则是：横平竖直，错缝搭接；砂浆饱满，接槎可靠。错缝长度不应小于 60 mm，且应便于砌筑或少砍砖；否则会影响墙体的强度和稳定性。在砖墙砌筑时，水平灰缝厚度和竖向灰缝宽度一般为 10 mm，但不应小于 8 mm，也不应大于 12 mm。

在墙的组砌中，砖块的长边平行于墙面的砖称为顺砖，砖块的长边垂直于墙面的砖称为丁砖。上下皮砖之间的水平缝称为横缝，左右两砖之间的垂直缝称为竖缝，砖砌筑时切忌出现竖直通缝，否则会影响墙的强度和稳定性，如图 3-4 所示。常用的错缝方法是将丁砖和顺砖上下皮交错砌筑。砌筑时，每排列一层砖称为一皮砖。常见的砖墙组砌方式有一顺一丁式、三顺一丁式、每皮丁顺相间式(也叫十字式)、全顺式、两平一侧式等，如图 3-5 所示。

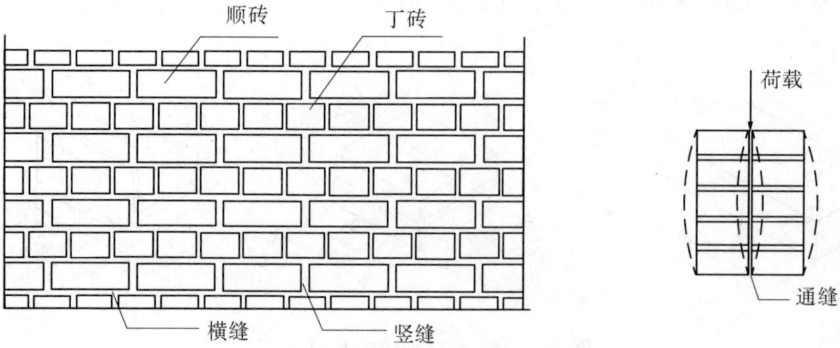

图 3-4 砖的错缝搭接及砖缝名称

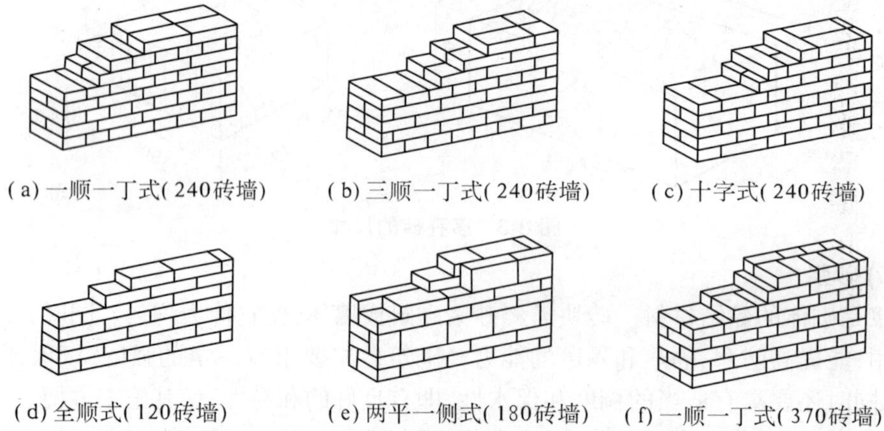

图 3-5 砖墙的组砌方式

三、砖墙的厚度

砖墙的厚度除应满足强度、稳定性、保温隔热、隔声及防火等功能方面的要求外,还应与砖的规格尺寸相配合,如图 3-6 所示。砖墙的厚度一般以砖长为基数来称呼,如一砖厚、半砖厚等。当灰缝宽度按 10 mm 计算时,普通砖墙厚度的尺寸如表 3-1 所示。

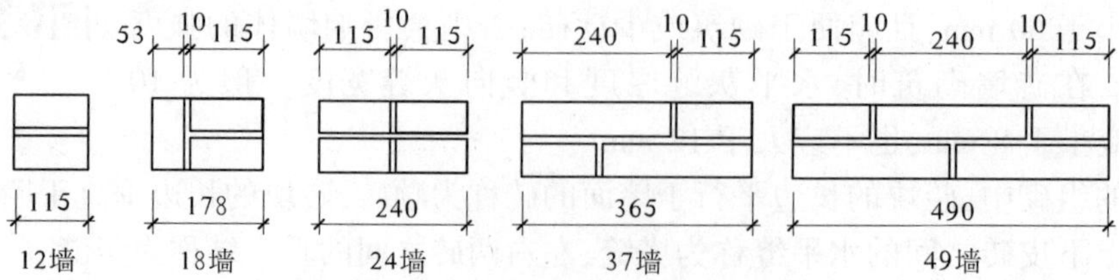

图 3-6 墙厚与普通砖规格的关系

表 3-1　普通砖墙厚度的尺寸　（单位:mm）

墙厚名称	1/4 砖	1/2 砖	3/4 砖	1 砖	$1\frac{1}{2}$砖	2 砖
标志尺寸	60	120	180	240	370	490
构造尺寸	53	115	178	240	365	490

四、砖墙细部构造

墙体作为建筑物主要的承重或围护构件,不同部位必须进行不同的处理,才可能保其耐久、适用。砖墙的细部构造主要包括墙脚、门窗过梁、窗台、墙身加固措施等构造。见码 3-3。

码 3-3

(一)墙脚

底层室内地面以下、基础以上的这段墙体常称为墙脚。墙脚的构造包括勒脚、墙身防潮层、散水和明沟。

1. 勒脚

勒脚就是外墙外侧与室外地面相接的部位。其作用有以下三个方面:

(1)防止外界机械性碰撞对墙体的损坏;

(2)防止屋檐滴下的雨、雪水及地表水对外墙脚的侵蚀;

(3)美化建筑外观。

所以,勒脚的构造应坚固、耐久、防潮防水。

勒脚的高度一般不应低于 500 mm,且要高过墙身水平防潮层。如考虑建筑立面造型处理,也可将勒脚高度提高到底层窗台下。勒脚一般采用以下几种构造做法:

(1)抹灰。可采用 20 mm 厚 1∶3水泥砂浆抹面、1∶2水泥白石子浆水刷石或斩假石抹面。此法多用于一般建筑,如图 3-7(a)所示。

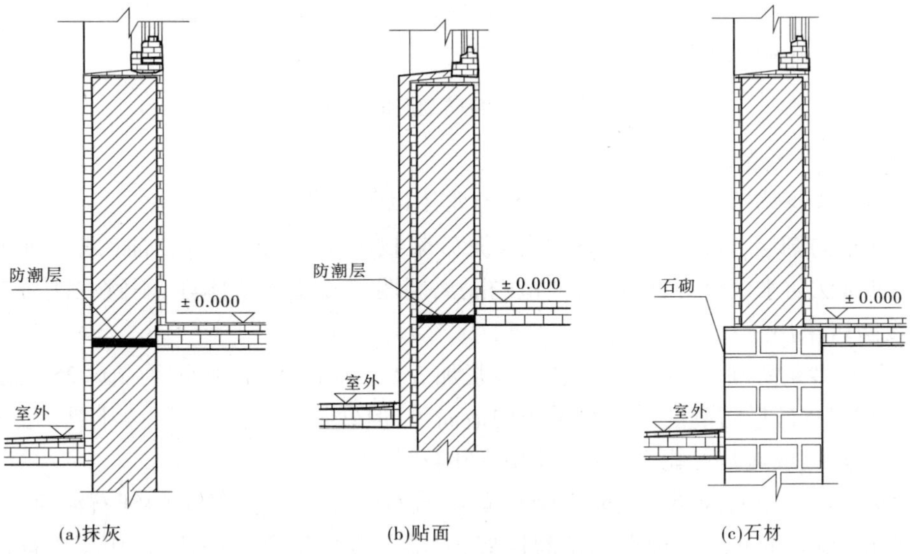

图 3-7　勒脚构造做法

(2)贴面。可采用天然石材或人工石材，如花岗石、水磨石板等。其耐久性、装饰效果好，用于高标准建筑，如图 3-7(b)所示。

(3)勒脚墙体采用条石、混凝土等坚固耐久的材料替代砖勒脚，如图 3-7(c)所示。

2. 墙身防潮层

为了提高建筑物的耐久性，保持室内干燥、卫生，因此须在墙脚部位设置防潮层以隔绝水的侵蚀。根据防潮层构造形式不同分为水平防潮层和垂直防潮层两种。

1)防潮层的位置

(1)水平防潮层。当室内地面垫层为混凝土等密实材料时，防潮层的位置应设在室内垫层范围内，一般低于室内地坪 60 mm，同时还应至少高于室外地面 150 mm，如图 3-8(a)所示。

(2)垂直防潮层。当室内地面低于室外地面或内墙两侧地面出现高差时，除在墙身内与两边室内地坪对应处设高低两道水平防潮层外，还应在两道水平防潮层之间靠土体一侧设置垂直防潮层，如图 3-8(b)所示。

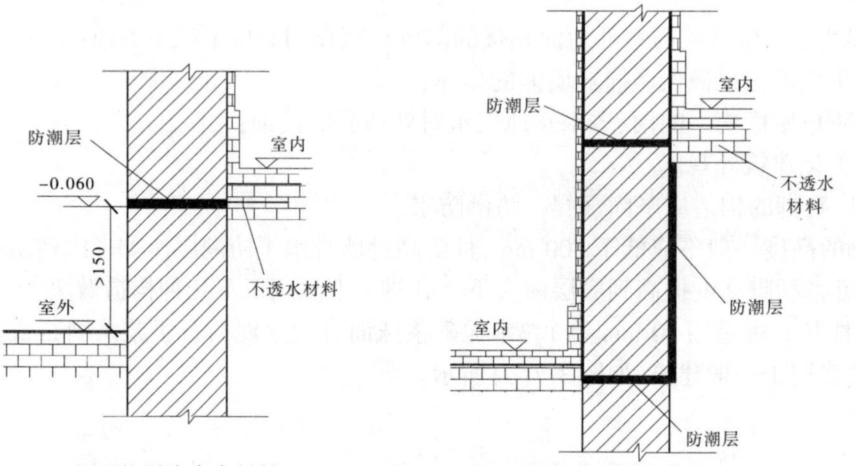

(a)地面垫层为密实材料　　(b)室内地面有高差

图 3-8　墙身防潮层的位置

2)防潮层的构造做法

墙身水平防潮层的构造做法(见图 3-9)常用以下几种：

(1)油毡防潮层，即先抹 20 mm 厚水泥砂浆找平层，上铺一毡二油(或干铺油毡一层)。这种做法防水效果好，但因为油毡的隔离削弱了砖墙的整体性，不宜在刚度要求高或地震设防区采用。

(2)防水砂浆防潮层，采用 1:2水泥砂浆加 3%~5%防水剂，厚度为 20~25 mm，或用防水砂浆砌三皮砖做防潮层。这种做法构造简单，但砂浆属脆性材料，易开裂，故不宜用于结构变形较大或地基可能产生不均匀沉降的建筑。

(3)细石混凝土防潮层。在防潮层位置浇筑 60 mm 厚与墙等宽的细石混凝土带，内配 3 根Φ 6~Φ 8 钢筋。这种做法抗裂性好，且能与砌体结合成一体，多用于整体刚度要求较高或地基可能产生不均匀沉降的建筑中。

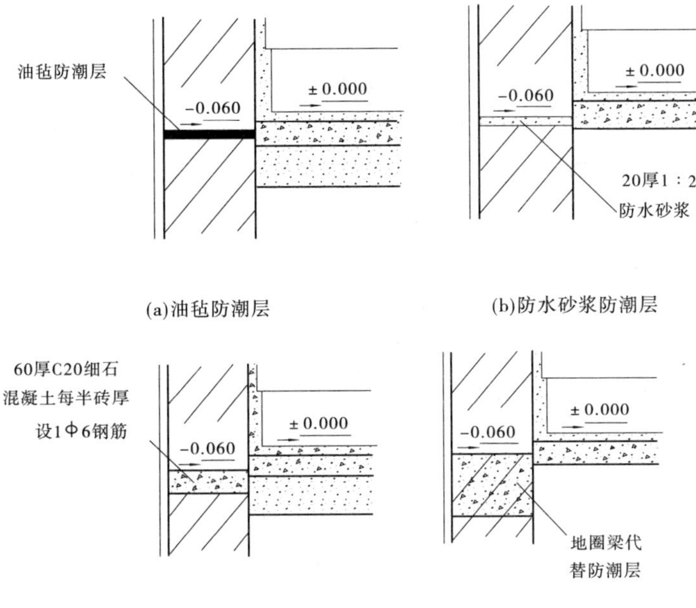

(a)油毡防潮层 (b)防水砂浆防潮层

(c)细石混凝土防潮层 (d)地圈梁代替水平防潮层

图 3-9 墙身水平防潮层的做法

(4)另外,实际工程中如果墙脚采用不透水的材料(如石材或混凝土等)或设有钢筋混凝土地圈梁,通常可以代替水平防潮层。

垂直防潮层的做法是在垂直墙面上先抹一层 20 mm 厚的水泥砂浆找平,再刷一道冷底子油、两道热沥青或用防水砂浆抹灰防潮。

3. 散水和明沟

1)散水

散水是指靠近勒脚下部的排水坡。散水的做法通常是在素土夯实上铺三合土、混凝土等材料,或用砖、石铺砌,水泥砂浆抹面。散水厚度一般为 60~70 mm。散水宽度一般为 0.6~1.0 m,并应比檐口宽 200 mm 设 3%~5%的横向排水坡,如图 3-10 所示。为防止外墙下沉时将散水拉裂而渗水,散水与勒脚交接处应设分格缝,分格缝用弹性材料嵌缝。为防止不规则裂缝,散水整体面层纵向距离每隔 6~12 m 做一道伸缩缝,缝内处理同散水与勒脚交接处的做法。

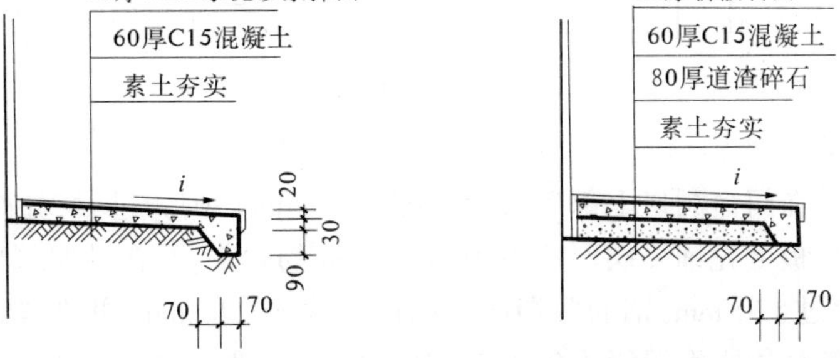

图 3-10 散水的构造做法

2）明沟

明沟是在外墙四周或散水外缘设置的排水沟。明沟的构造做法可用砖砌、石砌、混凝土现浇。沟底应做 0.5%～1%的纵坡，坡向集水口，流入排水管网。明沟断面尺寸的宽度不小于 220～350 mm，深度不小于 150 mm，如图 3-11 所示。

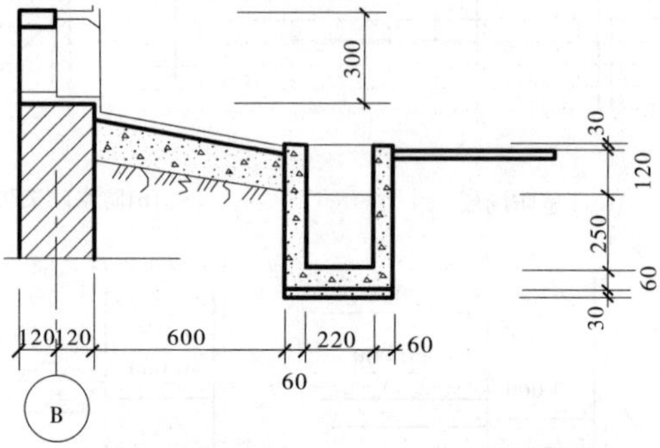

图 3-11　明沟的构造做法

（二）门窗过梁

门窗过梁是设置在门窗洞口上的承重横梁，其作用是承受洞口上部砌体传来的各种荷载，并把这些荷载传给洞口两边的墙体。根据材料和构造方式不同，过梁有砖拱过梁、钢筋砖过梁和钢筋混凝土过梁三种。

1. 砖拱过梁

砖拱过梁分为平拱和弧拱，如图 3-12 所示。砖拱过梁由砖竖砌或立砌且高度不小于一砖，并将竖向灰缝做成上宽下窄来形成拱，砖的强度等级不低于 MU10，砂浆的强度等级不低于 M5，灰缝上宽不大于 15 mm，下宽不小于 5 mm。同时，要求拱脚下面应伸入墙内不小于 20 mm。该过梁用于非承重墙上的门窗洞口上，且洞口宽度不应超过 1.2 m。有集中荷载、较大震动荷载、半砖墙或可能产生不均匀沉降时，均不宜使用此过梁。

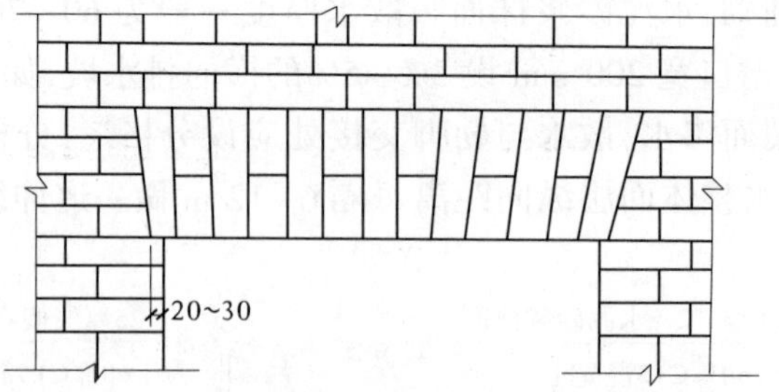

图 3-12　砖拱过梁

2. 钢筋砖过梁

钢筋砖过梁是在门窗洞口上部砂浆层内配置钢筋的平砌砖过梁，如图 3-13 所示。其做法是在支好的模板上先铺一层厚度不小于 30 mm 的砂浆，并在砂浆层内设 2～3 根 Φ 6 钢筋，其间距不超过 120 mm，钢筋两端伸入墙内不少于 240 mm，并在端部向上做 60 mm 高的垂直弯钩。然后用强度等级不低于 MU10 的砖和不低于 M5 的砂浆砌筑。梁的高度不应少于 5 皮砖，且不小于 1/4 洞口跨度。此过梁多用于跨度在 1.5 m 以内的清水墙或非承重的门窗洞口上。

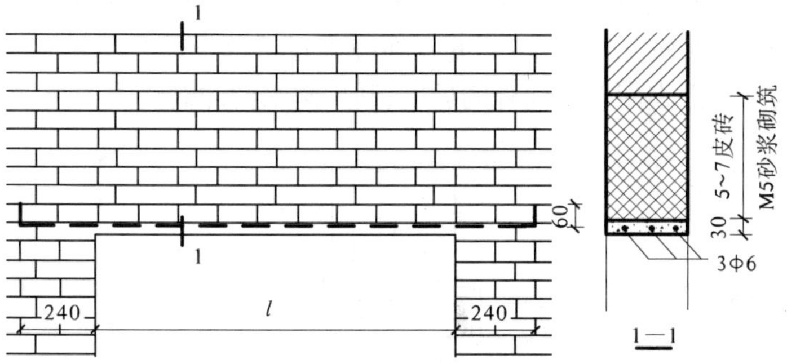

图 3-13 钢筋砖过梁构造

3. 钢筋混凝土过梁

当门窗洞口较大、有较大振动荷载或集中荷载时，或可能产生地基不均匀沉降的房屋应采用钢筋混凝土过梁。它坚固耐用，施工简便，目前被广泛采用。钢筋混凝土过梁有现浇和预制两种，梁高及配筋由计算确定。为了施工方便，梁宽一般同墙厚，梁高与砖的规格相适应，常见的梁高为 60 mm、120 mm、180 mm、240 mm，梁两端支承在墙上的长度不得少于 240 mm，以保证足够的承压面积。

过梁断面形式有矩形和 L 形，L 形多用于外墙，特别是在有保温要求的外墙中，外墙采用 L 形过梁既可节省材料，又可减少热损失，防止过梁内壁产生冷凝水。

为简化构造、节约材料，可将过梁与圈梁、悬挑雨篷、窗楣板或遮阳板等结合起来设计。如在南方炎热多雨地区，常从过梁上挑出 300~500 mm 宽的窗楣板，既保护窗户不淋雨，又可遮挡部分太阳光，在实际工程中，常选用钢筋混凝土过梁。钢筋混凝土过梁构造如图 3-14 所示。

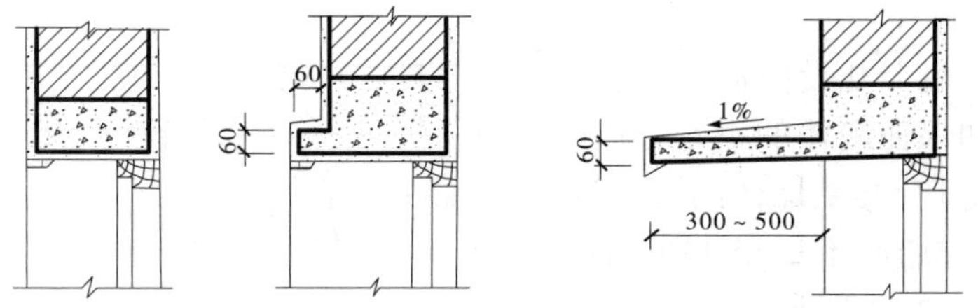

图 3-14 钢筋混凝土过梁构造

(三) 窗台

当室外雨水沿窗向下流淌时，为防止其渗入墙身，并沿窗缝渗入室内，同时避免雨水污染外墙面，常在窗洞下部设置窗台，其有内窗台和外窗台之分，外窗台应有不透水的面层，并向外形成不小于 20% 的坡度，以利于排水。窗台的标高应与窗台结构层表面重合一般以内窗台为准。

外窗台有悬挑窗台和不悬挑窗台两种，其构造做法有砖砌窗台和钢筋混凝土窗台，如

图 3-15 所示。在实际工程中,考虑其安全性常采用钢筋混凝土窗台,悬挑窗台的挑出长度多为 60 mm,其厚度为 60~120 mm,并应在窗台底部边缘处抹灰时做宽度和深度均不小于 10 mm 的滴水处理,以避免雨水污染墙面。由于悬挑窗台下部容易积灰,在风雨作用下很容易污染窗台下的墙面,影响立面美观,因此现在许多建筑都设计为不悬挑窗台,采用光滑易冲洗的面层材料,并在上表面形成向外的坡度,利用雨水的冲刷洗去积灰。

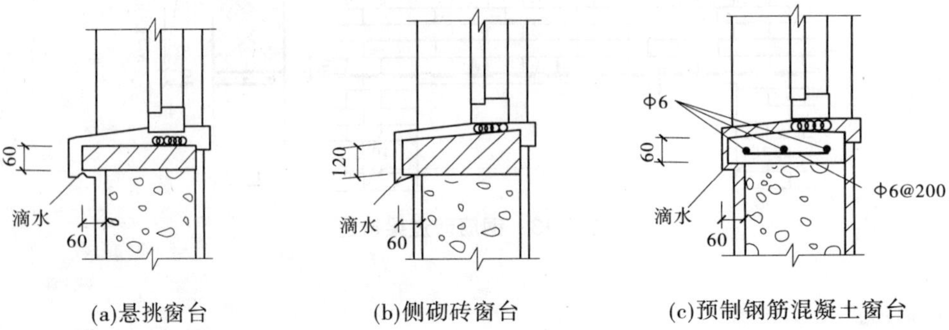

图 3-15　窗台构造做法

当墙的厚度较厚时,窗框设在墙厚的中部,或者采用凸窗,窗框与墙面外平,以及处于内墙上的窗,都需要设内窗台。

(四)墙身加固措施

由于墙身承受集中荷载、开设门窗洞口及地震等因素作用,使墙体的稳定性受到影响,须在墙身采取加固措施,通常有以下几种方法。

1. 增加壁柱和门垛

当墙体要承受梁传来的集中荷载,而墙厚又不足以承担,或墙体的长度和高度超过一定限度并影响到墙体稳定性时,常在墙身局部适当位置增设凸出墙面的壁柱。壁柱突出墙面的尺寸一般为 120 mm×370 mm、240 mm×370 mm、240 mm×490 mm 或根据结构计算确定,如图 3-16 所示。

当在较薄的墙上开设门洞时,为便于门框的安置和保证墙体的稳定,须在门靠墙转角处或丁字接头墙体的一边设置门垛,门垛凸出墙面不少于 120 mm,宽度同墙厚,如图 3-16 所示。

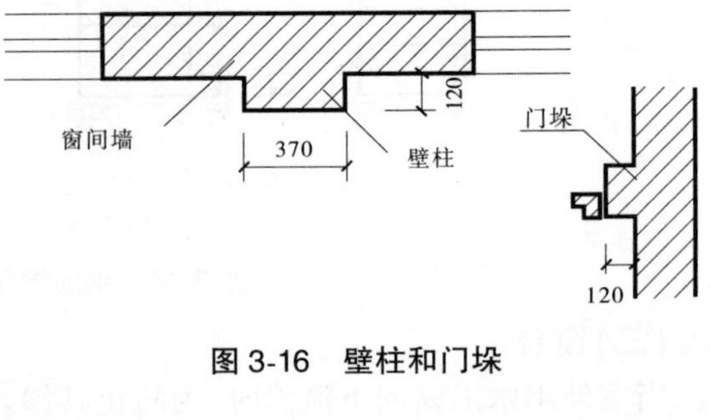

图 3-16　壁柱和门垛

2. 设置圈梁

圈梁是在砖混结构房屋中沿四周外墙及内墙设置的在同一水平面上连续闭合的梁。其作用是增加墙体的稳定性,提高房屋的整体刚度,减少由于地基不均匀沉降而引起的墙体开裂,提高建筑的抗震能力。

1)圈梁的设置要求

圈梁通常设置在基础墙、檐口和楼板处,其数量和位置与房屋的高度、层数、地基状况和地震烈度有关。

(1)在非地震设防区,空旷的单层房屋(如食堂、仓库等),当檐口标高为 5~8 m 时,应在檐口标高处设置圈梁一道;当檐口标高大于 8 m 时,应适当增设。多层民用房屋(如宿舍、办公楼等),当层数为 3~4 层时,应在檐口标高处设置圈梁一道;当层数超过 4 层时,应在所有纵横墙上隔层设置。建筑在软弱地基或不均匀地基上的砌体房屋,应在多层房屋的基础和顶层处各设置一道,其他各层可隔层设置,必要时也可层层设置。

(2)在地震设防区,空旷的单层房屋,墙顶标高处应设置现浇圈梁,并宜沿墙高每隔 3 m 左右增设一道圈梁。多层房屋,采用砖墙、装配式钢筋混凝土楼屋盖或木楼屋盖,横墙承重时应按表 3-2 的要求设置圈梁;纵横墙承重时,每层均应设置圈梁,且抗震横墙上的圈梁间距应比表 3-2 中要求适当加密。采用现浇或装配整体式钢筋混凝土楼屋盖与墙体有可靠连接的房屋可不另设圈梁,但楼板沿墙体周边应加强配筋并应与相应的构造柱钢筋有可靠的连接。

表 3-2　砖房现浇钢筋混凝土圈梁设置要求

墙的类别	地震烈度		
	Ⅵ、Ⅶ	Ⅷ	Ⅸ
沿外墙及内纵墙	屋盖处及每层楼盖处	屋盖处及每层楼盖处	屋盖处及每层楼盖处
沿内横墙	屋盖及每层楼盖处,屋盖处间距不应大于 7 m,楼盖处间距不应大于 15 m,构造柱对应部位	屋盖及每层楼盖处,屋盖处沿所有横墙且间距不应大于 7 m,楼盖处间距不应大于 7 m,构造柱对应部位	屋盖及每层楼盖处,各层所有横墙

2)圈梁的构造

圈梁宜采用现浇钢筋混凝土浇筑,混凝土强度等级不应低于 C20。其截面高度一般不应小于 120 mm,并与砖的皮数相适应,常见的为 180 mm、240 mm。其宽度一般与墙同厚,当墙厚大于 240 mm 时,其宽度可比墙厚小些,但不宜小于墙厚的 2/3。圈梁纵向钢筋不应少于 4 Φ 10,箍筋间距不应大于 300 mm。圈梁兼作过梁时,过梁部分的钢筋应按计算用量另行增配。纵横墙交接处的圈梁应有可靠的连接。

在地震设防区,多层砖房的现浇钢筋混凝土圈梁配筋应符合表 3-3 的要求。基础圈梁和单层空旷房屋的墙顶圈梁,截面高度不应小于 180 mm,配筋不应少于 4 Φ 12。

表 3-3　砖房现浇钢筋混凝土圈梁配筋表要求

配筋	地震烈度		
	Ⅵ、Ⅶ	Ⅷ	Ⅸ
最小纵筋	4 Φ 10	4 Φ 12	4 Φ 14
最大箍筋间距	250 mm	200 mm	150 mm

钢筋混凝土圈梁与预制板宜在紧靠板底(称为板底圈梁)或同一标高处(称为高低圈梁),与现浇板宜在同一标高处(称为板平圈梁),如图 3-17 所示。

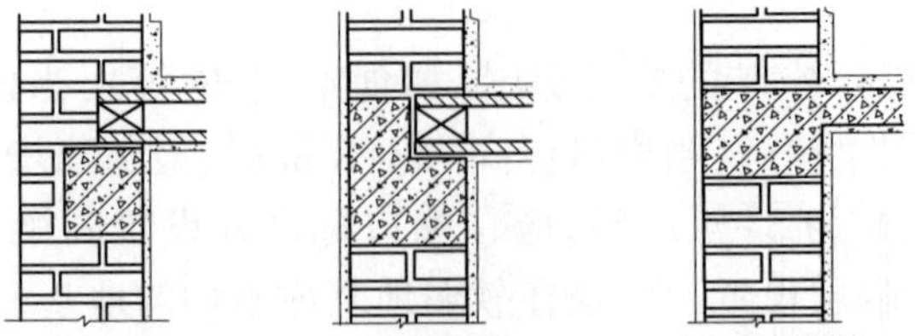

(a) 板底圈梁　(b) 高低圈梁　(c) 板平圈梁

图 3-17　圈梁构造

圈梁应在同一水平面上闭合,当圈梁被门窗洞口截断时,应在洞口上部增设相同截面的附加圈梁,如图 3-18 所示。

3. 设置构造柱

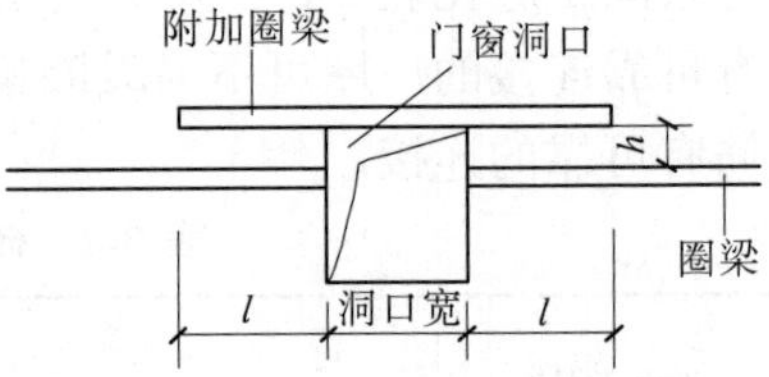

$l \geqslant 2h$ 且 $l \geqslant 1$ m

图 3-18　附加圈梁

构造柱是在多层砌体房屋中,设置在墙体转角或某些墙体中部的钢筋混凝土柱。它是从构造的角度考虑而设置的,与承重柱的作用完全不同,构造柱的作用是从竖向加强墙体的连接,与圈梁形成空间骨架以加强砌体结构的整体刚度,提高墙体抵抗变形的能力,减缓墙体在地震力作用下酥碎现象的产生,是防止房屋在地震作用下突然倒塌的一种有效措施。构造柱的设置部位,一般情况下应符合表 3-4 的要求。

表 3-4　砖房构造柱设置要求

不同地震烈度下的房屋层数				设置部位	
Ⅵ	Ⅶ	Ⅷ	Ⅸ		
四、五	三、四	二、三		楼、电梯间四角,楼梯段上下端对应的墙体处,外墙四角和对应转角,错层部位横墙与外纵墙交接处,大房间内外墙交接处,较大洞口两侧	隔 15 m 或单元横墙与外纵墙交接处
六、七	五	四	二		隔开间横墙(轴线)与外墙交接处,山墙与内纵墙交接处
八	六、七	五、六	三、四		内墙(轴线)与外墙交接处,内墙的局部较小墙垛处,Ⅸ度时内纵墙与横墙(轴线)交接处

构造柱的具体构造要求有:先砌墙后浇钢筋混凝土柱,构造柱与墙的连接处宜砌成马牙槎,并沿墙高每隔 500 mm 设 2 Φ 6 水平拉结钢筋连接,每边伸入墙内不少于 1 000 mm;构造柱截面应不小于 180 mm×240 mm,混凝土的强度等级不小于 C20,纵向钢筋宜用 4 Φ 12,箍筋采用Φ 6@ 250,且在柱上下端宜适当加密;Ⅶ度时超过六层、Ⅷ度时超过五层和Ⅸ度时,构造柱纵向钢筋宜采用 4 Φ 14,箍筋间距不应大于 200 mm。房屋四角的构造柱可适当加大截面及配筋。构造柱与圈梁连接处,构造柱的纵筋应穿过圈梁,保证构造柱

纵筋上下贯通。构造柱可不单独设置基础,但应伸入室外地面以下 500 mm,或与埋深小于 500 mm 的基础圈梁相连。构造柱的构造如图 3-19 所示。

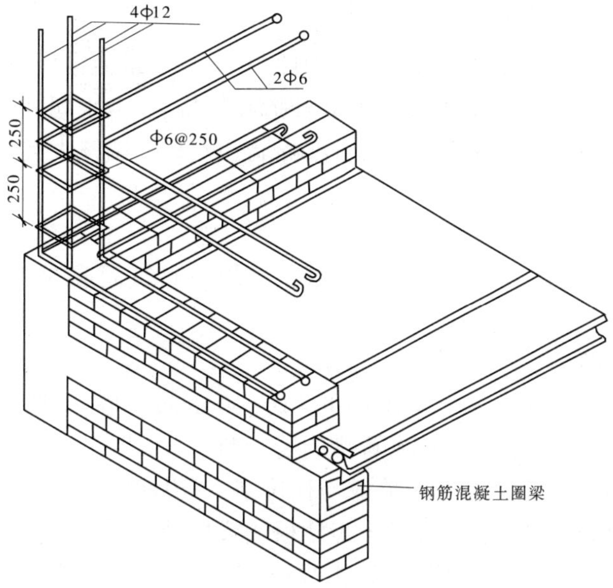

(a)构造柱位置示意图

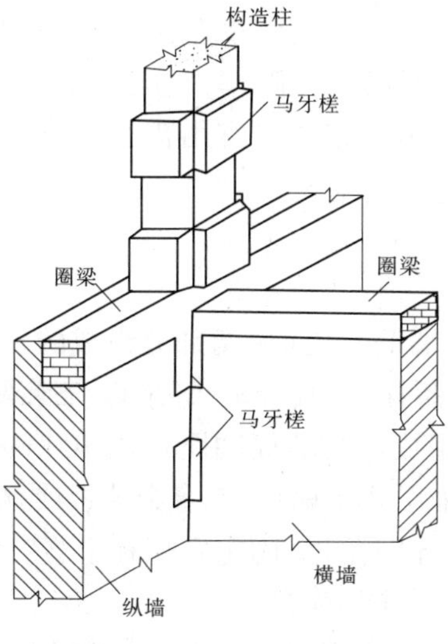

(b)构造柱马牙槎透视图

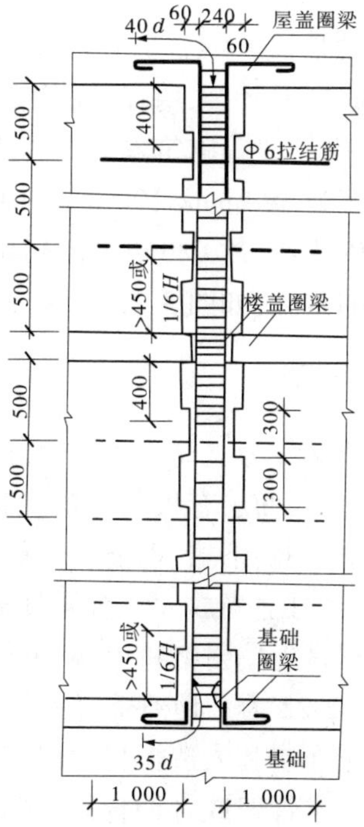

(c)立面示意图

图 3-19 构造柱的构造

任务三　隔墙的构造

隔墙是分隔建筑物内部空间的非承重构件,其本身重量由楼板或梁来承担。因此,要求隔墙具有自重轻、厚度薄、隔声、便于安装和拆卸的特点,卫生间、厨房的隔墙还应防水、防潮、防火等。常用隔墙有块材隔墙、轻骨架隔墙和板材隔墙三大类。

一、块材隔墙

块材隔墙是用普通砖、空心砖、加气混凝土等块材砌筑而成的,常采用普通砖隔墙和砌块隔墙两种。

(一)普通砖隔墙

普通砖隔墙有半砖(120 mm)隔墙和1/4砖(60 mm)隔墙,一般采用半砖隔墙。半砖隔墙采用普通砖顺砌而成,为保证砖隔墙的稳定性,应采取一些加固措施:沿墙高每隔500 mm设置2 Φ 6拉结钢筋与承重墙或与柱拉结,每边伸入墙内不应少于500 mm;Ⅷ度和Ⅸ度时,长度大于5 m的隔墙,墙顶应与楼板或梁拉结,墙长超过层高2倍时,应设置钢筋混凝土构造柱;墙高超过4 m时,墙体半高(或门洞上皮)处应设置与柱连接且沿墙全长贯通的钢筋混凝土带。为了保证砖隔墙不承重,同时与楼板顶紧,在砖墙砌到楼板底或梁底时可采用立砖斜砌,或预留30 mm的空隙塞木楔打紧,然后用砂浆填缝。普通砖隔墙构造如图3-20所示。

(二)砌块隔墙

为减轻隔墙自重,可采用轻质砌块隔墙。目前,常用加气混凝土砌块、粉煤灰硅酸盐砌块、水泥炉渣空心砖等砌筑隔墙。砌块隔墙厚度由砌块尺寸决定,目前我国混凝土小型砌块外形尺寸多为390 mm×190 mm×190 mm。因砌块孔隙率大、吸水量大,故在砌筑时先在墙下部实砌3~5皮实心砖再砌砌块。砌块不够整块时宜用普通砖填补。其加固措施同半砖隔墙的做法,如图3-21所示。

二、轻骨架隔墙

轻骨架隔墙又称为立筋式隔墙,是由骨架(墙筋)和面层两部分组成的。骨架有木骨架和金属骨架之分,面层有板条抹灰、钢丝网板条抹灰、胶合板、纤维板、石膏板等。

木骨架是由上槛、下槛、墙筋、斜撑或横挡组成的。墙筋间距常用400 mm,横挡间距可与墙筋相同,也可适当放大。金属骨架一般采用薄型钢板、铝合金薄板或钢板网加工而成。其安装过程是先用射钉将上槛、下槛(也称导向龙骨)固定在楼板上,然后安龙骨(墙筋和横挡)。图3-22为一种薄壁轻钢骨架的立筋面板隔墙。

面层有抹灰面层和人造板材面层。抹灰面层常用木骨架,即传统的板条抹灰隔墙;人造板材面层可用木骨架或轻钢骨架。隔墙的名称以面层材料而定。板条抹灰隔墙就是在木骨架上钉板条,然后抹灰形成的,如图3-23所示。板材间留宽度为5 mm左右的缝隙供伸缩,采用木条或铝压条盖缝。这种采用人造板面层的隔墙称为立筋面板隔墙,常用面板类型有胶合板、硬质纤维板、石膏板等。

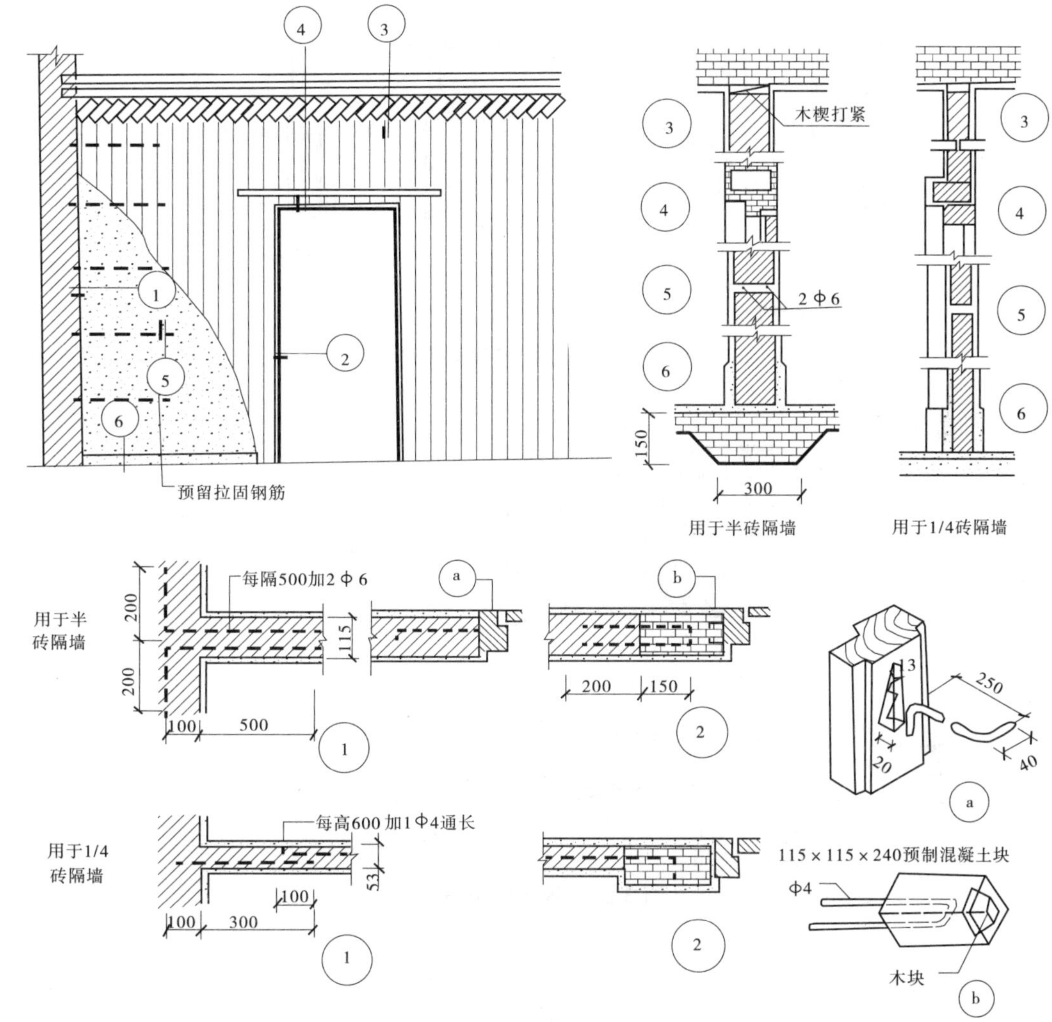

图 3-20　普通砖隔墙构造

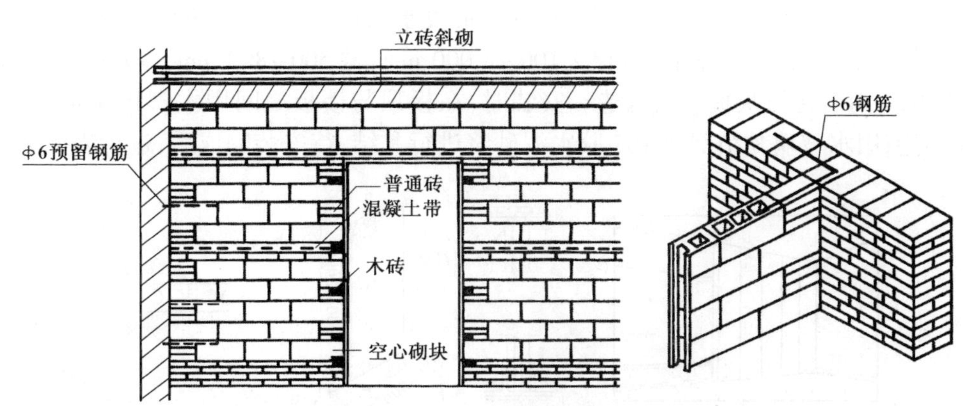

图 3-21　砌块隔墙构造

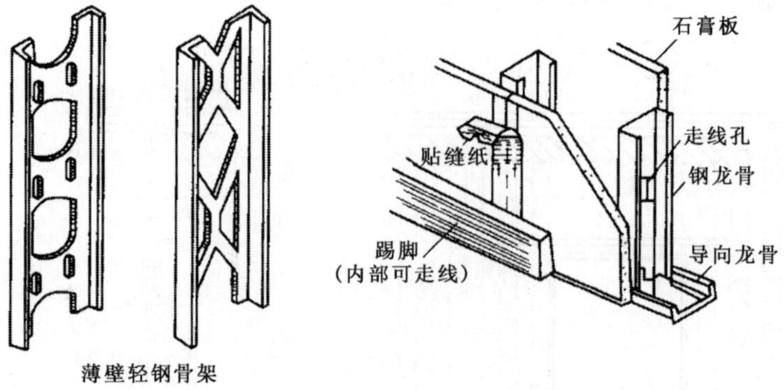

图 3-22　薄壁轻钢骨架隔墙

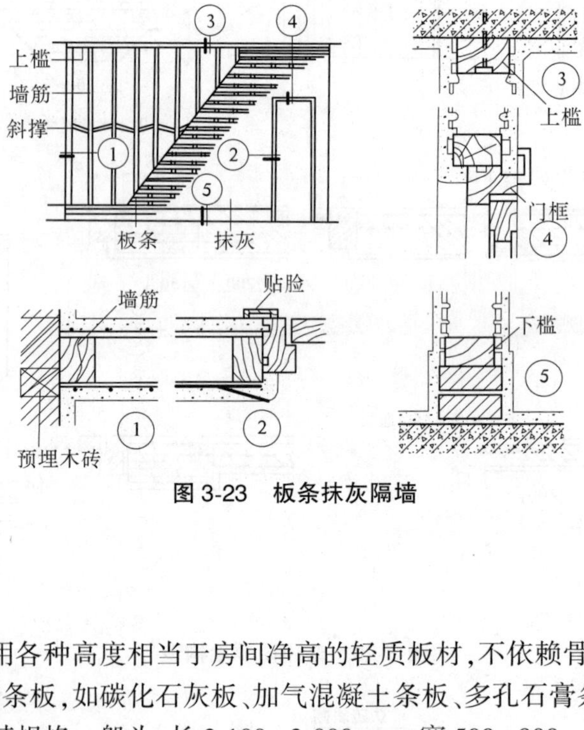

图 3-23　板条抹灰隔墙

三、板材隔墙

板材隔墙是指用各种高度相当于房间净高的轻质板材，不依赖骨架，直接装配而成的隔墙。目前，多采用条板，如碳化石灰板、加气混凝土条板、多孔石膏条板、纸蜂窝板、水泥刨花板、复合板等，其规格一般为：长 2 100～3 000 mm，宽 500～800 mm，厚 60～120 mm。

图 3-24 为碳化石灰板隔墙构造。安装时，在板顶与楼板之间用木楔将条板楔紧，条板间的缝隙用水玻璃黏结剂或 107 胶水泥砂浆进行黏结，待安装完成后，进行表面装修。

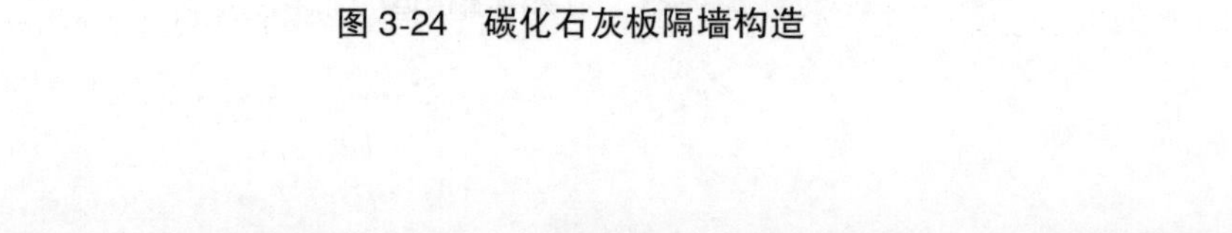

图 3-24　碳化石灰板隔墙构造

任务四 墙面的内外装修

一、墙面装修的作用

(一)保护墙体、延长墙体的使用年限

墙面装修可增强墙体抵御各种自然因素和人为因素侵蚀的能力,增强墙体的坚固性、耐久性,以延长墙体的使用年限。

(二)改善和提高墙体的物理功能

对墙面进行装修处理,还可改善墙体保温隔热的性能;对室内可增加光线的反射,提高室内照度;对有吸声要求的房间进行吸声处理后,还可以改善室内音质效果。

(三)美化环境、提高艺术效果

墙面装修是建筑空间艺术处理的重要手段之一。利用墙面装修材料的色彩、质感和线脚纹样等处理,可以提高建筑的艺术效果,丰富和美化室内外空间。

二、墙面装修的类型

按墙面装修的位置不同,有外墙面装修和内墙面装修。外墙面由于直接受风、霜、雨、雪、大气及阳光的作用,因此外墙面所用的装修材料应满足强度高、抗冻性好、耐水及耐腐蚀性好等要求;内墙面的装修材料一般由室内使用功能所决定,通常要求有一定的强度、耐水性及耐火性。

墙面装修按饰面材料和施工方式不同,有抹灰类、贴面类、涂料类、裱糊类、铺钉类等,如表 3-5 所示。

表 3-5 墙面装修分类

类别	室外装修	室内装修
抹灰类	水泥砂浆、混合砂浆、水刷石、干粘石、斩假石等	石灰砂浆、混合砂浆、水泥砂浆、防水砂浆、石膏珍珠岩保温砂浆等
贴面类	外墙面砖、陶瓷锦砖、玻璃锦砖、天然石板等	釉面砖、面砖、人造石板、天然石板等
涂料类	石灰浆涂料,油漆、彩砂涂料、彩色弹涂等	石灰浆、大白浆、油漆、乳胶漆、涂料等
裱糊类		PVC 塑料墙纸、纺织物面墙纸、天然木纹面墙纸等
铺钉类	各种金属饰面板、玻璃等	木条板、石膏板、纤维板、胶合板

三、墙面装修构造

常用装饰构造做法各地均有标准图集可供参考,表 3-6 所列构造做法为中南地区建

筑标准设计。

表 3-6 常用墙面装修构造做法

名称	构造做法
水泥砂浆内外墙面	①15 mm 厚 1∶3水泥砂浆;②2 mm 厚麻刀(或纸筋)石灰面
水泥砂浆内外墙面	①15 mm 厚 1∶3水泥砂浆;②5 mm 厚 1∶2水泥砂浆
水刷石外墙面	①15 mm 厚 1∶3水泥砂浆,刷素水泥浆一遍;②10 mm 厚 1∶1.5 水泥石子,水刷表面
面砖外墙面	①15 mm 厚 1∶3水泥砂浆,刷素水泥浆一遍;②4~5 mm 厚 1∶1水泥砂浆加水重 20%白乳胶粘贴;③8~10 mm 厚面砖,1∶1水泥砂浆勾缝
花岗石外墙面	①30 mm 厚 1∶2.5 水泥砂浆,分层灌浆;②20~30 mm 厚花岗石板,水泥浆擦缝
干挂石材外墙面	①外墙表面清洗干净;②20 mm 厚 1∶2.5 水泥砂浆抹灰;③刷 1.2 mm 厚聚氨酯防水砂浆;④按石材高度安装配套水平不锈钢托板及舌板;⑤30 mm 厚石材板,用环氧树脂胶固定梢钉,石材接缝宽 5~8 mm,用硅酸密封胶填缝
白水泥浆内、外墙面	①清理基层;②局部刮腻子,砂纸磨平;③白水泥浆两遍
裱糊壁纸	①清理基层;②刮腻子,砂纸磨平;③白乳胶水溶液一遍,白乳胶裱糊壁纸

(一)抹灰类墙面装修

抹灰类墙面装修是用各种砂浆或石渣浆,采用抹、刷、磨、斩等多种方法进行施工做成的各种饰面抹灰层。

为了避免墙面出现裂缝,保证抹灰层牢固和表面平整,施工时须分层操作。墙面抹灰通常由底层(找平层)、中层(垫层)、面层三个层次构成。

底层的底灰根据基层材料的不同和受水侵蚀的情况而定。一般的砖石基层可采用水泥砂浆或混合砂浆打底。当遇骨架板条基层时,采用掺入纸筋、麻刀或其他纤维的石灰砂浆做底灰,加强黏结,防止开裂。

中层抹灰材料同底层,起进一步找平的作用,以减少打底砂浆层干缩后可能出现的裂缝。采用机械喷涂时底层与中层可同时进行。

面层抹灰主要起装饰作用,要求表面平整、无裂痕、颜色均匀。所用材料为各种砂浆或水泥石渣浆。面层上的刷浆、喷浆或涂料不属于面灰。

抹灰按质量及工序要求分为三种标准,如表 3-7 所示。

表 3-7 抹灰类三种标准

标准	层次			总厚度(mm)	适用范围
	底层	中层	面层		
普通抹灰	1		1	≤18	简易宿舍、仓库等
中级抹灰	1	1	1	≤20	住宅、办公楼、学校、旅馆等
高级抹灰	1	若干	1	≤25	公共建筑、纪念性建筑,如剧院、展览馆等

外墙抹灰要先对墙面进行分格,以便于施工接茬、控制抹灰层伸缩和今后的维修。分隔线有三种形式:凹线、凸线和嵌线。凹线常用木引条成型,先用水泥砂浆将其临时固定,待做好面层后再将其抽出,即成型。凸线也称线角,外墙面的线角有檐口、腰线、勒脚等,当线角凸出墙面超过 30 mm 时,可将墙身的砖、混凝土出挑,或用其他材料成型后再抹灰。嵌线用于要进行打磨的抹灰墙面,如水磨石等。嵌线材料有玻璃、金属或其他材料。外墙抹灰总厚度一般为 20~25 mm。

内墙面抹灰要求表面平整、均匀、无裂痕。施工时,首先要清理基层,有时还需用水冲洗,以保证灰浆与基层黏结紧密。由于阳角处易受损,抹灰前在内墙阳角、门洞转角、柱子四角处用强度较高的水泥砂浆或预埋角钢做护角,然后再做底层或面层抹灰。内墙抹灰总厚度一般为 15~20 mm。

(二)贴面类墙面装修

贴面类墙面装修是利用各种天然石材或人造板、块,通过绑、挂或直接粘贴于基层表面的装修做法。常用的贴面材料有花岗岩板和大理石板等天然石材,水磨石板、水刷石板、剁斧石板等人造石板,以及面砖、瓷砖、锦砖等陶瓷玻璃制品。

1. 天然石材和人造石板饰面

常见天然石材饰面有花岗石、大理石和青石板等,具有强度高、耐久性好等特点,多用于高级装饰。常见人造石板有预制水磨石板、人造大理石板等。

天然石材和人造石板的安装方法相同,有挂贴法和干挂法两种。

挂贴法的具体做法是先在墙内或柱内预埋Φ 6 铁箍,间距依石板规格而定,铁箍内立Φ 8~Φ 12 竖筋,在竖筋上绑扎横筋,形成钢筋网。在石板上下边钻小孔,用双股 16 号钢丝绑扎固定在钢筋网上。上下两块石板用不锈钢卡销固定。板与墙面之间预留 20~30 mm 缝隙,上部用定位活动木楔做临时固定,校正无误后,在板与墙之间浇筑 1:3水泥砂浆,待砂浆初凝后,取掉定位活动木楔,继续上层石板的安装,如图 3-25 所示。

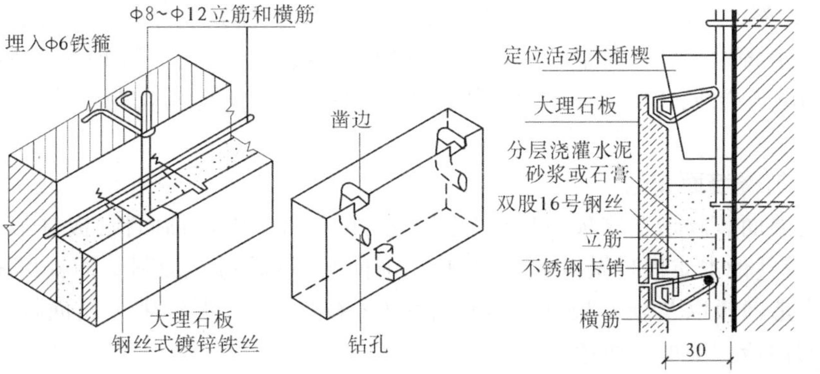

图 3-25 石板挂贴法构造

干挂法是用不锈钢型材或连接件将石板块支托并锚固在墙面上,连接件用膨胀螺栓固定在墙面上,上下两层之间的间距等于板块的高度。

2. 面砖、锦砖饰面

1) 面砖饰面

面砖多由瓷土或陶土焙烧而成,常见的面砖有釉面砖、无釉面砖、仿花岗岩瓷砖等。面砖种类繁多,安装时应先将其放入水中浸泡,取出沥干水分,用水泥石灰混合砂浆或用掺有 107 胶的水泥砂浆满刮面砖背面,再紧贴于水泥砂浆打底的墙上。外墙面砖之间常留出一定缝隙,以便湿气排出;内墙应安装紧密,不留缝隙。

2) 陶瓷(玻璃)锦砖饰面

陶瓷(玻璃)锦砖俗称马赛克(玻璃马赛克),是高温烧制而成的小块型材。根据其花色品种,可拼成各种花纹图案,为了便于粘贴,铺贴时先将其正面向下粘贴于一定尺寸的牛皮纸上,施工时,牛皮纸面向外,用水泥细砂浆将马赛克贴于饰面基层上,用木板压平,待砂浆半凝,将纸洗去,校正缝隙,修正饰面即可。

(三)涂料类墙面装修

涂料类墙面装修是指利用各种涂料敷于基层表面而形成整体牢固的涂膜层的一种装修做法。涂料类墙面装修靠一层很薄的涂层起保护和装饰作用,可以根据需要配成多种色彩。按涂料的施涂方法一般有刷涂、滚涂、喷涂和弹涂。当施涂面积过大时,可在墙身的分隔缝、墙的阴角或落水管等处设置分界线。涂料饰面涂层薄,抗蚀能力差,但是由于涂料饰面施工简单、省工省时、效率高、自重轻、维修更新方便,故在饰面装修工程中得到较为广泛的应用。

(四)卷材类墙面装修

卷材类墙面装修是将各种装饰的墙纸、墙布通过裱糊、软包等方法形成的内墙面饰面的做法。这种墙面装修装饰性强,造价较经济,施工方法简便,效率高,饰面材料更换方便,在曲面和墙面转折处粘贴可以获得连续的饰面效果。常用的装饰材料有 PVC 塑料壁纸、纺织物面墙纸、金属面墙纸、玻璃纤维墙布等。

裱糊类墙面的基层要坚实牢固、表面平整光洁、线脚通畅顺直、不起尘、无砂粒和孔洞,要保持干燥,墙纸和墙布在施工前,要做浸水或润水处理,使其充分膨胀。为了防止基层吸水过快,要先用稀释的 107 胶满刷一遍,再涂刷黏结剂,然后按先上后下、先高后低的原则,对准基层的垂直准线,用胶辊或刮板将其赶平压实,排出气泡,当有拼花要求时,要使花纹重叠搭接。

(五)铺钉类墙面装修

铺钉类墙面装修是在抹灰的基础上钉骨架,再在骨架上铺贴面板,板材贴面常以夹心板、密度板或其他木质板材做衬板,其上贴装饰面板,然后再施涂料。面板可采用天然木板或各种人造薄板以及硬木板、胶合板、纤维板、石膏板等,近年来金属面板应用日益广泛。常见的构造方法如下所述。

1. 木质贴面板墙面

木质贴面板墙面是一种高级建筑装饰材料,是利用珍贵树种木材,通过精密刨切,制得厚度为 0.2~0.5 mm 的微薄木片,以胶合板为基材,采用粘贴工艺制成的。其安装方便,具有天然的纹理,美观华丽,有回归大自然的感觉,但防火、防潮性能欠佳,一般多用作宾馆、大型公共建筑的门厅以及大厅面的装修。

2. 金属薄板墙面

金属薄板墙面是指利用薄钢板、不锈钢板、铝板或铝合金板作为墙面装修材料。金属板材具有耐久性能好、坚固、质轻、易拆卸等特点,并且精密、轻盈、风格简洁、独具艺术风韵。金属外墙板一般悬挂在承重骨架的外墙上,施工方法多为预制装配,由于节点构造复杂,施工精度要求高,必须有完备的工具和经过培训有经验的工人才能完成操作。

3. 石膏板墙面

石膏板墙面的一般构造做法是:首先在墙体上涂刷防潮涂料,然后在墙体上铺设龙骨,将石膏板钉在龙骨上,最后进行板面修饰。

任务五 节能墙体的构造

我国幅员辽阔,地区气候差异较大,不同季节温度相差悬殊,目前环境恶化、能源日益紧张,因此建筑节能显得尤为重要。墙体是建筑物的外围护结构,节能墙体可以减少热量散失,达到节能的目的。复合墙体逐渐成为建筑墙体的主流,目前常用的有内保温外墙、外保温外墙、夹心保温外墙。

一、内保温外墙

内保温外墙是一种将保温隔热材料放在承重墙内侧的复合墙体,目前应用较为广泛。在满足建筑物承重要求的前提下,墙体可适当减薄。绝热材料往往强度较低,需设面层防护。目前,较为常用的内保温技术有:增强石膏复合聚苯保温板、聚合物砂浆复合聚苯保温板、增强水泥复合聚苯保温板、内墙贴聚苯板抹粉刷石膏(见图3-26)及抹聚苯颗粒保温料浆加抗裂砂浆压入网格布(见图3-27)。内保温做法存在的主要问题:一是热工效率较低,外墙有些部位难以处理而形成“冷桥”,使保温性能有所降低;二是保温层做在住户室内,对二次装修、增设吊挂设施等带来麻烦;三是内保温要占用室内空间,使用面积有所减少。

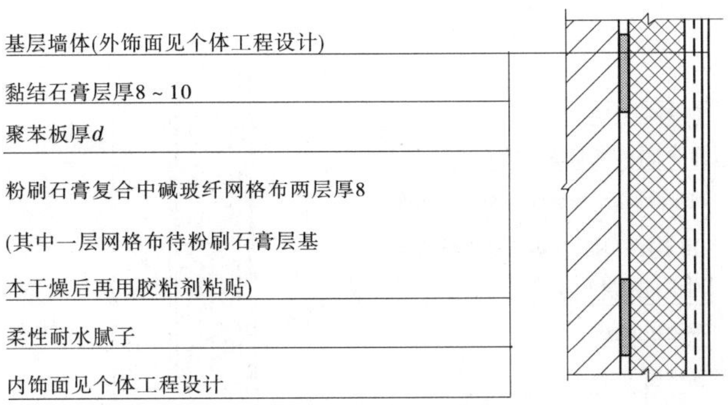

图3-26 增强粉刷石膏聚苯板内保温外墙构造

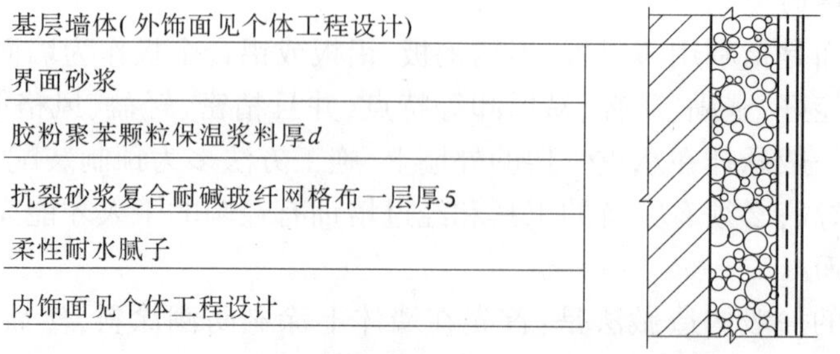

图 3-27　胶粉聚苯颗粒保温浆料内保温外墙构造

二、外保温外墙

外保温外墙是一种将保温隔热材料放在外墙外侧(低温一侧)的复合墙体,具有较强的耐候性、防水性和防水蒸气渗透性。同时,具有绝热性能优越,能消除热桥,减少保温材料内部凝结水的可能性,不占室内空间,便于室内装修,对保护结构有利等优点,但是由于保温材料直接做在室外,需承受的自然因素(如风雨、冻晒、磨损与撞击等)影响较多,因而对此种墙体的构造处理要求很高。

外保温复合墙体的种类主要有:①外挂式外保温复合墙体(见图 3-28),其外挂的保温材料有聚苯乙烯泡沫板(简称聚苯板,包括 EPS、XPS)、岩(矿)棉、玻璃棉、硬质聚氨酯泡沫塑料板、聚苯仿石装饰保温板等。②聚苯板与混凝土墙体一次浇筑成型墙体(见图 3-29),其是将聚苯板置于建筑模板内,位于浇筑的墙体外侧,然后浇筑混凝土,混凝土与聚苯板一次浇筑成型。这种复合墙体分为有网体系和无网体系两种。③涂抹聚苯颗粒保温料浆保温墙体(见图 3-30),其是由保温隔热层和抗裂防护层组成的。其中,保温隔热层材料是由保温胶粉料与聚苯颗粒轻骨料分别按配合比配置而成的,将水、保温胶粉料及聚苯颗粒混合搅拌成膏状体即可使用。抗裂防护层是由水泥抗裂砂浆、复合涂塑耐碱玻纤网格布、配套柔性耐水腻子、硅橡胶弹性底漆组成的,可长期有效地防止面层(防护层)产生裂缝。

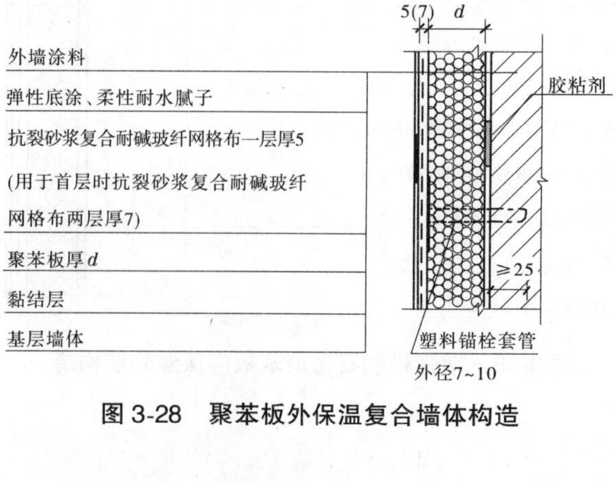

图 3-28　聚苯板外保温复合墙体构造

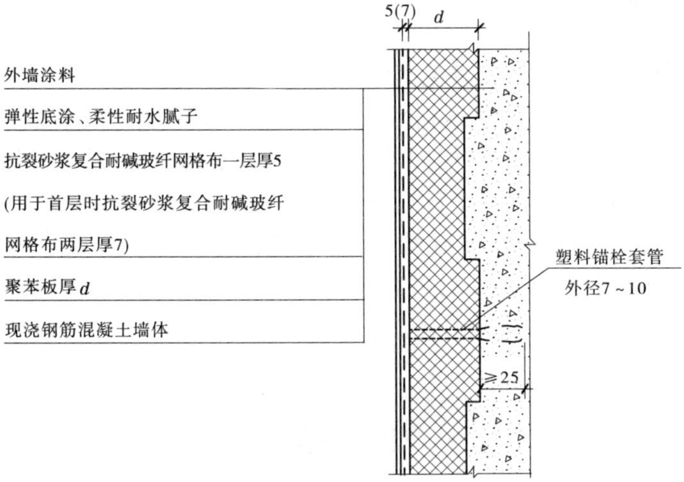

(a)无网体系

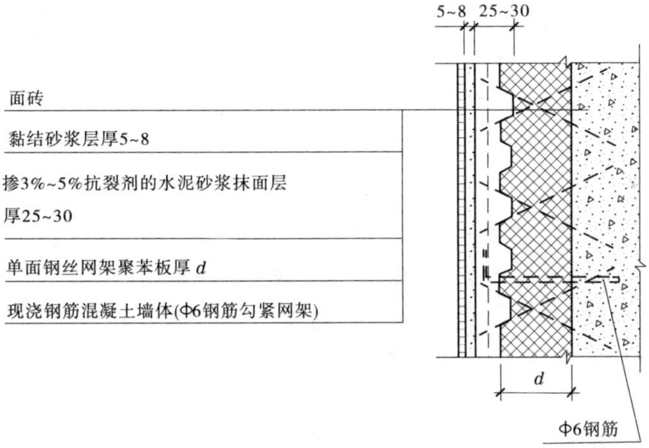

(b)有网体系

图 3-29 模板内置聚苯板现浇混凝土复合墙体构造

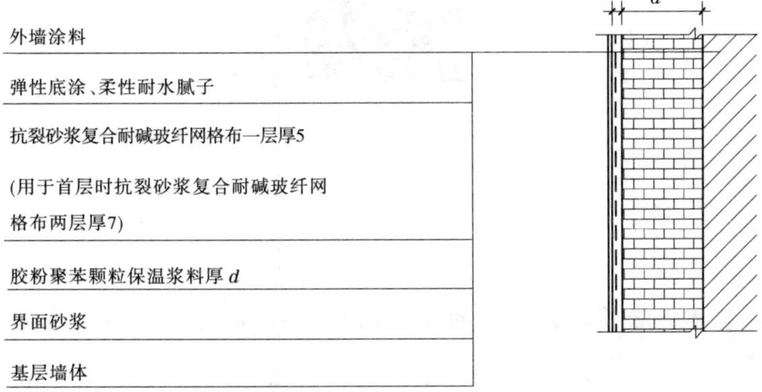

图 3-30 聚苯颗粒保温浆料保温墙体构造

三、夹心保温外墙

在复合墙体保温形式中,为了避免蒸汽由室内高温一侧向室外低温侧渗透,在墙内形成凝结水,或为了避免受室外各种不利因素的影响,常采用半砖或其他预制板材加以处理,使外墙形成夹心构件,即双层结构的外墙中间放置保温材料,或留出封闭的空气间层。在这种结构的墙体中,保温材料不受自然条件的影响,耐久性和保温效果都好,而且这种结构形式外墙的装饰效果不受保温材料的限制和制约,有利于实现建筑风格的多样化。同时,由于内外墙体通过保温层分隔,可有效地减小内墙的温度变形,减少墙体温度裂缝,同时避免墙体渗漏。但其抗震性能较差,施工难度较大。

小 结

墙体是建筑物的重要构造组成部分。墙体按承重情况可分为承重墙和非承重墙两类。在砖混结构中,墙体具有承重作用。外墙还具有围护功能,抵御风霜雨雪及寒暑等自然界各种因素对室内的侵袭。隔墙主要起到分隔建筑内部空间的作用。

标准砖的规格为 240 mm×115 mm×53 mm。

砖的砌筑方法主要有顺砖、丁砖和侧砖。常用的砌筑砖墙有 12 墙、18 墙和 24 墙,北方地区还有 37 墙。

砖墙的细部构造有勒脚、墙身防潮、散水与明沟、门窗过梁、窗台、圈梁和构造柱等。

墙身加固措施:①增加壁柱和门垛;②设置圈梁;③设置构造柱。

常用隔墙有块材隔墙、轻骨架隔墙和板材隔墙。

墙面装修按饰面材料及施工方式的不同,通常分为抹灰类、贴面类、涂刷类、裱糊类和铺钉类。

【复习思考题】

扫码 3-4,做项目三的相关复习题。

码 3-4

【技能实操】

墙体构造设计。

1. 目的及要求

通过本设计题掌握除屋顶窗口外的墙身剖面结构,训练绘制和识读施工图的能力。

2. 设计条件

今有一幢两层的建筑物,外墙采用砖墙(墙厚由学生根据各地区的特点自定),墙上有窗。室内外高差为450 mm。室内地坪层次分别为素土夯实，3∶7灰土厚100 mm，C10素混凝土层厚80 mm，水泥砂浆面层厚20 mm。采用钢筋混凝土楼板，楼板层构造参考教材内容由学生自定。

3. 设计要求

要求沿外墙窗纵剖，直至基础以上，绘制墙身剖面(见图3-31)。重点绘制以下大样图(比例为1∶10)。

(1)楼板和砖墙结合节点；

(2)过梁；

(3)窗台；

(4)勒脚及其防潮处理；

(5)明沟或散水。

4. 图纸要求

用一张3号图纸完成。图中线条、材料符号等，一律按建筑制图标准表示。

5. 作业要求及深度

(1)本作业包括三个节点：墙的下部结构、内外窗台与楼板层。三个节点的定位轴线对齐，形成外墙剖面详图的主要部分。

(2)比例为1∶5或1∶10。

(3)用3号图纸一张，以铅笔绘成，应使用绘图纸，不能用描图纸。

(4)深度：

①绘定位轴线及编号圆圈。

②绘墙身、勒脚、内外装修厚度，绘出材料符号。

③绘水平防潮层，注明材料和做法，并注明防潮层的标高。

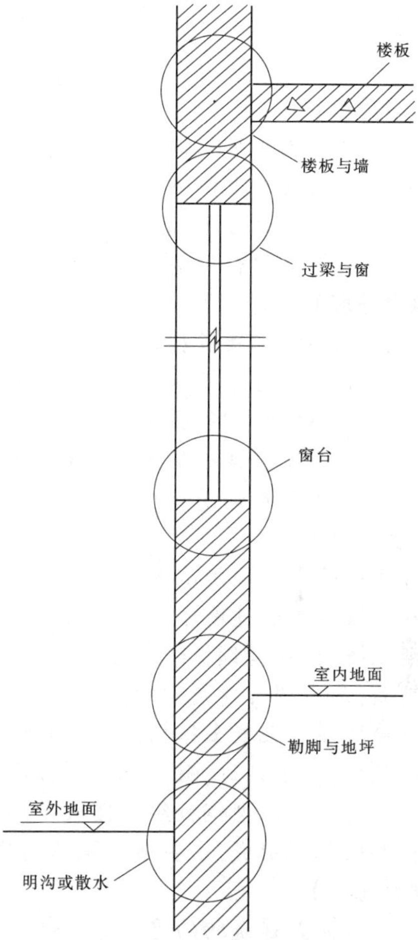

图3-31 墙体设计示意图

④绘散水(或明沟)和室外地面，用多层构造引出线标注其材料、做法、强度等级和尺寸；标注散水宽度、坡度方向和坡度值；标注室外地面标高。注意标出散水与勒脚之间的构造处理。

⑤绘室外首层地面构造，用多层构造引出线标注，绘踢脚板，标注室内地面标高。

⑥绘室内外窗台，表明形状和饰面，标注窗台的厚度、宽度、坡度方向和坡度值，标注窗台顶面标高。

⑦绘窗框轮廓线，不绘细部(也可参考图集绘窗框，其位置应正确，断面形状应准确，与内外窗台的连接应清楚)。

⑧绘客过梁，注明尺寸和下皮标高。

⑨绘楼板、楼层地面、顶棚，并用多层构造引出线标注，标注楼面标高。

项目四 楼地面

【学习重点】

◇ 楼板层的基本构成与分类。

◇ 钢筋混凝土楼板类型。

◇ 楼地面的防潮、防水和隔声构造。

◇ 雨篷与阳台构造。

【能力培养】

◇ 能够掌握楼板层的基本构成与分类。

◇ 能够熟练掌握钢筋混凝土楼板的特点和分类。

◇ 能够掌握钢筋混凝土楼板的规格和细部构造。

◇ 能够了解楼板层的防潮和防水的一般构造。

◇ 能够了解雨篷和阳台的构造及常见做法。

【任务提出】

楼板是水平方向承重构件,它将房屋垂直方向分隔为若干层,并把人和家具等竖向荷载及楼板自重通过墙体、梁或柱传给基础。按其使用的材料可分为木楼板、砖楼板、钢筋混凝土楼板、压型钢板组合楼板等。木楼板自重轻,构造简单,保温性能好,但耐久性和耐火性差,是我国古建筑中的主要楼板形式,现在一般较少采用。钢筋混凝土楼板是指用配有钢筋增强的混凝土结构,其中钢筋承受拉力,混凝土承受压力。因此,钢筋混凝土楼板具有强度高,刚性好,耐久、防火、防水性能好,又便于工业化生产等优点,是现在广为使用的楼板类型。压型钢板组合楼板是一种新型的楼板,由压型钢板、混凝土板通过抗剪连接措施共同作用形成,主要用于钢结构建筑中。

【课程思政】

楼地面是建筑物的重要组成部分,主要承受建筑物的竖向荷载,也是建筑物的重要使用部分。2016 年国务院发布了《关于大力发展装配式建筑的指导意见》。发展装配式建筑是建造方式的重大变革,有利于节约资源能源、减少施工污染、提升劳动生产效率和质量安全水平,有利于培育新产业新动能、推动化解过剩产能,火神山医院首批箱式集装箱板房吊装搭建,就用建设速度诠释了装配式建筑的高效率。按照适用、经济、安全、绿色、美观的要求,坚持市场主导、政府推动,不断提高预制装配式钢筋混凝土空心楼板和装配整体式钢筋混凝土叠合板等在新建建筑中的比例。

任务一 楼板的组成与类型

一、楼板层的构造组成

楼板层主要由面层、结构层和顶棚层三部分组成(见码 4-1),为了满足保温、隔声、隔热等方面的要求,必要时可根据实际情况增设附加层,如图 4-1 所示。

码 4-1

(一)面层

面层又称为楼面,起着保护楼板、承受并传递荷载的作用,同时对建筑起美化装饰作用。

(二)结构层

结构层又称楼板。它是楼板层的承重构件,承受楼板层上的全部荷载,并将其传给墙或柱,同时对墙体起水平支撑的作用,增强建筑物的整体刚度和墙体的稳定性。

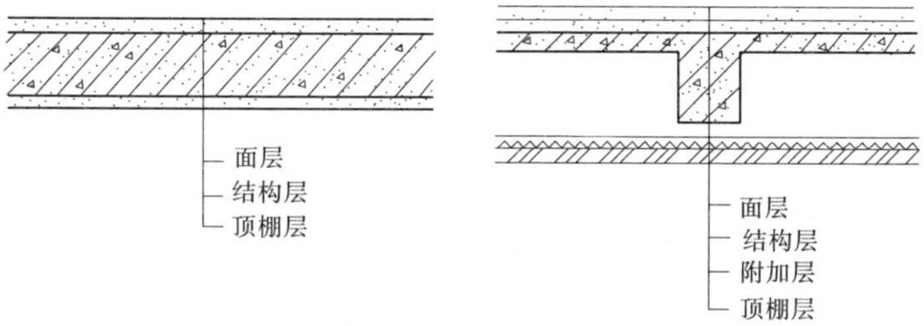

(a)预制钢筋混凝土楼板层　　(b)现浇钢筋混凝土楼板层

图 4-1　楼层的组成

(三)顶棚层

顶棚层位于楼层最下层,主要作用是保护楼板、安装灯具、敷设管线、装饰美化室内空间等。

(四)附加层

附加层又称功能层,根据楼板层的具体要求设置。其主要作用是隔声、隔热、保温、防水、防潮、防腐蚀、防静电等。根据需要,有时和面层合为一体,有时又和吊顶合为一体。

二、楼板的类型

楼板根据所用材料不同可分为木楼板、砖拱楼板、钢筋混凝土楼板和压型钢板组合楼板等多种类型。由于钢筋混凝土楼板强度高、刚度大、耐久性和耐火性好,还具有良好的可塑性,便于工业化生产和施工,目前被广泛采用。压型钢板组合楼板是在钢筋混凝土的基础上发展起来的,利用钢衬板作为楼板的受弯构件和底模,既提高了楼板的强度和刚度,又加快了施工进度,是目前大力推广的一种新型楼板。

三、楼板的设计要求

(一)足够的强度和刚度

强度要求是指楼板应保证在自重和使用荷载作用下安全可靠,不发生任何破坏。刚度要求是指楼板在一定荷载作用下不发生过大变形,保证正常使用。

(二)隔声要求

声音可通过空气传声和撞击传声方式将一定音量通过楼板层传到相邻的上下空间,为避免其造成的干扰,楼板层必须具备一定的隔撞击传声的能力。不同使用性质的房间对隔声要求不同。《民用建筑隔声设计规范》(GB 50118—2010)规定了各种民用建筑的允许噪声级,例如,住宅建筑的允许噪声级如表 4-1 和表 4-2 所示。

表 4-1　卧室、起居室内的允许噪声级　（单位：dB）

房间名称	允许噪声级（A 声级）	
	昼间	夜间
卧室	≤45	≤37
起居室（厅）	≤45	

表 4-2　高要求住宅的卧室、起居室内的允许噪声级　（单位：dB）

房间名称	允许噪声级（A 声级）	
	昼间	夜间
卧室	≤40	≤30
起居室（厅）	≤40	

（三）热工要求

对有一定温度、湿度要求的房间，常在其中设置保温层，使楼板层的温度与室内温度趋于一致，减少通过楼板层造成的冷热损失。

（四）防水防潮要求

对有湿性功能的用房，需具备防潮、防水的能力，以防水的渗漏影响使用。

（五）防火要求

楼板层应根据建筑物耐火等级，对防火要求进行设计，满足防火安全的功能。

（六）设备管线布置要求

现代建筑中，各种功能日趋完善，同时必须有更多管线借助楼板层敷设，为使室内平面布置灵活，空间使用完整，在楼板层设计中应充分考虑各种管线布置的要求。

（七）建筑经济的要求

多层建筑中，楼板层的造价占建筑总造价的 20%～30%。因此，楼板层的设计中，在保证质量标准和使用要求的前提下，要选择经济合理的结构形式和构造方案，尽量减少材料消耗和自重，并为工业化生产创造条件。

任务二　钢筋混凝土楼板

钢筋混凝土楼板按其施工方法不同，分为现浇式、预制装配式和装配整体式。

一、现浇式钢筋混凝土楼板

现浇式钢筋混凝土楼板是在施工现场通过架设模板、绑扎钢筋、浇筑混凝土、养护等工序而成型的楼板。这种楼板具有模板用量大、布置管线方便、整体性和防水性好、施工速度慢、受施工季节的影响较大等特点，目前被广泛应用。现浇式钢筋混凝土楼板根据受力和传力情况不同，分为板式楼板、梁板式楼板、无梁楼板和压型钢板组合楼板等。

（一）板式楼板

楼板内不设置梁，将板直接搁置在墙上的楼板称为板式楼板。根据受力特点和支承情况，分为单向板和双向板，如图 4-2 所示。当板的长边与短边之比大于 2 时，板上的荷载基本上沿短边传递，这种板称为单向板。当板的长边与短边之比小于或等于 2 时，板上的荷载沿双向传递，这种板称为双向板。板式楼板底面平整、美观、施工方便，但板的跨度较小,经济跨度为 2~3 m,适用于小跨度的房间或走廊,如居住建筑的厨房、卫生间等。板的厚度一般为 60~120 mm。

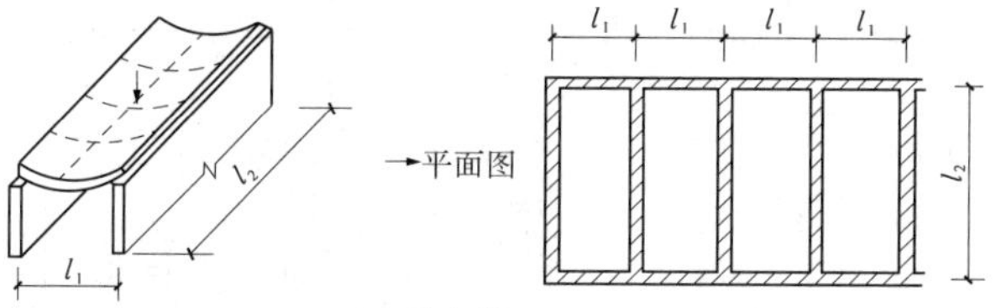

(a)单向板

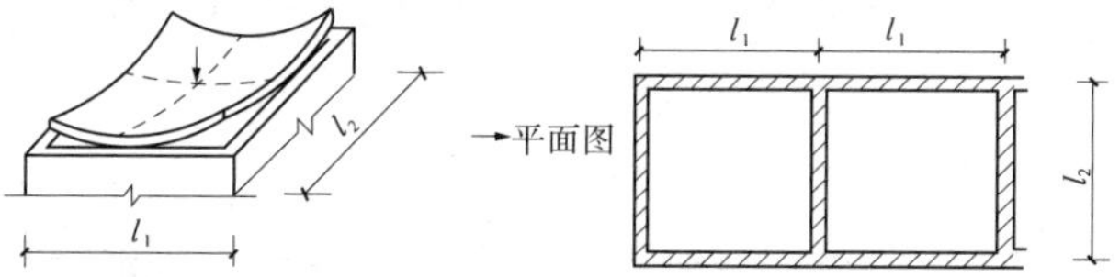

(b)双向板

图 4-2　楼板的受力、传力方式

(二)梁板式楼板

1. 肋形楼板

肋形楼板是由板、次梁、主梁组成的楼板,如图 4-3 所示。其荷载传递路线为:板→次梁→主梁→柱(或墙)。主梁应沿房间的短跨布置,其经济跨度为 5~8 m,梁高为梁跨度的 1/14~1/8。次梁与主梁垂直,其经济跨度为 4~6 m,梁高为梁跨度的 1/18~1/12。主梁、次梁宽度均为各自梁高的 1/3~1/2。板的跨度一般为 1.5~3 m,板厚一般为 60~80 mm。该楼板适用于房间跨度较大的建筑,如教学楼、办公楼、小型商店等。

2. 井格式楼板

井格式楼板梁的截面高度相同,形成井格式。井格与墙垂直的称为正井式,井格与墙倾斜成 45°布置的称为斜井式,如图 4-4 所示。井格式楼板的跨度可达 20~30 m,板跨为 3.5~6 m,梁截面高度不小于梁跨的 1/15,宽度为梁高的 1/4~1/2,且不少于 120 mm。井格式楼板常用于房间跨度超过 10 m、长短边之比小于 1.5 的公共建筑的门厅、大厅。

(三)无梁楼板

无梁楼板是将楼板直接支撑在柱上,不设主梁和次梁,如图 4-5 所示。柱网一般布置为正方形或矩形,柱距以 6 m 左右较为经济。为减少板跨和增加柱的支承面积,一般在柱顶上部设柱帽。由于板跨较大,板厚不宜小于 120 mm。无梁楼板多用于荷载较大的商店、仓库、展览馆等建筑。

(四)压型钢板组合楼板

压型钢板组合楼板利用截面为凹凸相间的压型钢板做衬板,在其上现浇混凝土面层,并以钢梁为支撑构成整体式楼板结构。

压型钢板起着模板和受拉钢筋的双重作用,主要由钢梁、压型钢板和现浇混凝土三部分组成。其简化了施工程序,加快了施工速度,并且具有自重轻、刚度大等特点。压型钢板组合楼板适用于高层建筑和大跨度厂房等。压型钢板组合楼板的基本组成及构造如图 4-6、图 4-7 所示。

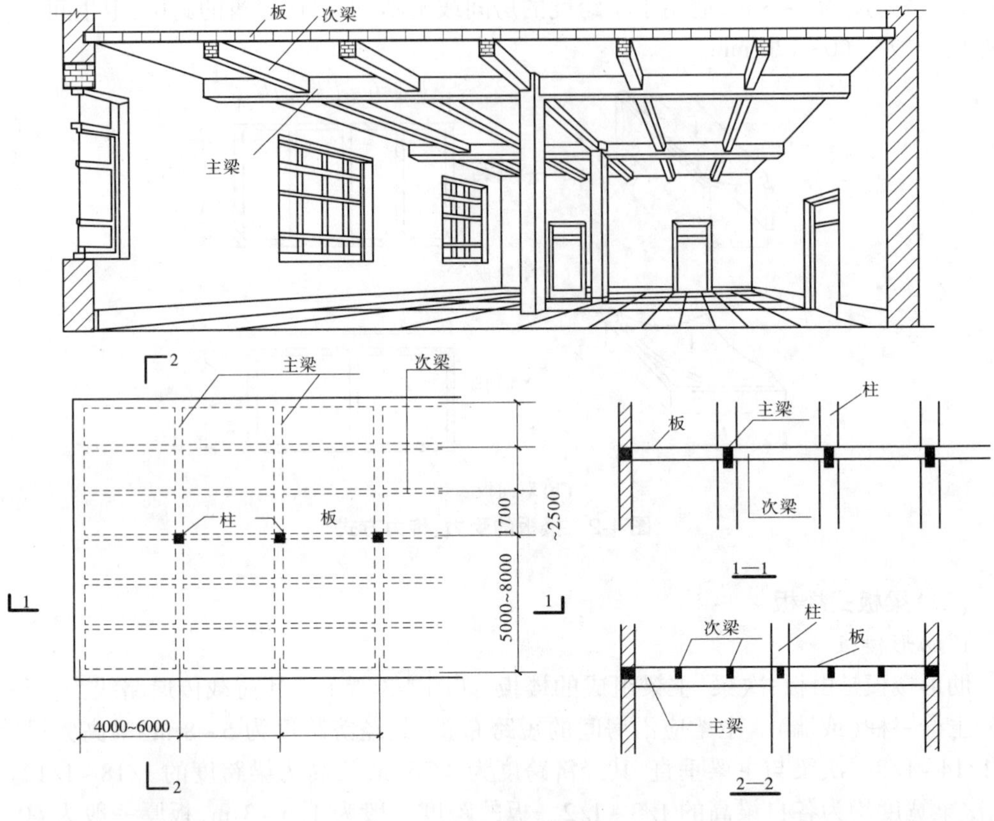

图 4-3　肋形楼板

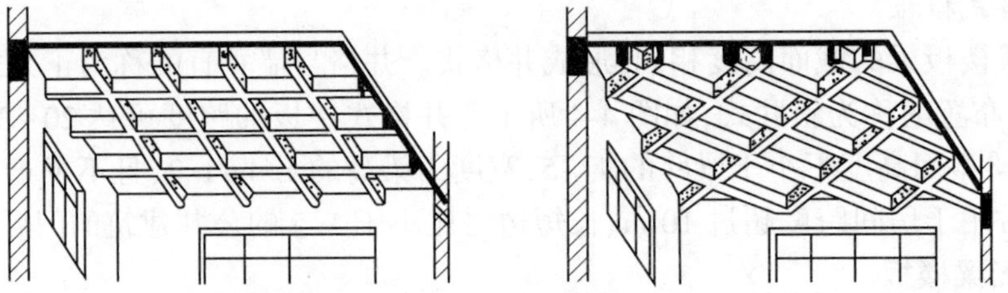

(a) 正井式　(b) 斜井式

图 4-4　井式楼板

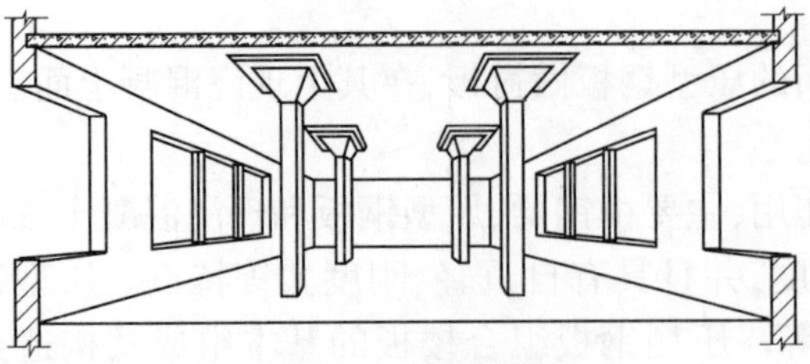

图 4-5　无梁楼板

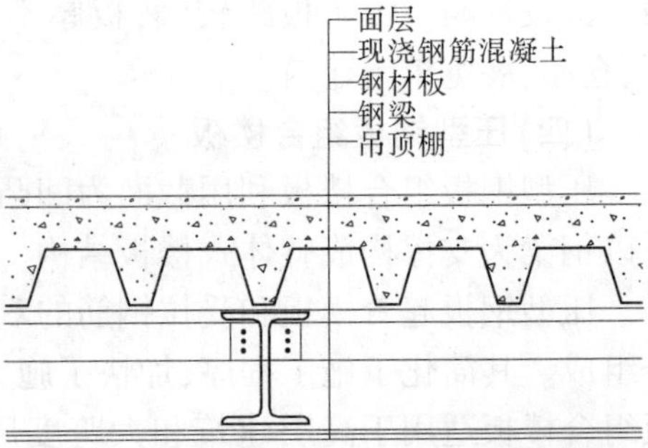

图 4-6　压型钢板组合楼板的基本组成

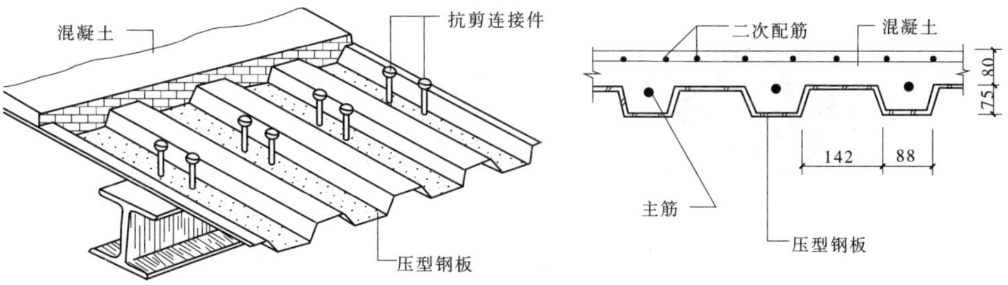

图 4-7　压型钢板组合楼板的构造

二、预制装配式钢筋混凝土楼板

装配式钢筋混凝土楼板是把楼板分成若干构件,在预制加工厂或施工现场外预先制作,然后在施工现场进行安装的钢筋混凝土楼板。这种楼板可以节约模板、提高工效,但整体性差,一些抗震设防要求高的地区不宜采用。

(一)板的类型

预制构件按应力状况,可分为预应力构件和非预应力构件两种。预应力板是通过张拉钢筋来对混凝土构件预加应力,使材料充分发挥效能。预应力构件比非预应力构件节约钢材 30%~50%,节省混凝土 10%~30%。

常用的预制板按截面形式,可分为实心平板、槽形板和空心板三种。

1. 实心平板

实心平板制作简单,一般用于跨度较小的部位,如走道板、平台板、管沟盖板等。板跨一般在 2.4 m 以内,板宽为 600~1 000 mm,板厚为 60~100 mm,如图 4-8 所示。

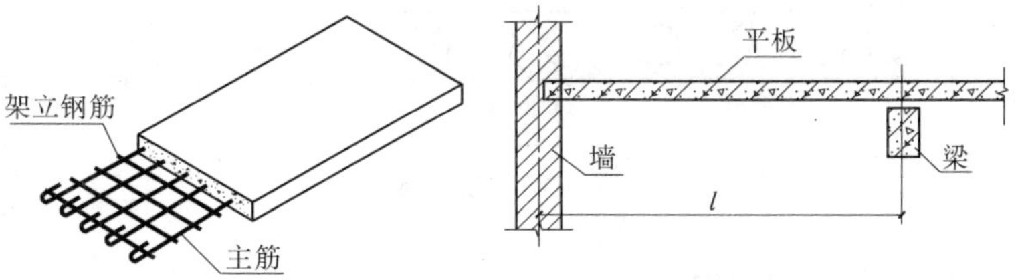

图 4-8　实心平板

2. 槽形板

槽形板由板和边肋组成,是一种梁板结合的构件,即在实心板两侧设纵向边肋,荷载主要由板侧的纵肋承受,因此板可以做得较薄。槽形板的板跨为 3 ~ 6 m,板宽为 600~1 200 mm,板厚为 25~30 mm,肋高为 120~300 mm。搁置时,板有正置式(肋向下)与倒置式(肋向上)两种,如图 4-9 所示。这种板常用于工业建筑中对保温和防水要求不高的场所。

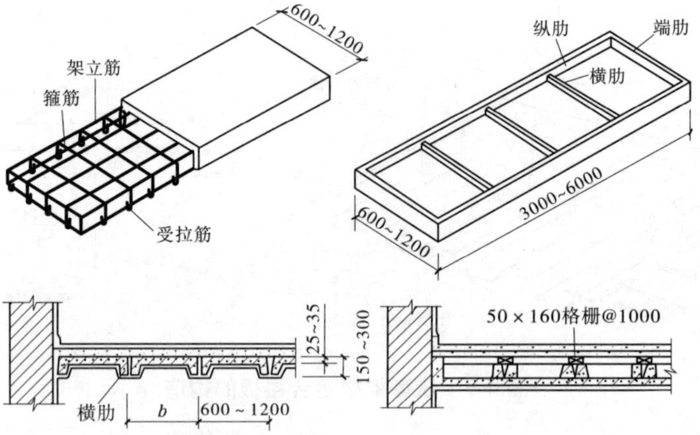

(a)正置槽形板　　(b)倒置槽形板

图 4-9　槽形板

3. 空心板

空心板是将平板沿纵向按受力情况,将受力小的一部分混凝土抽去而形成的,孔洞形状有圆形、椭圆形、矩形等,如图 4-10 所示。空心板的跨度一般为 2.4~7.2 m,板宽常为 500~1 200 mm,板厚常为 110~240 mm。空心板板面不能随意开洞。在安装时,空心板孔的两端常用砖或混凝土块填塞(俗称堵头),以免在板端灌缝时漏浆,同时保证支座处不被压坏。

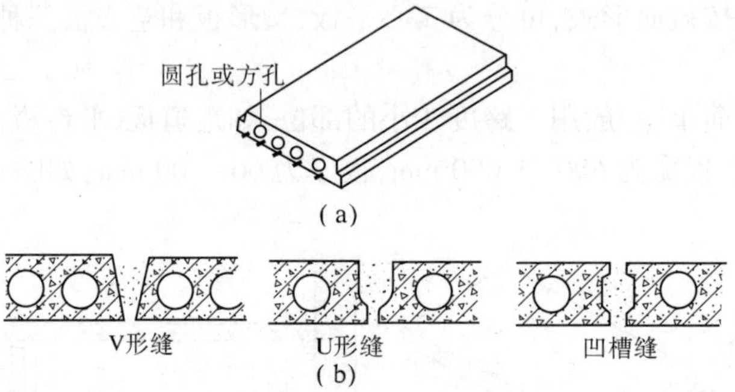

图 4-10　空心板

(二)板的结构布置与细部构造

1. 板的布置方式

板的布置方式应根据空间的大小、铺板的范围以及尽可能减少板的规格种类等因素综合考虑,以达到结构布置经济、合理的目的。一般有两种布置方式:一种是将预制板直接搁置在墙上,称为板式结构布置;另一种是将预制板搁置在梁上,称为梁板式结构布置,如图 4-11 所示 。板式结构布置多用于房间的开间和进深尺寸都不大的建筑,如住宅、宿舍等。梁板式结构布置多用于房间的开间和进深尺寸都比较大的建筑,如教学楼等。

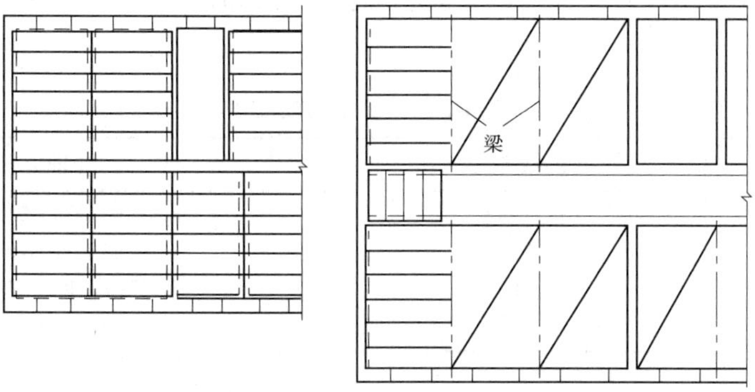

(a)板式结构布置 (b)梁板式结构布置

图 4-11 预制楼板的结构布置

当采用梁板式结构布置时,板在梁上的布置方式一般有两种:一种是将板直接搁置在矩形或 T 形梁顶上,另一种是将板搁置在花篮梁或十字梁上,如图 4-12 所示。

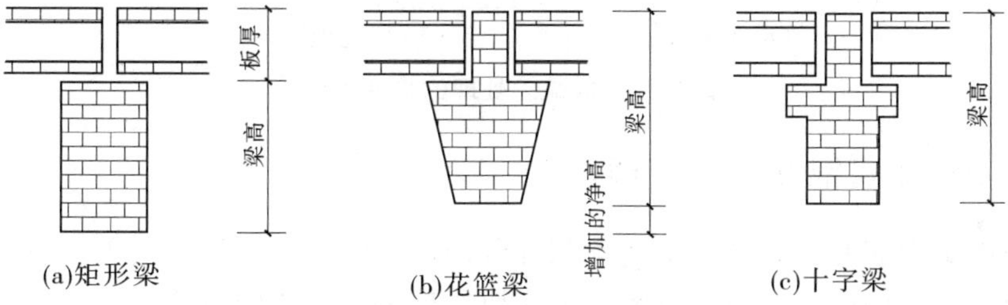

(a)矩形梁 (b)花篮梁 (c)十字梁

图 4-12 板在梁上的布置

板的布置应避免出现三边支承的情况,即楼板的长边不得布置在梁或砖墙内,否则在荷载作用下,板会产生裂缝。

2. 板的搁置

预制板直接搁置在砖墙或梁上时,应有足够的支承长度。在墙上的支承长度不宜小于 100 mm;在钢筋混凝土梁上的支承长度不宜小于 80 mm;当利用板端伸出钢筋拉结和混凝土灌缝时,其支承长度可为 40 mm,但板端缝宽应不小于 80 mm,灌缝混凝土强度等级不宜低于 C20。铺板前,先在墙或梁上用 20 mm 厚 M5 的水泥砂浆找平(坐浆),然后铺板。此外,为增强建筑物的整体刚度,板与墙、梁之间及板与板之间常用钢筋拉结,如图 4-13 所示。

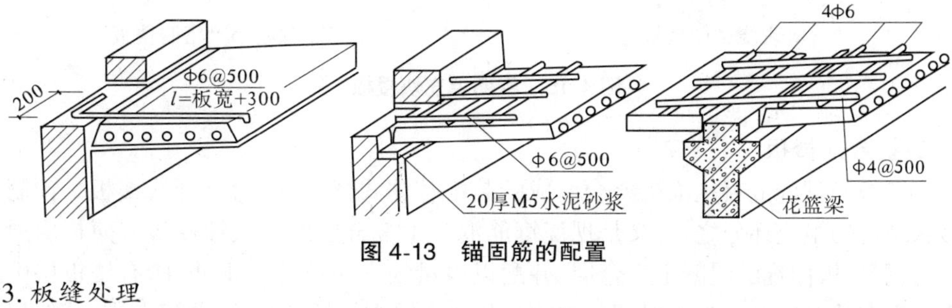

图 4-13 锚固筋的配置

3. 板缝处理

结构布置时,应尽量减少板的类型和规格,以方便施工。在具体布置板时,当板宽尺寸之和与房间平面尺寸出现差额即板缝差时，其处理方法如表 4-3 所示。构造做法如图 4-14 所示。

表 4-3　板缝差的处理（单位：mm）

序号	板缝差	处理方法
1	≤60	调整板缝宽度
2	60~120	沿墙边挑出两皮砖
3	120~200	局部现浇钢筋混凝土板带
4	200	调整板的规格

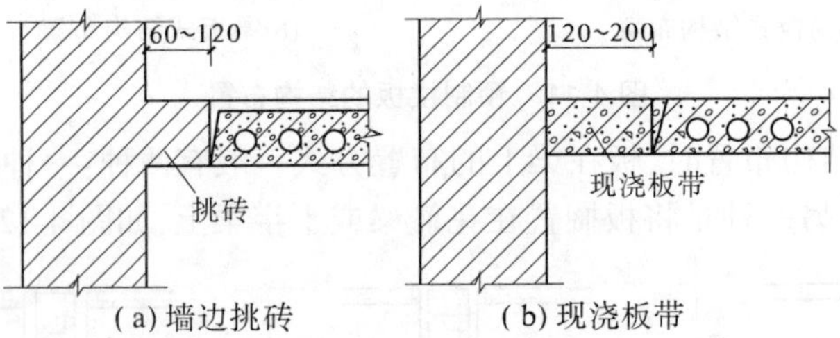

图 4-14　板缝差处理的构造做法

三、装配整体式钢筋混凝土楼板

装配整体式钢筋混凝土楼板是先预制部分构件，然后在现场安装，再以整体浇筑的办法将其连成一体的楼板。常用的有密肋填充块楼板和叠合式楼板两种。

（一）密肋填充块楼板

密肋填充块楼板由密肋楼板和填充块叠合而成，包括现浇密肋楼板、预制小梁密肋楼板等。现浇密肋楼板是以陶土空心砖、矿渣混凝土实心块等作为肋间填充块来现浇密肋和面板而成的，如图 4-15(a)所示。预制小梁密肋楼板是在预制小梁之间填充陶土空心砖、煤渣空心砖等，上面现浇面层而成的，如图 4-15(b)所示。

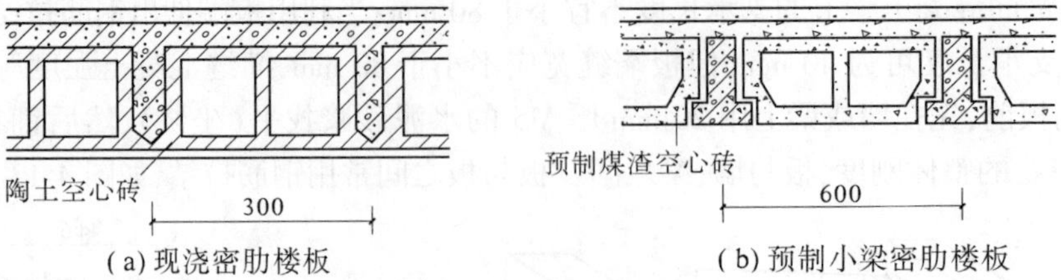

图 4-15　密肋填充块楼板

（二）叠合式楼板

预制薄板与现浇混凝土面层叠合而成的装配整体式楼板，称为叠合式楼板。预制薄板既是楼板结构的组成部分之一，又是现浇钢筋混凝土叠合层的永久性模板。薄板内通常配有预应力钢筋，板面现浇混凝土叠合层，并配以少量的支座负弯矩钢筋，所有楼板层中的管线均事先埋在叠合层内。为了保证预制薄板与叠合层有较好的连接，薄板上表面需做处理，如将薄板表面做刻槽处理、板面露出较规则的三角结合钢筋等，如图 4-16 所示。

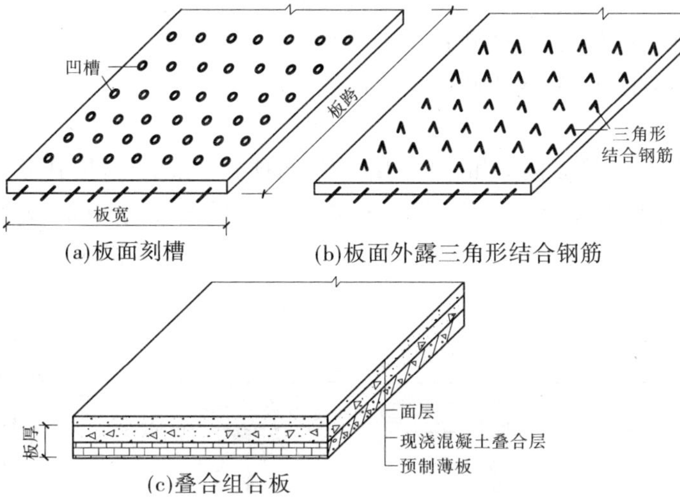

图 4-16　叠合式楼板

任务三　顶棚的构造

顶棚是位于楼板层和屋顶最下面的装修层。对顶棚的基本要求是表面光洁、美观，能反射光线，改善室内照度，以提高室内装饰效果。对某些有特殊要求的房间，还要求顶棚具有隔声吸声或反射声音、保温、隔热、管道敷设等方面的功能，以满足使用要求。

按照顶棚的构造形式不同，顶棚分为直接式顶棚和悬吊式顶棚。

一、直接式顶棚

直接在楼板层和屋顶的结构层下面喷涂、抹灰或贴面形成装修面层，这种顶棚叫直接式顶棚。这类顶棚取材容易、构造简单、施工方便、造价较低，多用于大量性的民用建筑中。直接式顶棚构造如图 4-17 所示。

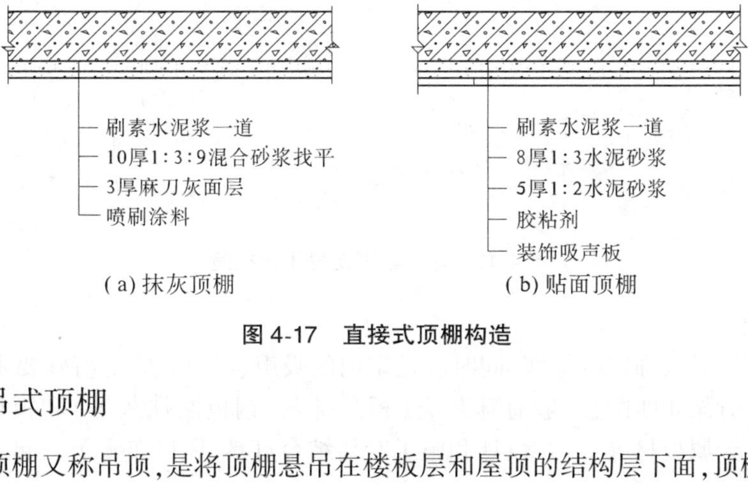

图 4-17　直接式顶棚构造

二、悬吊式顶棚

悬吊式顶棚又称吊顶，是将顶棚悬吊在楼板层和屋顶的结构层下面，顶棚与结构层之间留有一定的空间,以满足遮挡不平整的结构底面、敷设管线、通风、隔声以及特殊的使用要求,适用于装修质量要求较高的建筑。

悬吊式顶棚一般由吊筋、龙骨和面层组成。

(一)吊筋

吊筋又叫吊杆,是连接楼板层和屋顶的结构层与顶棚骨架的杆件,其形式和材料的选用与顶棚的重量和骨架的类型有关,一般有Φ 6~Φ 8 的钢筋、8 号钢丝或ϕ 8 的螺栓。吊筋与楼板的连接一般有预埋钢筋锚固、预埋件锚固、膨胀螺栓锚固和射钉锚固等,如图 4-18 所示。

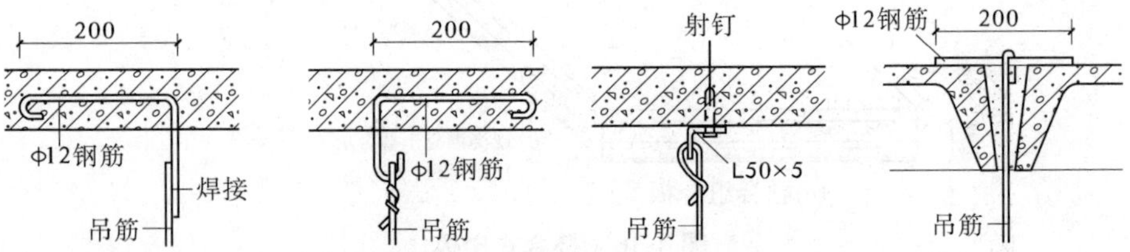

图 4-18 吊筋与楼板的连接

(二)龙骨

龙骨由主龙骨和次龙骨组成,主龙骨通过吊筋固定在屋顶或楼板结构上,主龙骨下挂次龙骨,主要作用是承受顶棚荷载并将荷载由吊筋传给楼板或屋面板。目前,常用的金属龙骨有轻钢龙骨和铝合金龙骨,根据龙骨的承受荷载不同可分为轻型、中型和重型龙骨。U 形轻钢龙骨吊顶构造如图 4-19 所示。

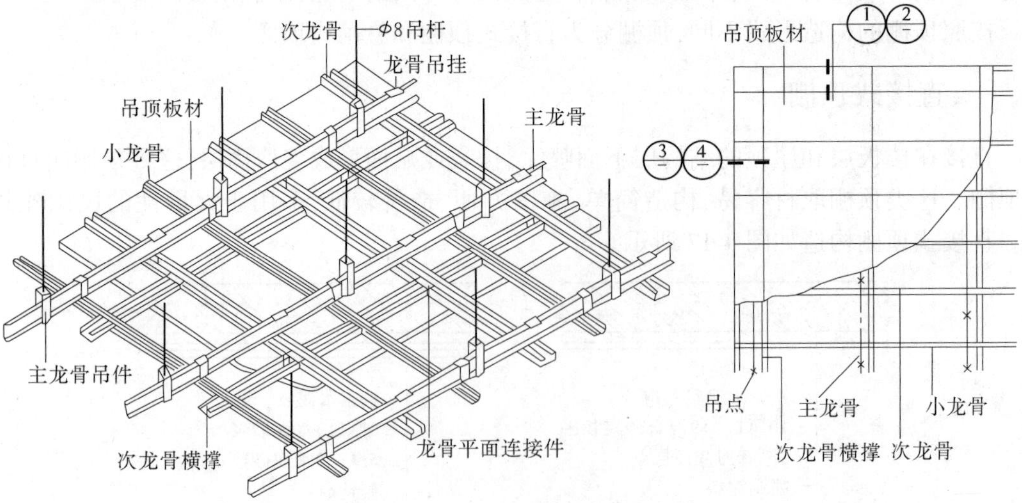

图 4-19 U 形轻钢龙骨吊顶构造

(三)面层

面层的作用是装饰室内空间,同时满足室内的吸声、反射光线等特殊要求。其材料和构造形式应与骨架相匹配,一般有抹灰类(板条抹灰、钢板网抹灰等)和板材类(木制板材、矿物板材、金属板材等)。在设计和施工时要结合灯具、风口布置等一起考虑。

任务四 地坪层与地面的构造

一、地坪层构造

地坪层是指建筑物底层房间与土层的交接处，其所起作用是承受地坪上的荷载，并均匀地传给地坪以下土层。地坪层可分为实铺地层和空铺地层。

(一)实铺地层

实铺地层一般由面层、垫层和基层三个基本层次组成，根据需要，可增设附加层，如图4-20所示。

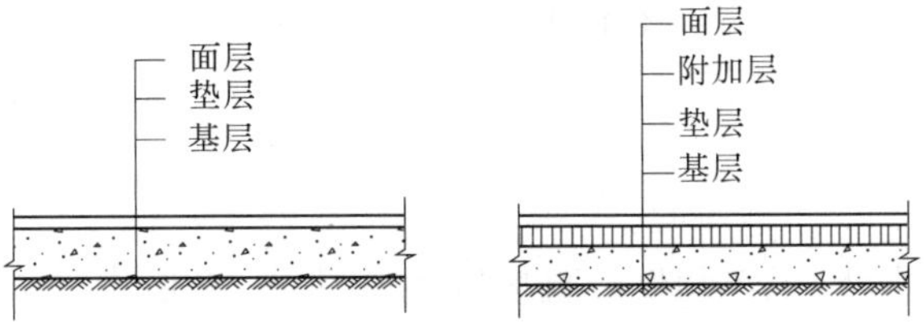

图4-20 实铺地层的构造组成

1. 面层

地坪的面层又称地面，是人们日常生活直接接触的表面，与楼层的面层在构造做法和要求上一致。

2. 垫层

垫层是地层的结构层，起着承重和传力的作用。垫层有刚性垫层和非刚性垫层之分。刚性垫层常用60~100 mm厚的C15混凝土，荷载大时可相应增加厚度或配筋，多用于整体地面和小块料地面。非刚性垫层又称柔性垫层，常用80~100 mm厚的碎石灌水泥砂浆，60~100 mm厚石灰炉渣，或100~150 mm厚的三合土，多用于块料地面。

3. 基层

基层即地基，一般为原土层或填土分层夯实。当上部荷载较大、土层较差时，可用换土或加入碎石、碎砖等方法对地基土进行加固处理。

4. 附加层

附加层是为了满足某些特殊使用功能而设置的一些构造层次，如结合层、保温层、防水层、管道敷设层等。

(二)空铺地层

为防止房屋底层房间受潮或满足某些特殊使用要求(如舞台、体育训练、比赛场等的地层需要有较好的弹性)，将地层架空形成空铺地层。其构造做法是在夯实土或混凝土垫层上砌筑地垄墙或砖墩上架梁，在地垄墙或梁上铺设钢筋混凝土预制板。若做木地层就在地垄墙或梁上设垫木、钉木龙骨再铺木地板，这样利用地层与土层之间的空间进行通风，便可带走地潮。空铺地层构造如图4-21所示。

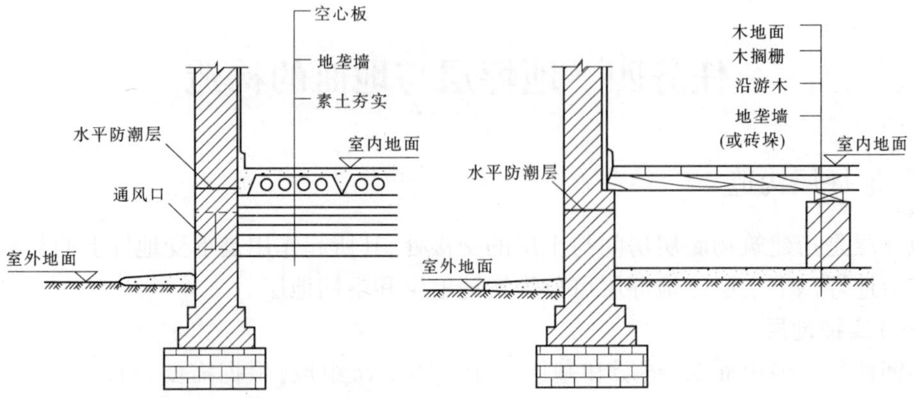

(a)钢筋混凝土预制板空铺地层　　(b)木地板空铺地层

图 4-21　空铺地层构造

二、地面设计要求

地面是人们日常生活、工作和生产直接接触的部分，也是建筑中直接承受荷载，经常受到摩擦、清扫和冲洗的部分。设计地面时应满足下列要求。

(一)具有足够的坚固性

要求在家具设备等外力作用下不易被磨损和破坏，且表面平整、光洁、易清洁和不起灰。

(二)保温性能好

要求地面所用材料的导热系数小，给人以温暖舒适的感觉，保证寒冷季节脚部舒适。

(三)具有一定的弹性

当人们行走时不会有过硬的感觉，同时有弹性的地面对防撞击声有利。

(四)具有良好的隔声、吸声性能

主要是隔绝人或家具与地面产生的撞击声，应能有效地控制室内噪声，满足不同功能房间的要求。

(五)具有较强的装饰性

地面是建筑内部空间的重要组成部分，应具有与建筑功能相适应的外观形象。

(六)满足某些特殊要求

对有水作用的房间，地面应防水防潮；对有火灾隐患的房间，地面应防火耐燃烧；对有化学物质作用的房间，地面应耐腐蚀；对经常有油污染的房间，地面应防油渗且易清扫等。

综上所述，在进行地面设计或施工时，应根据房间的使用功能和装修标准，选择适宜的面层和附加层。

三、地面类型及构造

楼地面的名称一般是以面层的材料和做法来命名的，地面按其材料和做法可分为四大类型，即整体地面、块材地面、塑料地面和木地面。

(一)整体地面

整体地面包括水泥砂浆地面、细石混凝土地面、水磨石地面等现浇地面。

1. 水泥砂浆地面

水泥砂浆地面即在混凝土垫层或结构层上抹水泥砂浆,一般有单层和双层两种做法。单层做法只抹一层 20~25 mm 厚 1∶2或 1∶2.5 水泥砂浆;双层做法是增加一层 10~20 mm 厚 1∶3水泥砂浆找平层,在表面只抹 5~10 mm 厚 1∶2水泥砂浆。水泥砂浆地面具有构造简单、施工方便、造价较低的特点,但导热系数大,易起灰、起砂,天气过潮时,易产生凝结水。

2. 细石混凝土地面

细石混凝土地面是在基层上浇筑 30~40 mm 厚 C20 细石混凝土层,随打随压光。该地面刚性好、强度高,且不易起尘。为提高其整体性、满足抗震要求,可在细石混凝土内加配Φ 4@200 的钢筋网。细石混凝土地面强度高、干缩小,其耐久性和防水性较好,且不易起砂。

3. 水磨石地面

水磨石地面一般分两层施工。在刚性垫层或结构层上用 10~20 mm 厚的 1∶3水泥砂浆找平,表面铺 10~15 mm 厚 1∶1.5~1∶2的水泥白石子,待面层达到一定强度后加水用磨石机磨光、打蜡即成。所用水泥为普通水泥,所用石子为中等硬度的方解石屑、大理石屑、白云石屑等。

为适应地面变形可能引起的面层开裂以及施工和维修方便,做好找平层后,用嵌条把地面分成若干小块,尺寸约 1 000 mm。分块形状可以设计成各种图案。嵌条用料常为玻璃、塑料或金属条(铜条、铝条),嵌条高度同磨石面层厚度,用 1∶1水泥砂浆固定。嵌固砂浆不宜过高,否则会造成面层在嵌条两侧仅有水泥而无石子,影响美观。水磨石地面构造如图 4-22 所示。

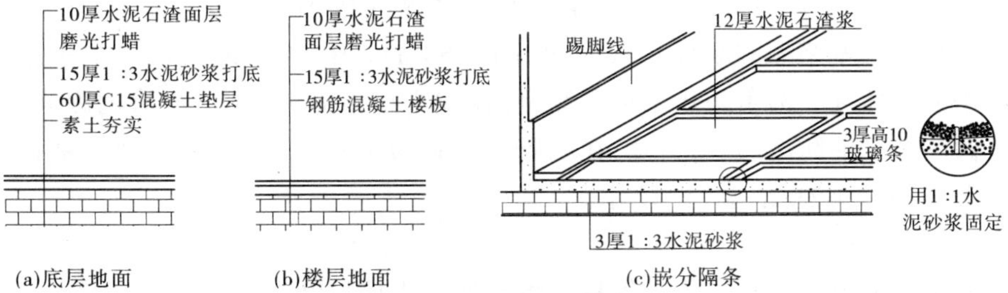

图 4-22 水磨石地面构造

水磨石地面具有良好的耐磨性、耐久性、防水防火性,并且具有质地美观、表面光洁、不起尘、易清洁等优点。其通常应用于居住建筑的浴室、厨房、厕所和公共建筑门厅、走道及主要房间地面等。

(二)块材地面

块材地面是把地面材料加工成块(板)状,然后借助胶结材料贴或铺砌在结构层上。胶结材料既起胶结作用又起找平作用,常用的有水泥砂浆、油膏等,常用的块材地面有陶瓷地砖地面、石板地面、陶瓷锦砖地面等。

1. 陶瓷地砖地面

陶瓷地砖又称墙地砖，其类型有釉面地砖、无光釉面砖和无釉防滑地砖及抛光同质地砖。陶瓷地砖有各种颜色，色调均匀，砖面平整，抗腐耐磨，施工方便，且块大缝少，装饰效果好，因而多用于办公室、商店、旅馆和住宅中。

2. 石板地面

石板地面包括天然石板地面和人造石板地面。天然石板有大理石板和花岗石板等，人造石板有预制水磨石板、人造大理石板等。石板尺寸一般为 500 mm×500 mm 以上，铺设时需预先试铺，合适后再正式粘贴，其表面的平整度要求较高。其构造做法是在混凝土垫层上先用 20~30 mm 厚 1∶3或 1∶4干硬性水泥砂浆找平，再用 5~10 mm 厚 1∶1水泥砂浆铺贴石板，缝中灌稀水泥浆擦缝。天然石板地面的优点是装饰效果好、耐磨，但价格比较昂贵，属高档的地面装饰材料。

3. 陶瓷锦砖地面

陶瓷锦砖又称马赛克，是以优质瓷土烧制而成的小尺寸瓷砖，其特点与面砖相似。陶瓷锦砖有不同大小、形状和颜色并由此可以组合成各种图案，使饰面能达到一定艺术效果。陶瓷锦砖块小缝多，主要用于防滑要求较高的卫生间、浴室等房间的地面。

(三)木地面

木地面一般由木板粘贴或铺钉而成，主要特点是有弹性、不起火、不反潮、导热系数小，常用于住宅、宾馆、体育馆、剧院舞台等建筑，近年来也广泛应用于家庭装修中。木地面按其板材规格常采用条木地面和拼花木地面，按其构造方法有空铺、实铺和粘贴三种。底层地面为了防潮，在结构层上涂刷冷底子油和热沥青。

1. 铺钉类木地面

铺钉类木地面是将木地板搁置在木格栅上，木格栅固定在基层上。固定的方法很多，如在基层上预埋钢筋，通过镀锌铁丝将钢筋与木格栅连接固定，或者在基层上预埋 U 形铁件嵌固木格栅。木格栅的断面一般为 50 mm×50 mm，中距为 400 mm。木板通常采用企口形以增强整体性。为了防止木板受潮，可在找平层上做防潮层，如涂刷冷底子油、热沥青或者做一毡二油防潮层等，另外，在踢脚板上留设通风孔，以加强通风。铺钉式木地面的构造做法如图 4-23(a)和(b)所示。

2. 粘贴式木地面

粘贴式木地面是用环氧树脂胶等材料将木地板直接粘贴在找平层上。粘贴式木地面节省材料、施工方便、造价低，应用较多，但木地板受潮时会发生翘曲，施工中应保证粘贴质量。粘贴式木地面的构造做法如图 4-23(c)所示。

(四)卷材地面

常见的地面卷材有聚氯乙烯塑料地毡、橡胶地毡、各种地毯等。卷材地面弹性好，消声的性能也好，适用于公共建筑和居住建筑。

(1)聚氯乙烯塑料地毡和橡胶地毡铺贴方便，可以干铺，也可以用胶粘剂粘贴在其找平层上。塑料地毡具有步感舒适、防滑、防水、耐磨、隔声、美观等特点，且价格低廉。

(2)地毯分为化纤地毯和羊毛地毯两种。羊毛地毯图案典雅大方、美观豪华，一般只

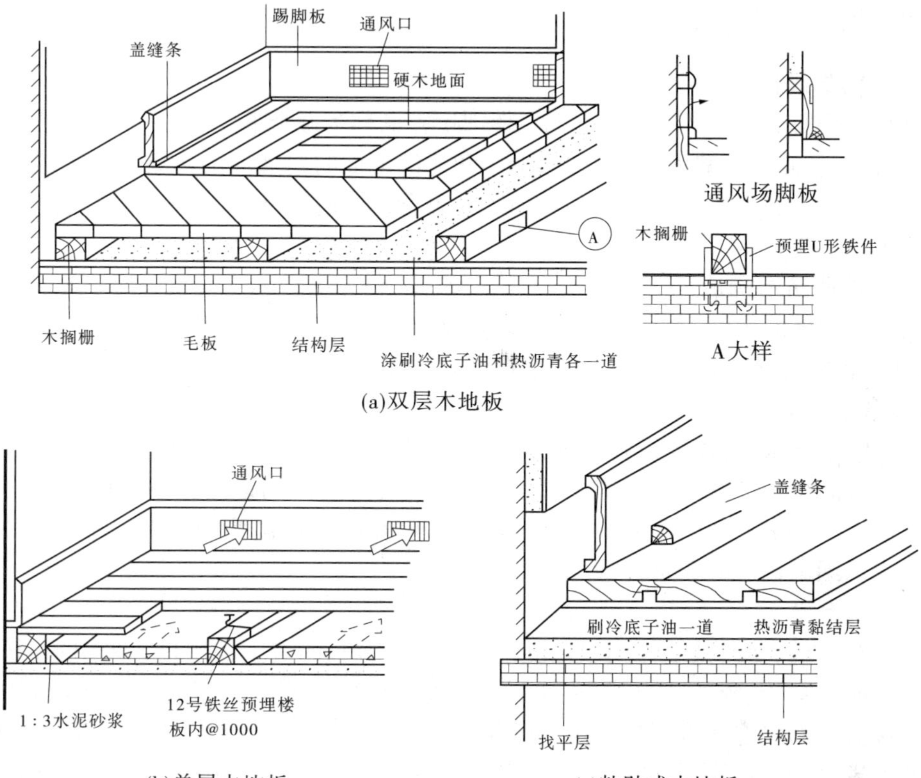

(a)双层木地板

(b)单层木地板

(c)粘贴式木地板

图 4-23 木地面构造

在建筑物中局部使用作为装饰用途,地面广泛使用的是化纤地毯。地毯固定有两种方法:一种是用胶粘剂将地毯四周与房间地面粘贴;另一种是将地毯背面固定在安设在地面上的倒刺板上。

(五)涂料地面

涂料的主要功能是装饰和保护室内地面,使地面清洁美观,为人们创造一种优雅的室内环境。有良好的耐水性、耐擦洗性、耐磨性,涂刷施工方便,价格合理。

按照地面涂料的主要成膜物质来分,涂料产品主要有环氧树脂地面涂料、聚氨酯树脂涂料、不饱和聚酯树脂涂料、亚克力休闲场涂料等。

1. 环氧树脂地面涂料

环氧树脂地面涂料是一种高强度、耐磨损、美观的地板,具有无接缝、质地坚实、耐药品性佳、防腐、防尘、保养方便、维护费用低廉等优点。

2. 聚氨酯树脂地面涂料

聚氨酯树脂地面涂料属于高固体厚质涂料,它具有优良的防腐蚀性能和绝缘性能,有较高的强度和弹性。涂铺的地面光洁不滑,弹性好,耐磨、耐压耐水,美观大方,行走舒适,不起尘、易清扫,不需要打蜡,可代替地毯使用。适用于会议室、放映厅、图书馆等人流较多的场合做弹性装饰地面,工业厂房、车间和精密机房的耐磨、耐油、耐腐蚀地面及地下室、卫生间的防水装饰地面。

四、地面细部构造

(一)踢脚线构造

地面与墙面交接处的垂直部位称为踢脚线,也称为踢脚板。其主要作用是遮盖墙面与地面的接缝,并保护墙面,防止碰撞损坏和清洗地面时对墙面的污染。踢脚线的高度一般为 100~150 mm,所用材料有水泥砂浆、水磨石、釉面砖、木材等,一般应与室内地坪材料一致或相适应。

(二)地面防水构造

在用水频繁的房间(如厕所、淋浴室、实验室等),地面容易积水,且易发生渗漏水现象,因此应做好楼地面的排水和防水。

1. 地面排水

为了便于排水,首先要设置地漏,并使地面由四周向地漏有一定坡度,从而引导水流入地漏。地面排水坡度一般为 1%~1.5%,另外,有水房间的地面标高应比周围其他房间或走廊低 20~30 mm,当不能实现标高差时,亦可在门口做高为 20~30 mm 的门槛,以防水多时或地漏不畅通时积水外溢。

2. 地面防水

对于有水的房间,其结构应以现浇钢筋混凝土楼板为好。面层也宜采用水泥砂浆、水磨石地面或贴缸砖、瓷砖、陶瓷锦砖等防水性能较好的材料。对于防水要求较高的房间,还应在楼板与面层之间设置防水层。常见的防水材料有防水卷材、防水砂浆和防水涂料。为防止房间四周墙脚受水的侵蚀,应将防水层沿周边向上泛起至少 150 mm,如图 4-24(a)所示。当遇到门洞时,应将防水层向外延伸 250 mm 以上,如图 4-24(b)所示。

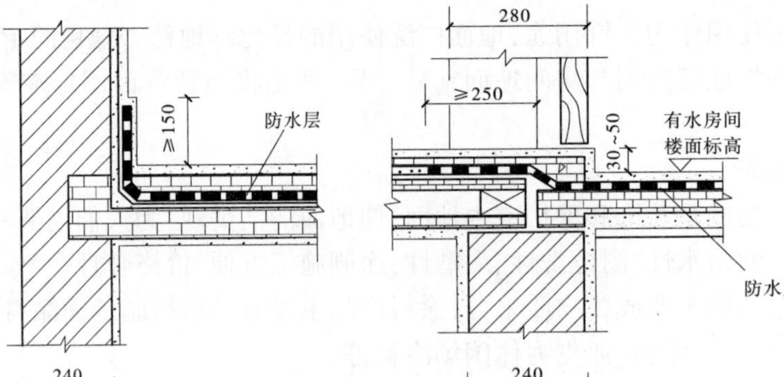

(a)墙面防水　　(b)门洞处的防水层处理

图 4-24　有水房间楼地面防水处理

竖向管道穿越的地方是楼层防水的薄弱环节。一般有两种处理方法:对于冷水管道,可在竖管穿越的四周用 C20 干硬性细石混凝土填实,再用卷材或涂料做密封处理,如图 4-25(a)所示;对于热水管道,为保证热水管能自由伸缩而不致造成混凝土开裂,常在穿管位置预埋比竖管管径稍大的套管,高出地面 30 mm 左右,并在缝隙内填塞弹性防水材料,如图 4-25(b)所示。

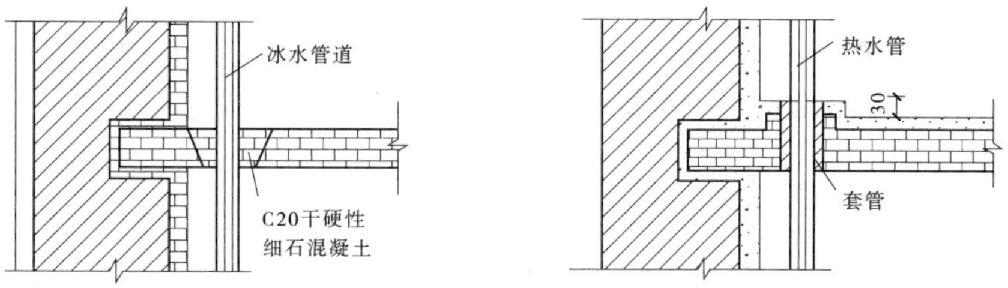

(a)冷水管道的处理　　(b)热水管道的处理

图 4-25　有水房间管道穿过楼板时的处理

任务五　阳台与雨篷

一、阳台

阳台是多层和高层建筑中特殊的组成部分，是室内外的过渡空间，同时对建筑外部造型也具有一定的作用。

(一)阳台的类型及组成

1. 阳台的类型

阳台按其与外墙的相对位置分为凸(挑)阳台、凹阳台和半凸(挑)半凹阳台，如图 4-26 所示；按其在建筑中的位置分为中间阳台和转角阳台；阳台按照功能的不同可分为生活阳台和服务阳台。

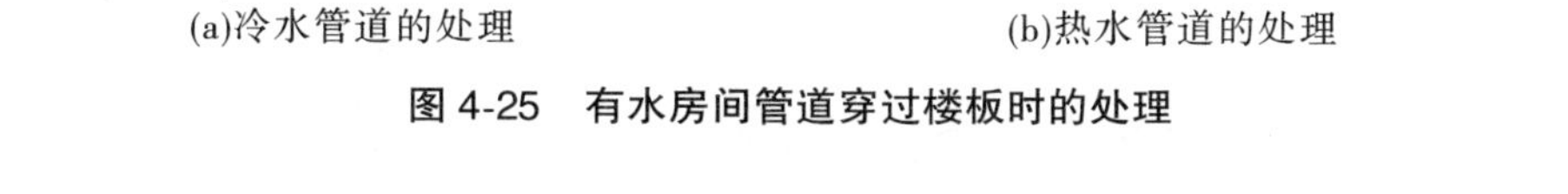

(a)凸(挑)阳台　　(b)半凸（挑）半凹阳台　　(c)凹阳台　　(d)转角阳台

图 4-26　阳台的类型

2. 阳台的组成

阳台由承重结构(梁、板)和围护结构(栏杆或栏板、扶手)组成。

(二)阳台的结构布置

凹阳台其实是楼板层的一部分，所以它的承重结构布置可按楼板层的受力分析进行，采用搁板式布置。

凸阳台的布置方案可分为挑板式和挑梁式两类，如图 4-27 所示。

1. 挑板式

挑板式是将阳台板悬挑。一般有以下两种做法：一种是将房间楼板直接向墙外悬挑形成阳台板；另一种是将阳台板和墙梁(过梁、圈梁)现浇在一起，利用梁上部墙体的重量来防止阳台倾覆，如图 4-27(a)所示。

2. 挑梁式

当楼板为预制楼板，结构布置为横墙承重时，可选择挑梁式，即从横墙内向外设挑梁，在挑梁上铺设阳台板，如图 4-27(b)所示。挑梁压在墙中的长度应不小于 1.5 倍的挑出长度。

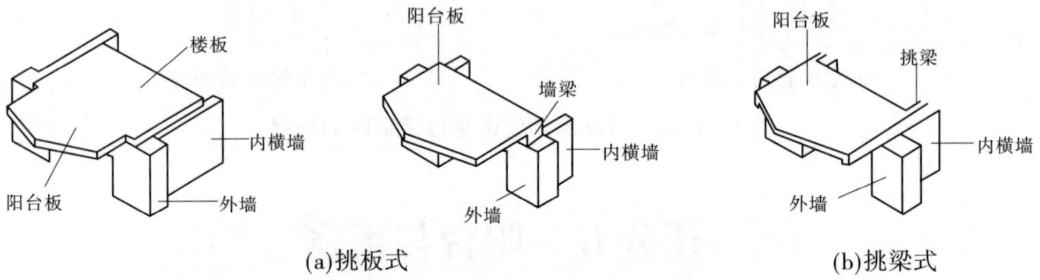

图 4-27　凸阳台的结构布置

(三)阳台的细部构造

1. 阳台的进深

阳台的进深与其使用功能有关。如在宿舍建筑中，阳台进深不宜小于 1.20 m；在老年人居住的卧室、疗养室、老人病房设置阳台时，阳台进深不宜小于 1.50 m。

2. 阳台的栏杆(栏板)和扶手

栏杆扶手的高度应由阳台面至栏杆扶手顶面垂直高度计算。当建筑物临空高度在 24 m 以下时，栏杆高度不应低于 1.05 m；当建筑物临空高度在 24 m 及以上(包括中高层住宅)时，栏杆高度不应低于 1.10 m。中高层、高层及寒冷、严寒地区住宅的阳台宜采用实体栏板。栏杆一般由金属或混凝土等材料制作，其垂直杆件间净距不应大于 110 mm。金属栏杆一般由圆钢、方钢、扁钢或钢管组成，它与阳台板的连接有两种方法：一种是直接插入阳台板的预留孔内，用砂浆灌注；另一种是与阳台板中预埋的通长扁钢焊接。扶手与金属栏杆的连接，根据扶手材料的不同有焊接、螺栓连接等。居住用的阳台栏杆宜采用栏板式或栏杆和栏板结合式。阳台栏杆(栏板)与扶手的构造如图 4-28 所示。

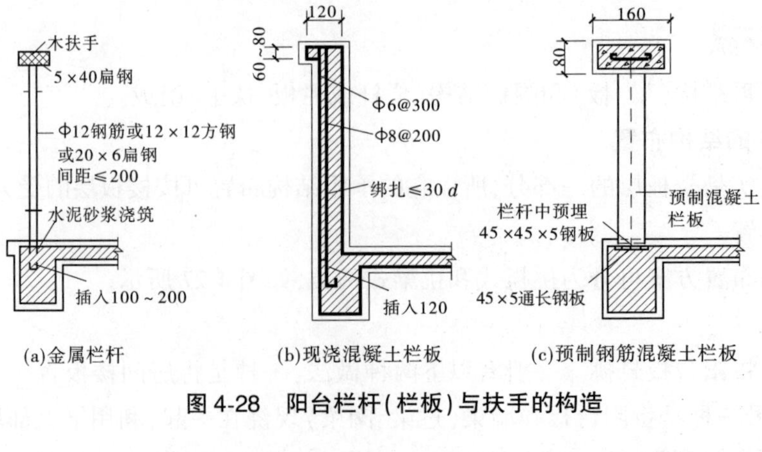

图 4-28　阳台栏杆(栏板)与扶手的构造

3. 阳台的排水

为避免阳台上的雨水和积水流入室内，阳台须做好排水处理。首先阳台面应低于室内地面 20~50 mm，其次应在阳台面上设置不小于 1%的排水坡。排水口内埋设直径为 40~50 mm 的镀锌钢管或塑料管(称水舌)，外挑长度不少于 80 mm，如图 4-29(a)所示。为避免阳台排水影响建筑物的立面形象，阳台的排水口可与雨水管相连，由雨水管排出阳台积水；或与室内排水管相连，由室内排水管排出阳台积水，如图 4-29(b)所示。

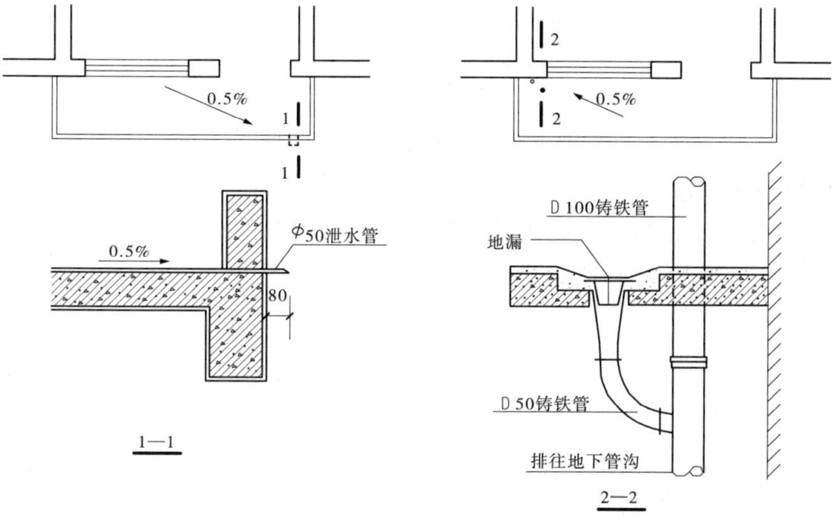

(a)水舌排水 (b)雨水管排水

图 4-29 阳台排水构造

二、雨篷

雨篷是建筑物入口处和顶层阳台上部用来遮挡雨雪、保护外门免受雨淋的构件。目前建筑的雨篷形式多样，按材料和结构分有钢筋混凝土雨篷、钢结构悬挑雨篷、玻璃采光雨篷等。

(一)钢筋混凝土雨篷

当挑出长度较大时，雨篷由梁、板、柱组成，其构造与楼板相同；当挑出长度较小时，雨篷做成悬臂构件，其悬挑长度一般为 0. 9~1. 5 m，其宽度比门洞每边宽 250 mm 以上，有板式和梁板式两种，如图 4-30 所示。板式雨篷多做成变截面，主要考虑受力和排水坡度，一般板的端部厚度不应小于 50 mm。对于梁板式雨篷，为保证雨篷底部平整，多做成倒梁式。为防止雨篷产生倾覆，常将雨篷梁与入口处门过梁浇筑在一起。

雨篷顶面应做好防水和排水处理。一般采用 20 mm 厚的防水砂浆抹面进行防水处理，防水砂浆应沿墙面上升，高度不小于 250 mm，同时在板的下部边缘做滴水。顶面设置 1%的排水坡，并在一侧或双侧设排水管将雨水排出。

(二)钢结构悬挑雨篷

钢结构悬挑雨篷由支撑系统、骨架系统和板面系统三部分组成，这种雨篷具有结构与造型简单、轻巧，施工便捷、灵活的特点，同时富有现代感，在建筑中使用越来越广泛。

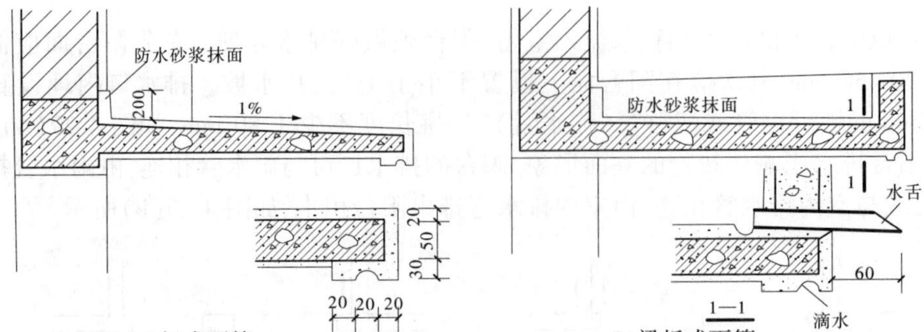

(a)板式雨篷　　(b)梁板式雨篷

图 4-30　钢筋混凝土雨篷构造

(三)玻璃采光雨篷

玻璃采光雨篷是用阳光板、钢化玻璃做雨篷面板的新型透光雨篷。其特点是结构轻巧,造型美观,透明新颖,富有现代感,也是建筑中广泛采用的一种雨篷。

小　结

楼板层是水平方向分隔房屋空间的承重构件,主要由面层、结构层和顶棚层三部分组成,为满足更多的使用功能,还可设相应的附加层。

钢筋混凝土楼板根据其施工方法不同,可分为现浇式、预制装配式和装配整体式三种。预制装配式钢筋混凝土楼板常用板型有实心平板、槽形板、空心板等,为加强楼板的整体性,应注意楼板的细部构造;现浇式钢筋混凝土楼板有板式楼板、梁板式楼板、无梁楼板和压型钢板组合楼板;装配整体式楼板有密肋填充块楼板和叠合式楼板。

地坪层由面层、垫层和基层三个基本层次构成,还可设相应的附加层。按地坪层与土壤之间的关系,可分为实铺地层和空铺地层。

按楼地面材料和构造做法,可分为整体地面、块材地面、塑料地面和木地面等。

阳台、雨篷也是建筑物中的水平构件。阳台应满足安全、坚固、实用、美观的要求,其承重结构一般为悬挑式结构。雨篷按形式,可分为小型雨篷、大型雨篷和新型组装式雨篷。

【复习思考题】

扫码 4-2,做项目四的相关复习题。

码 4-2

【技能实操】

图示预制钢筋混凝土楼板层和现浇钢筋混凝土楼板层的构造组成。

项目五 楼 梯

【学习重点】

◇ 楼梯的组成、类型及设计。

◇ 钢筋混凝土楼梯构造。

◇ 楼梯的细部构造。

◇ 台阶与坡道形式、构造。

【能力培养】

◇ 能够了解楼梯间的平面布局,并识读楼梯类型。

◇ 能够掌握楼梯的组成和尺度设计要求。

◇ 能够熟练掌握钢筋混凝土楼梯基本构造。

◇ 能够熟悉楼梯踏步、栏杆和扶手等的细部构造做法。

◇ 能够了解台阶与坡道形式、构造做法。

【任务提出】

建筑物不同楼层之间的联系,需要有垂直交通设施,如楼梯、台阶及坡道等。楼梯在宽度、坡度、数量、位置、平面形式、细部构造及防火性能等方面都有严格要求。楼梯应具有足够的通行能力,并且能防滑、防火。台阶和坡道是楼梯的特殊形式。建筑物室内外地面标高不同,为便于室内外之间的联系,通常在建筑物出入口处设置台阶或坡道。从建筑艺术和美学的角度来看,楼梯是视觉的焦点,也是彰显主人个性的一大亮点。掌握楼梯、台阶和坡道的构造做法是必要的。

【课程思政】

楼梯是建筑物中楼层间垂直交通用的构件,能够规范绘制楼梯施工图是一名建筑工程师应具备的专业技能,在楼梯施工图绘制中,体会“一步一个脚印,绘制人生阶梯”脚踏实地、求真务实的精神。在学习的道路上,如同攀登台阶一般,需要一步一个台阶地向上走;就像登山一样,攀登高峰需要毅力和坚持不懈。

任务一 楼梯的组成、类型与尺度

一、楼梯的组成

一般楼梯由楼梯段、平台(楼层平台和中间平台)、栏杆(或栏板)与扶手组成(见码 5-1),楼梯的组成如图 5-1 所示。

(一)楼梯段

楼梯段是联系两个不同标高平台的倾斜构件,由若干个踏步构成,又称梯跑或梯段,是楼梯的主要使用和承重部分。

码 5-1

每个踏步由踏面和踢面组成,为了使人们上下楼梯时不至于过度疲劳并且保证每段楼梯有明显的高度感,适应人行走习惯,我国规定每段楼梯踏步数最多不超过 18 级,最少不少于 3 级。

(二)平台

平台是联系两个相邻楼梯段之间的水平构件,分为楼层平台和中间平台。其主要作用是让人们在连续上楼时可稍加休息,缓解疲劳。

(三)栏杆(或栏板)与扶手

为保证行走安全,在楼梯段或平台临空侧边缘设置栏杆(或栏板)。栏杆(或栏板)上部供人用手扶持的连续斜向配件称为扶手。要求栏杆(或栏板)与扶手必须坚固可靠,栏杆(或栏板)有足够的安全高度。高度一般不小于 900 mm。

二、楼梯的类型

建筑内外空间变化丰富,楼梯形式也是多种多样的(见码 5-2)。楼梯采用的材料、数量、位置、楼梯间及楼梯的平面形式对建筑的使用和安全具有较大的影响,要根据建筑的功能、布局和空间的不同进行选择。

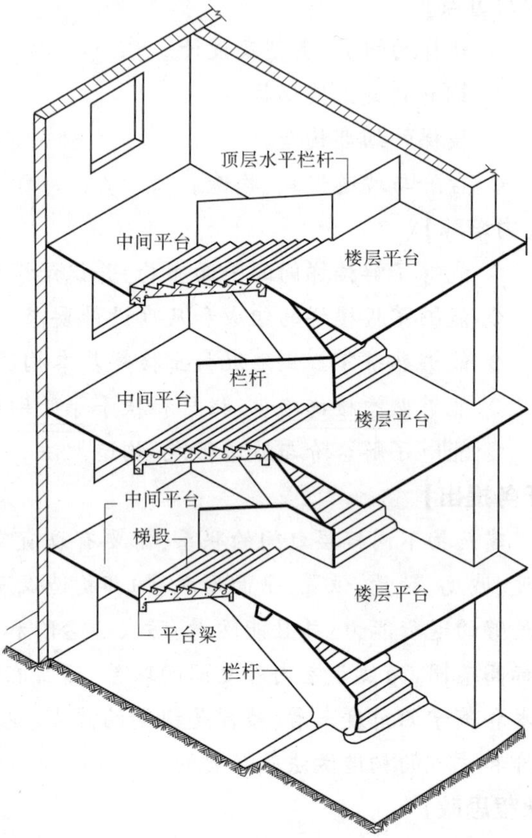

图 5-1 楼梯的组成

(1)按楼梯位置分类,可分为室内楼梯和室外楼梯。

(2)按楼梯使用性质分类,可分为主要楼梯、辅助楼梯、疏散楼梯、消防楼梯。

(3)按楼梯材料分类,可分为钢筋混凝土楼梯、钢楼梯、木楼梯及组合材料楼梯(型钢混凝土楼梯、型钢骨架玻璃踏步楼梯、钢木楼梯)。

码 5-2

(4)按楼梯间的平面形式不同,可分成开敞式、封闭式、防烟式,如图 5-2 所示。

楼梯的平面形式多种多样,如图 5-3 所示。

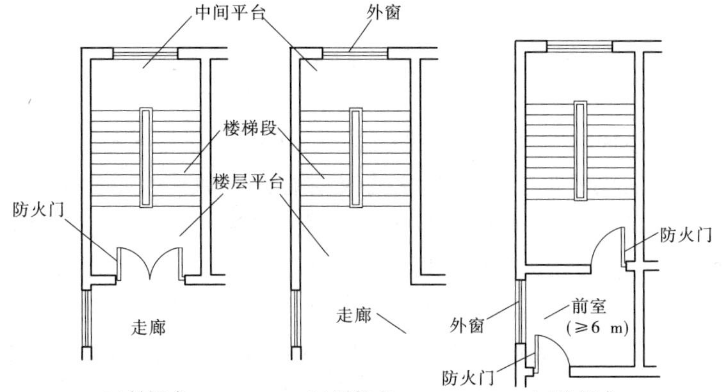

(a)封闭式 (b)开敞式 (c)防烟式

图 5-2 楼梯间平面形式

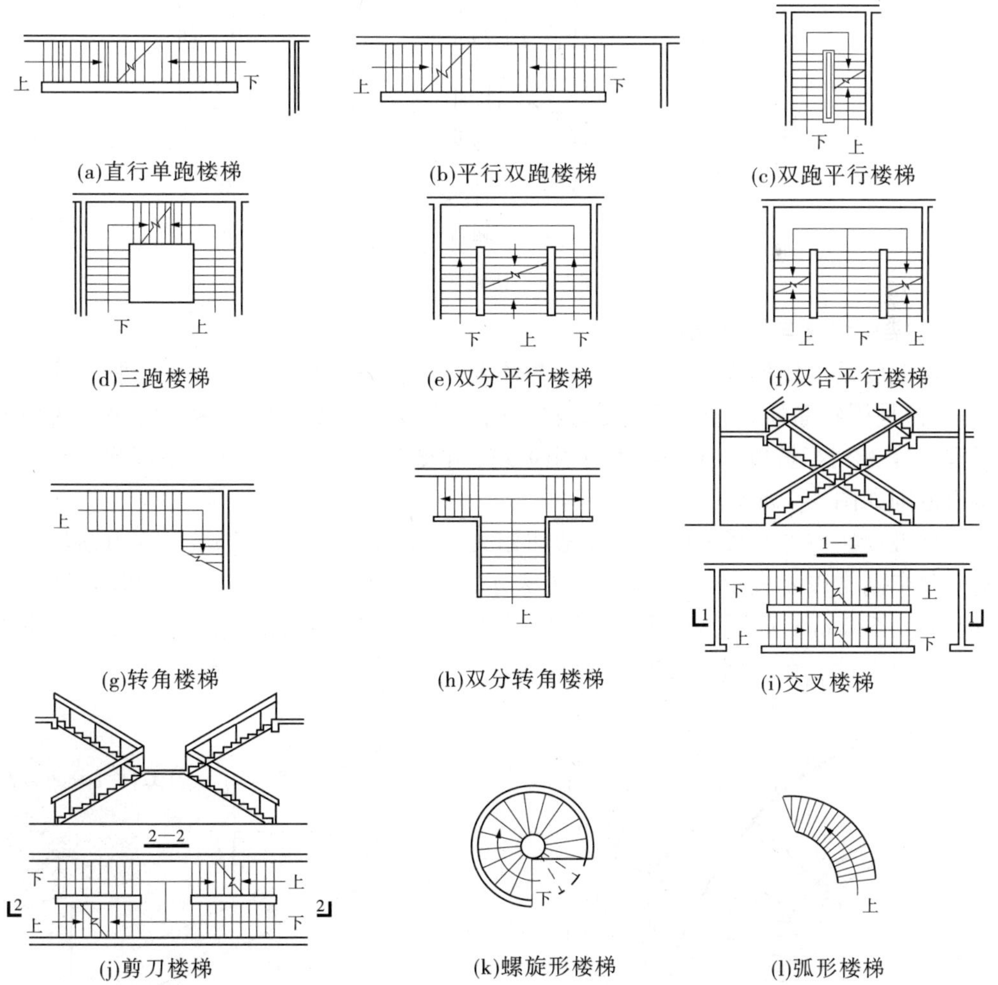

图 5-3 楼梯平面形式

三、楼梯的尺度

（一）楼梯的宽度

楼梯的宽度包括楼梯段宽度和楼梯平台宽度，必须满足上下人流及搬运物品的需要。学校、办公楼、商店等一般建筑楼梯段宽度是根据通行人数多少（设计人流股数）和防火要求确定的。我国规定，在计算通行量时每股人流按 550～700 mm 宽度考虑。在通常情况下，单人通行时为 900 mm，双人通行时为 1 100～1 400 mm，三人通行时为 1 650～2 100 mm，如图 5-4 所示。作为主要通行用的楼梯，其供人通行的有效宽度（楼梯段净宽）不应小于 1.1 m（相当于两股人流的最小宽度）。为了搬运家具设备的方便和通行顺畅，一般情况下楼梯平台宽不应小于楼梯段净宽，且不小于 1.1 m。

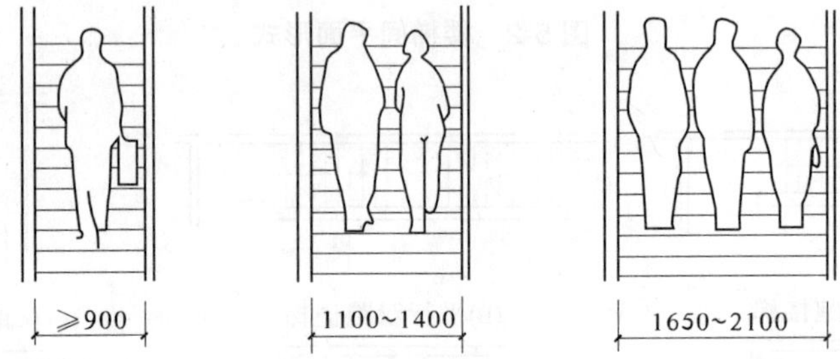

（a）单人通行　（b）双人通行　（c）三人通行

图 5-4　楼梯段宽度

（二）楼梯坡度与楼梯踏步

楼梯坡度是指楼梯段的坡度。它有两种表示方法：一种是用斜面和水平面的夹角表示，另一种是用斜面的垂直投影高度与斜面的水平投影长度之比表示。楼梯段的最大坡度不宜超过 38°；当坡度小于 20°时，采用坡道；当坡度大于 45°时，则采用爬梯。楼梯段坡度适用范围如图 5-5 所示。

楼梯坡度实质上与楼梯踏步尺寸密切相关，在实际应用中，楼梯坡度均由踏步高宽比决定。踏步高常以 h 表示，踏步宽常以 b 表示，计算踏步高度和宽度可以利用经验公式：$2h+b=600\sim620$ mm，如图 5-6 所示。踏步尺寸应根据建筑功能、楼梯的通行量及使用者的情况进行设计。在民用建筑中，楼梯踏步高宽尺寸具体规定见表 5-1。

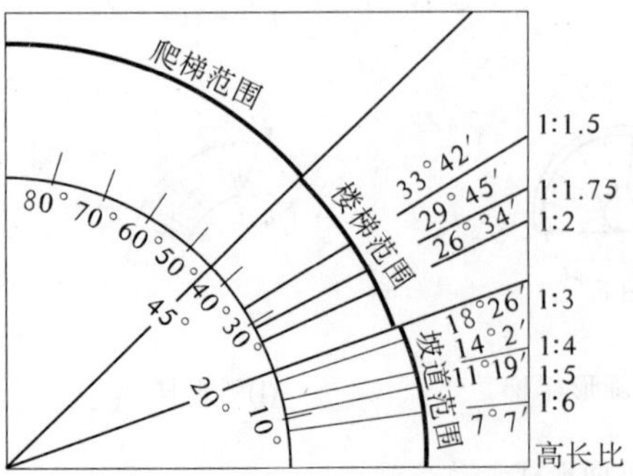

图 5-5　梯段坡度适用范围

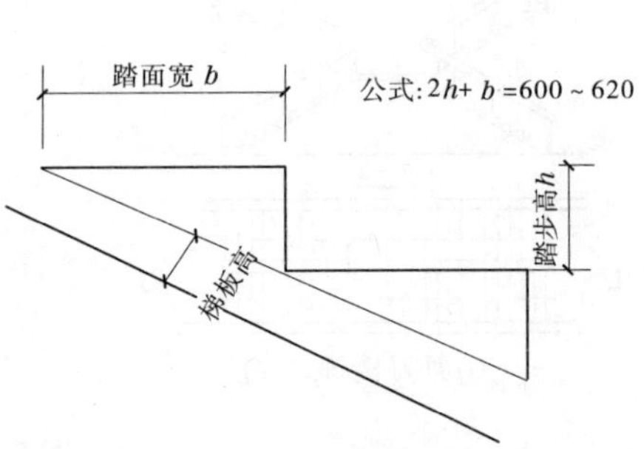

图 5-6　楼梯踏步

表 5-1 常用楼梯踏步高宽尺寸 （单位：mm）

楼梯类别	踏步高 h	踏步宽 b
住宅共用楼梯	150~175	260~300
幼儿园、小学楼梯	120~150	260~280
医院、疗养院等楼梯	120~150	300~350
学校、办公楼等楼梯	140~160	280~340
剧院、会堂等楼梯	120~150	300~350

（三）楼梯的净空高度

楼梯的净空高度包括楼梯段的净高和平台过道处的净高，楼梯段净高为自踏步前缘线（包括最低和最高一级踏步前缘线以外 300 mm 范围内）垂直量至上方突出物下缘的铅垂高度，梯段处不应小于 2.2 m。平台过道处应不小于 2.0 m。楼梯的净空高度如图 5-7 所示。

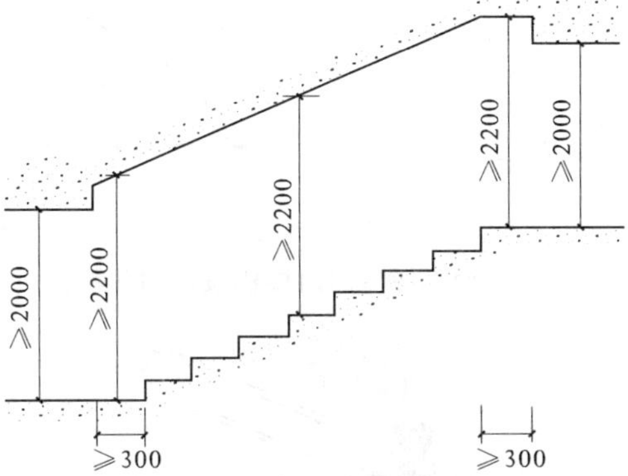

图 5-7 楼梯净空高度

当底层楼梯中间平台下做通道时，为使平台过道处净高不小于 2 000 mm，常采用图 5-8 所示的四种处理方法：①将楼梯底层设计成“长短跑”；②降低底层中间平台标高；③将上述两种方法结合；④底层采用单跑楼梯，这种方式多用于少雨地区的住宅建筑。

（四）楼梯栏杆扶手的高度

楼梯栏杆是楼梯的安全设施，栏杆扶手的高度应从踏步前缘垂直量至扶手顶面。一般室内楼梯栏杆扶手高度不应小于 0.9 m；室外楼梯栏杆扶手高度不应小于 1.05 m；高层建筑室外楼梯栏杆扶手高度不应小于 1.1 m；幼托建筑的栏杆扶手高度不能降低，可增加一道 600~700 mm 高的儿童扶手，如图 5-9 所示。

（五）梯井宽度

所谓梯井，是指楼梯段之间形成的空当，从底层到顶层贯通。为安全起见，梯井宽度以 60~200 mm 为宜。

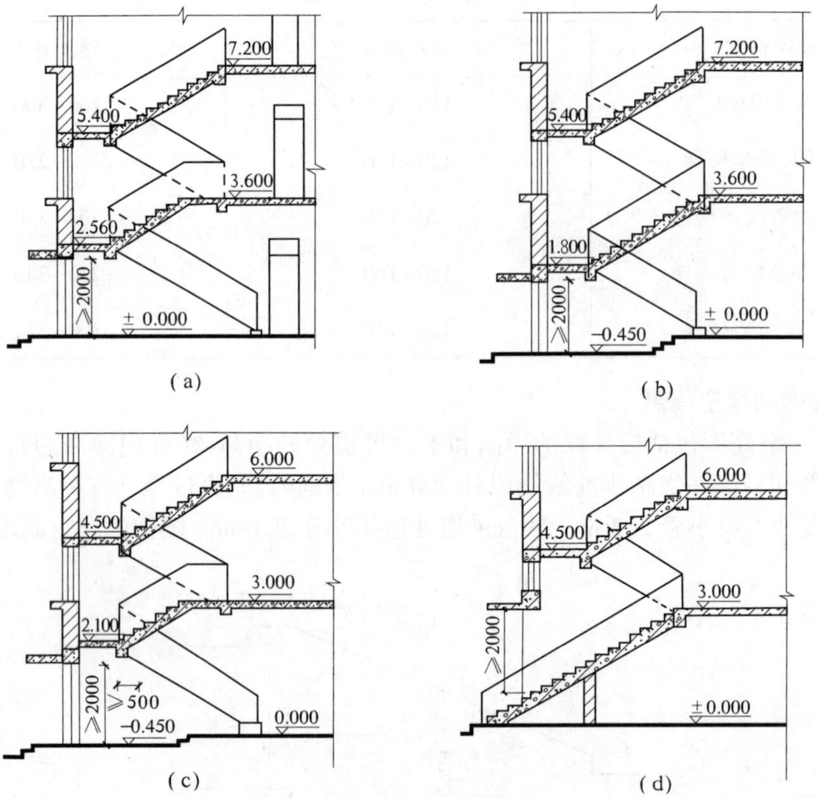

图 5-8　平台下做通道时楼梯设计的几种方式

图 5-9　楼梯扶手高度

任务二　现浇钢筋混凝土楼梯构造

楼梯是建筑物中重要的通行和安全疏散设施，对其安全可靠性要求较高，钢筋混凝土的耐久性能和耐火性能均好于木材和钢材，因此在民用建筑中大量采用钢筋混凝土楼梯。

目前，建筑楼梯常采用现浇钢筋混凝土形式，见码 5-3。

现浇钢筋混凝土楼梯的楼梯段和平台整体浇筑在一起，整体性好、刚度大，施工不需要大型起重设备，但要架设模板、绑扎钢筋、浇筑混凝土等，工序较多、施工进度较慢，适用于整体性要求高的楼梯。其根据楼梯段结构形式不同，分为板式楼梯和梁板式楼梯。

码 5-3

一、板式楼梯

板式楼梯的楼梯段分别与上下两端平台梁整体浇筑在一起，楼梯段搁在平台梁上，相当于一块斜放的板，如图 5-10 所示。平台梁之间的距离即为板的跨度。因此，板式楼梯适用于楼梯荷载较小、楼梯段跨度较小的住宅、宿舍等建筑。

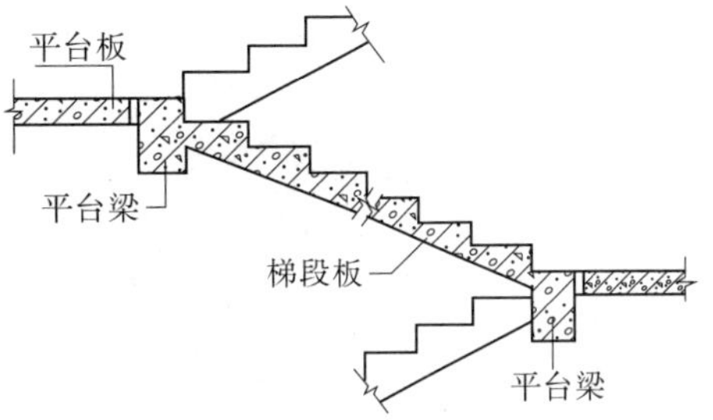

图 5-10　现浇钢筋混凝土板式梯段

二、梁板式楼梯

当楼梯段较宽或使用荷载较大时，采用板式楼梯板厚、自重大，不经济，可采用梁板式楼梯。梁板式楼梯由板和斜梁组成，板承受荷载先传给楼梯段侧边的斜梁，再由斜梁将荷载传给平台梁，斜梁与上下两端的平台梁整体浇筑在一起。梁板式楼梯适用于使用荷载较大、层高较大的情况，如商场、教学楼等公共建筑。

梁板式楼梯在结构布置上有双梁布置和单梁布置之分。梁板式楼梯的斜梁一般设置在梯段的两侧，如图 5-11(b)所示。为了节省材料，有时在梯段靠承重墙一侧不设斜梁，踏步板一端搁置在斜梁上，另一端搁置在墙上，如图 5-11(a)所示，由墙体支承踏步板。近年来，公共建筑中多采用单梁式楼梯的形式，这种楼梯的斜梁设置在楼梯段的中部，每个梯段由一根斜梁支承踏步，形成踏步板向两侧悬挑的受力形式，如图 5-11(c)所示。

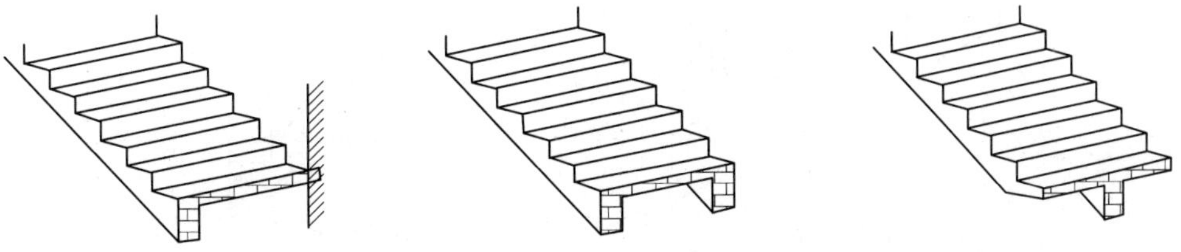
(a)梯段一侧设斜梁　(b)梯段两侧设斜梁　(c)梯段中间设斜梁

图 5-11　梁式楼梯

楼梯段的斜梁若设在踏步板的下面，称为正梁式梯段，形成明步楼梯；将斜梁反向上面，使斜梁和踏步板的下表面取平，称为反梁式梯段，形成暗步楼梯，如图 5-12 所示。

明步楼梯从梯段侧面能够看见踏步，可以提供较大的通行宽度，但在梯段下部的斜

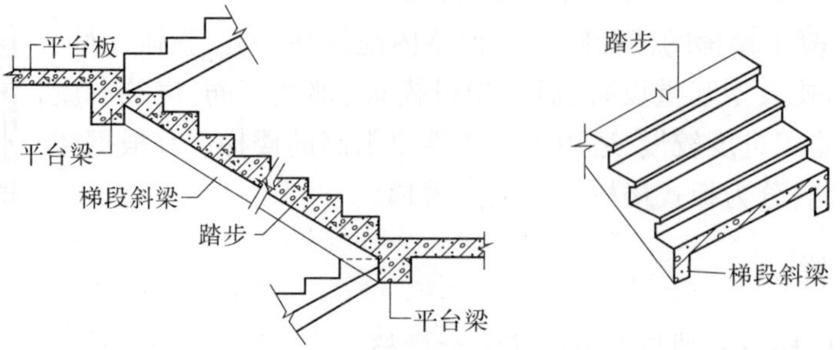

(a) 正梁式梯段

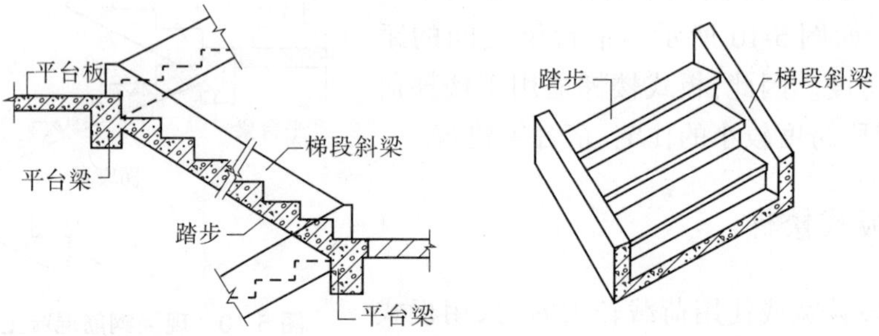

(b) 反梁式梯段

图 5-12　现浇钢筋混凝土梁板式梯段

梁形成暗角容易积灰,楼梯段侧面经常被清洗踏步的脏水污染,影响美观;暗步楼梯从梯段的侧面看不见踏步,梯段下表面是平整的斜面,弥补了明步楼梯的缺陷,但由于结构需要,斜梁的宽度占用梯段宽度,使梯段的净宽变小,如图 5-13 所示。

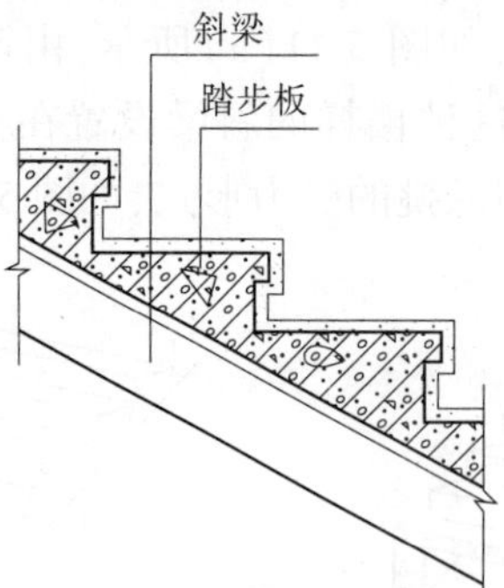

(a) 明步楼梯

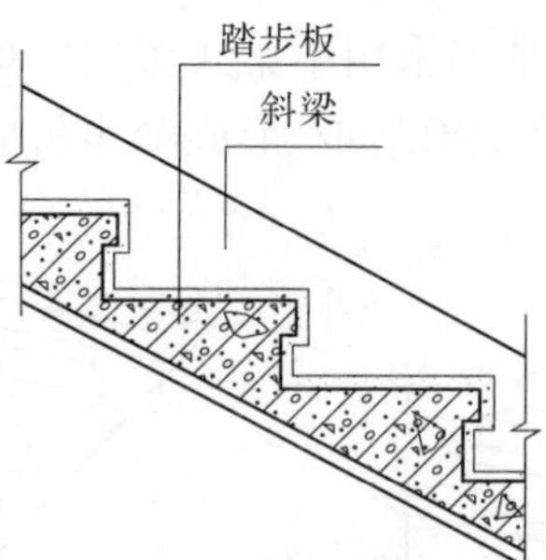

(b) 暗步楼梯

图 5-13　明步楼梯和暗步楼梯

任务三　楼梯的细部构造

在建筑中,楼梯构件使用频率很高,与人体接触频繁,而且人在楼梯上行走时处于相对不稳定的状态,楼梯构件在长期使用过程中磨损得比较厉害,并且容易受到搬运物品等人为因素的破坏。为了保证楼梯的正常使用效果，应当对楼梯的踏步面层、踏步细部、栏杆和扶手等重点部位进行适当的构造处理。

一、踏步面层和踏步细部处理

楼梯踏步面层装修做法与楼层面层装修做法基本相同。一般认为，凡是可以用来做室内地面面层的材料，均可以用来做踏步面层。根据造价和装修标准的不同，常用的有水泥砂浆面层、普通水磨石面层、彩色水磨石面层、缸砖面层、大理石面层、花岗石面层等，前两种多用于一般工业与民用建筑中，后几种多用于有特殊要求或较高级的公共建筑中。

踏步面层应平整、耐磨，易于清扫，具有良好的装饰效果并具有一定的防滑能力。在踏步上设置防滑条的目的在于避免行人滑倒，并起到保护踏步阳角的作用。防滑条设置位置常在踏步近踏口处，常用的材料有水泥铁屑、金刚砂、金属条（铸铁、铝条、铜条）、陶瓷锦砖及带防滑条缸砖等，如图5-14所示。实际工程中防滑条应略高于踏面2～3 mm，但不能太高。如果面层采用水泥砂浆抹面，由于表面粗糙，可不做防滑条。

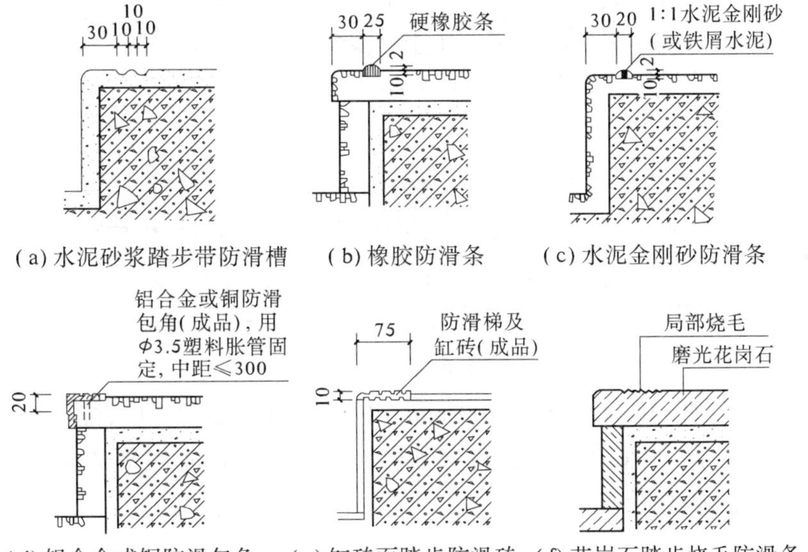

（a）水泥砂浆踏步带防滑槽　（b）橡胶防滑条　（c）水泥金刚砂防滑条

（d）铝合金或铜防滑包角　（e）缸砖面踏步防滑砖　（f）花岗石踏步烧毛防滑条

图5-14　踏步防滑处理

二、栏杆（栏板）和扶手

为了保证楼梯的安全性和为老人、幼儿等使用者提供助力，应在楼梯段或平台的临空一侧设置栏杆或栏板，并在其上缘设置扶手。当楼梯的宽度较大、人流股数较多时，还应在临空的另一侧及楼梯段中间增设扶手。栏杆（栏板）和扶手同时也具有较强的装饰作用，在建筑装饰中对其采用的材料、样式、色彩、质感均有较高的要求。

（一）栏杆

由于栏杆通透、轻盈、占地面积小，因此在建筑物室内采用得较多。栏杆多采用金属材料制作，如型钢、铝材、铸铁等材料，并可用相同的或不同规格的金属型材焊接或铆接成各种图案，既起防护作用，又起装饰作用，如图 5-15 所示。

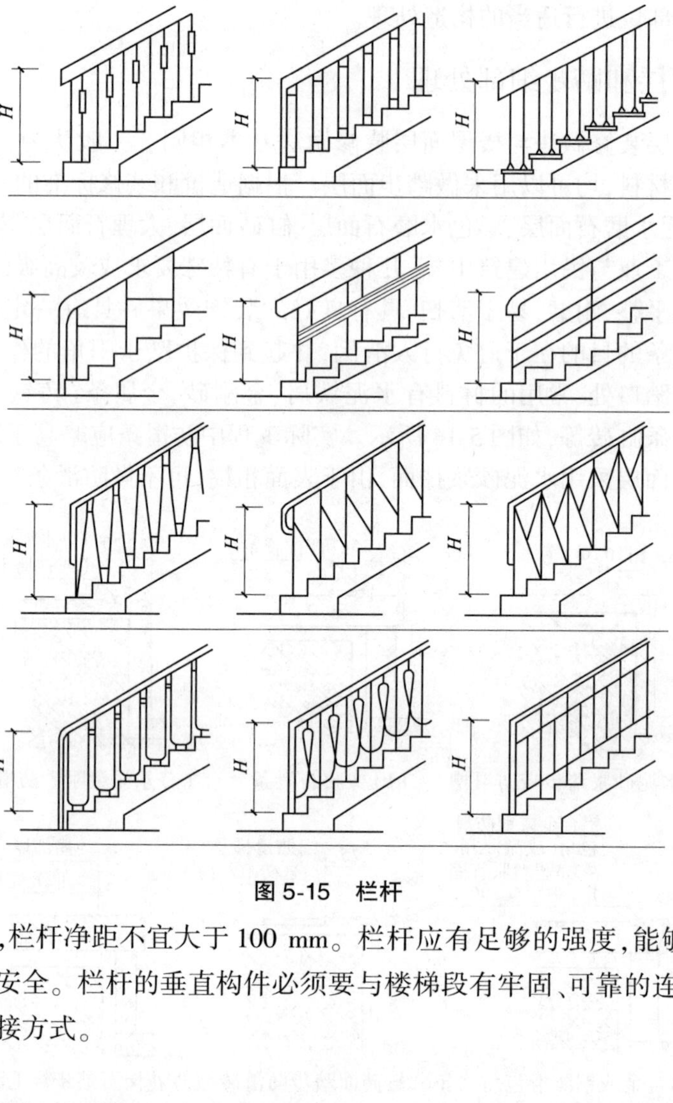

图 5-15　栏杆

通常情况下，栏杆净距不宜大于 100 mm。栏杆应有足够的强度，能够保证在人多拥挤时楼梯的使用安全。栏杆的垂直构件必须要与楼梯段有牢固、可靠的连接。目前，常见的连接方式为焊接方式。

(二)栏板

栏板是用实体材料制作的，多用钢筋混凝土、加筋砖砌体、钢丝网水泥板、木材和玻璃等。钢筋混凝土栏板有预制和现浇两种。栏板的表面应美观、平整，便于清洁。栏板下端可以与梯段直接相连，也可以安装在垂直构件上。

(三)扶手

扶手是楼梯中直接用手接触的部分，起到安全、助力、美观的作用，常用材料有硬木、金属、塑料等，如图 5-16 所示。不论何种材料的扶手，其表面必须要圆顺光滑，没有毛刺，便于使用者扶持。室外楼梯不宜使用木扶手，以免淋雨受潮后变形和开裂。绝大多数扶手是连续设置的，接头处应当仔细处理，使之平滑过渡。金属扶手通常与栏杆焊接。栏杆扶手处的转弯构造如图 5-17 所示。

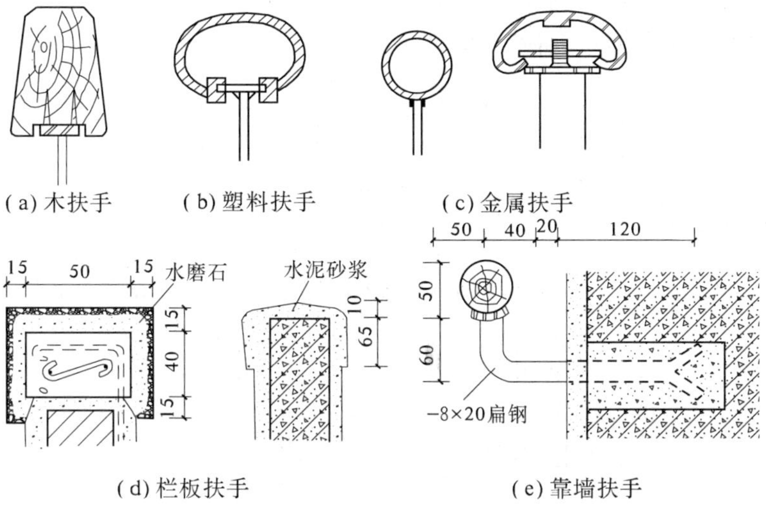

图 5-16　栏杆及栏板的扶手构造

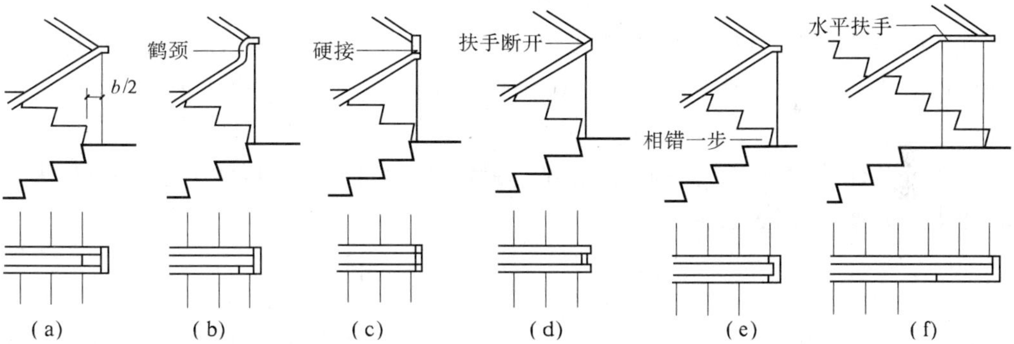

图 5-17　扶手处理方法

任务四　台阶与坡道

台阶和坡道通常设在室外，是建筑出入口处室内外高差之间的交通联系部件。设置台阶是为人们进出建筑提供方便的，坡道是为车辆及残疾人而设置的，有时会把台阶和坡道合并在一起。台阶和坡道由于位置明显，人流量大，应慎重处理，不仅要实用，而且要美观。

一、台阶与坡道的形式

台阶的平面形式多种多样，应当与建筑的级别、功能及周围的环境相适应。台阶由踏步和平台组成。较常见的台阶形式有单面踏步、两面踏步、三面踏步、单面踏步带花池(花台)等，如图 5-18 所示。台阶处于室外，其踏步高一般为 100～150 mm，踏步宽为

300~400 mm,踏步数根据室内外高差确定。当台阶总高度超过 1 m 时,宜有护栏设施。坡道坡度以有利于推车通行为佳,一般为 1/10~1/8。

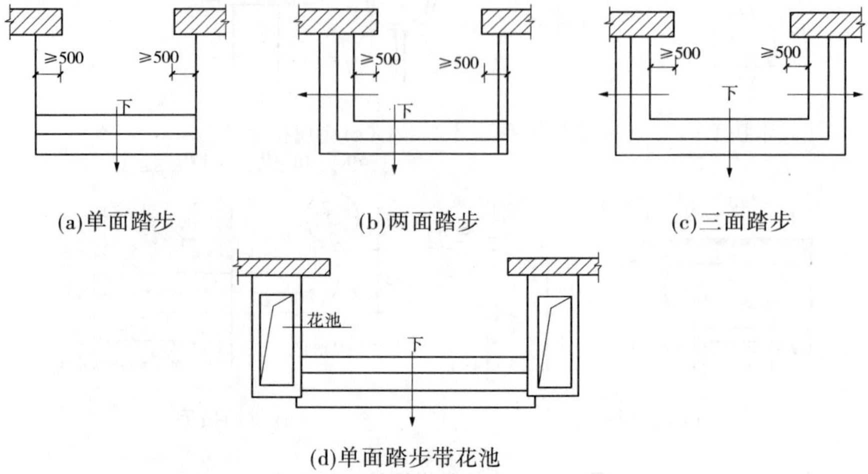

图 5-18　台阶的形式

在台阶与建筑出入口大门之间常设缓冲平台,平台宽度一般要比门洞口每边至少宽出 500 mm,平台深度一般不应小于 1 000 mm,并做 3% 左右的排水坡度,以利于雨水排除。

有些公共建筑常采用台阶与坡道相结合的形式,这样车辆可以驶进建筑入口,为人们提供更大的方便,如图 5-19 所示。

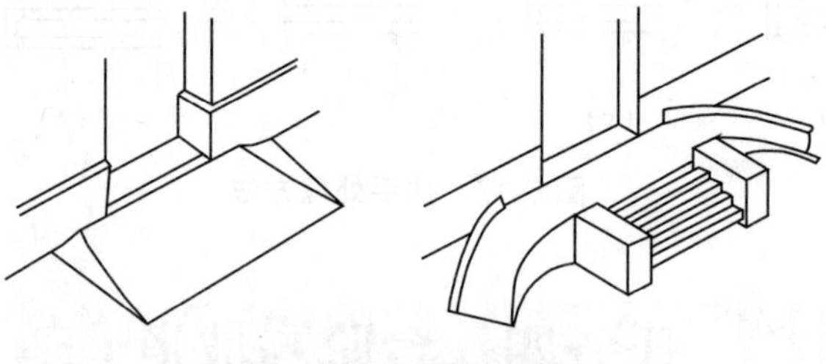

图 5-19　坡道的形式

二、台阶与坡道的构造

由于台阶处于室外,在易受雨水侵蚀的环境中,需考虑防滑和抗风化问题。台阶分实铺和架空两种构造形式,大多数台阶采用实铺。实铺台阶构造与室内地坪构造相似,包括基层、垫层和面层。基层是夯实土;垫层采用抗冻、抗水性能好且质地坚实的材料,多为混凝土、碎砖混凝土或砌砖;面层材料应选择防滑和耐久的材料,如水泥屑、斩假石、天然石材、防滑地面砖等。严寒地区的台阶还需考虑地基土冻胀因素,可用含水率低的砂石垫层换土至冰冻线以下,以避免台阶受土壤冻胀的影响。架空台阶适用于台阶尺度较大或土壤冻胀严重的情况,目的是保证台阶不开裂、不隆起或不塌陷。架空台阶的平台板和踏步板通常采用预制钢筋混凝土板,分别搁置在地梁上或砖砌地垄墙上,如图 5-20 所示。

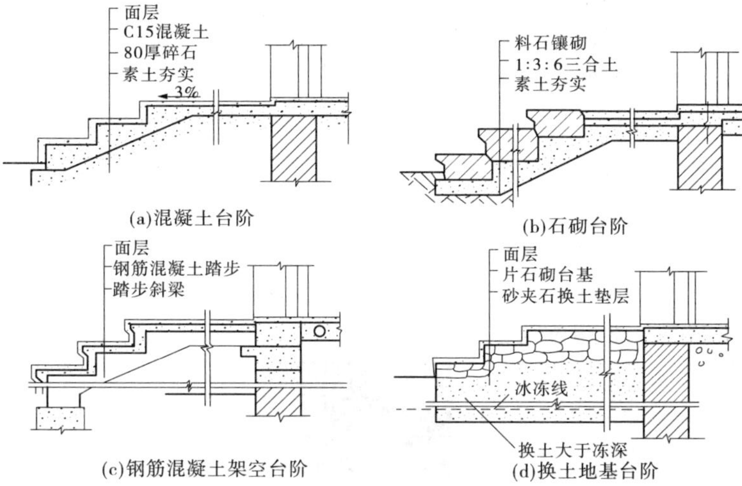

图 5-20　台阶构造示例

坡道一般采用实铺,构造要求与台阶基本相同。坡道垫层材料常见的有混凝土或石块等,强度和厚度应根据坡道长度及上部荷载的大小进行选择,严寒地区的坡道同样需要在垫层下部设置砂石垫层。面层以水泥砂浆居多,对处于潮湿、坡度较陡或采用水磨石做面层的坡道,表面必须做防滑处理,如图 5-21 所示。

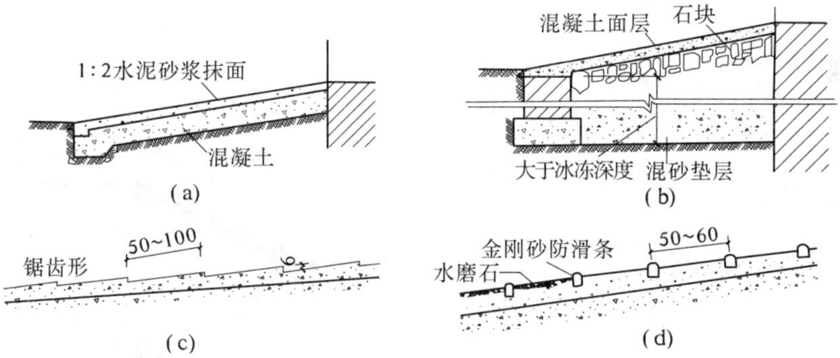

图 5-21　坡道构造

小　结

楼梯是建筑中楼层间的垂直交通联系设施,应满足交通和疏散的要求。

楼梯由楼梯段、平台、栏杆及扶手组成。楼梯段的宽度、坡度、楼梯的净空高度、栏杆的高度、踏步尺寸等均应满足有关要求。

楼梯按材料可分为钢筋混凝土楼梯、钢楼梯、木楼梯和组合材料楼梯等。

楼梯间按平面形式可分为开敞式、封闭式、防烟式。

楼梯按平面形式可分为直行单跑楼梯、直行双跑楼梯、平行双跑楼梯、转角楼梯、三跑楼梯、螺旋形楼梯、弧形楼梯、交叉楼梯、双分平行楼梯和双合平行楼梯、双分转角楼梯、剪切楼梯等。

钢筋混凝土楼梯包括现浇钢筋混凝土楼梯和预制钢筋混凝土楼梯。现浇钢筋混凝土楼梯有板式和梁板式两种结构形式。

楼梯踏步面层应平整、耐磨，易于清扫，具备良好的装饰效果并具有一定的防滑能力。楼梯栏杆与踏步及与扶手应有可靠的连接。上行和下行梯段的扶手在平台转弯处往往存在高差，应进行调整和处理。

室外台阶与坡道应符合相应规定要求。

【复习思考题】

扫码5-4，做项目五的相关复习题。

码5-4

【技能实操】

1. 楼梯详图的识读与绘制，见图5-22。

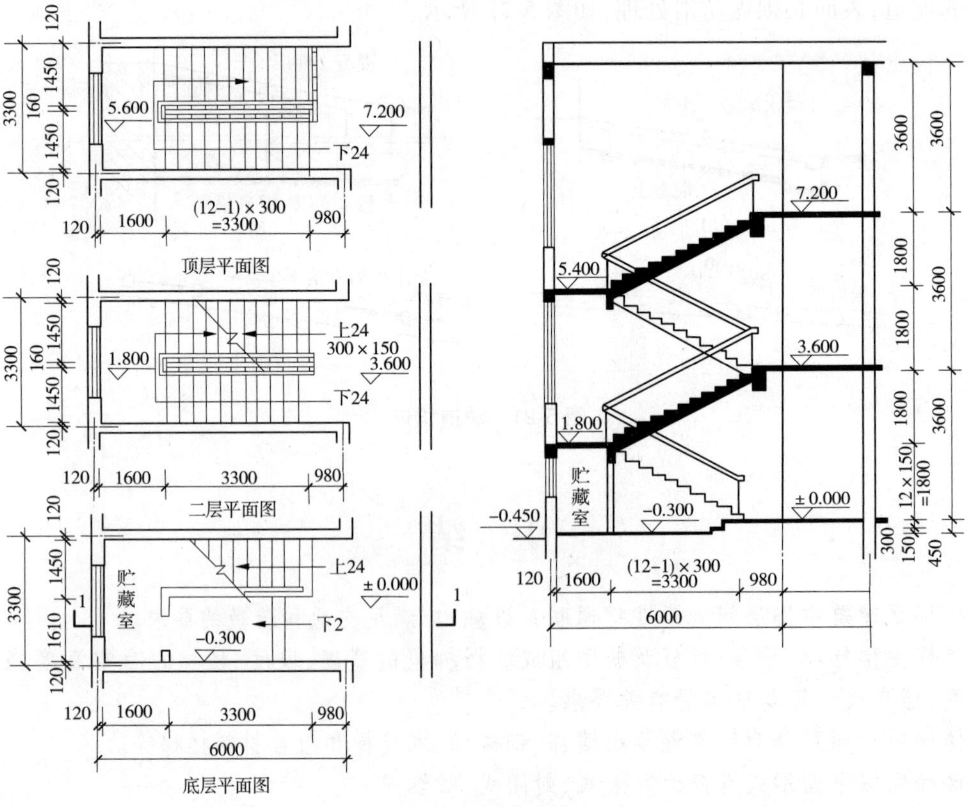

图5-22 楼梯详图

2. 作业要求和深度

(1) 围绕楼梯详图回答问题。

准备一套完整的楼梯详图,包括楼梯平面图、剖面图、节点详图;完成图纸识读,并将读图结果写在纸上。要求学生根据图纸写出如下内容:

1) 楼梯平面图识读

①楼梯间的位置?

②楼梯间的开间、进深、墙体的厚度?

③中间平台的形状、大小和位置? 楼梯井的宽度?

④梯段长度和宽度、楼梯的走向、踏步数量?

⑤各楼层、各平台的标高?

⑥楼梯剖面图的剖切位置?

2) 楼梯剖面图识读

①该图纸比例尺多少? 图中标注 1 000,在图纸上应该画多少厘米?

②该楼梯的剖切位置? 楼梯平台标高多少?

③该楼梯的踏步高度和宽度分别多少? 一般楼梯踏步数有什么要求?

④楼梯栏杆高度多少? 剖切到的门的尺寸是多少?

⑤楼梯栏杆大样索引标注有什么意义? 本图纸能否找到?

⑥该楼梯是梁板式还是板式? 楼梯梁尺寸能否看出?

⑦找出楼梯标注不足之处?

(2) 绘制楼梯详图。

根据以下已知条件绘制以下内容:楼梯平面图(1:50)、楼梯剖面图(1:50)、楼梯踏步断面图(1:10)、楼梯不锈钢栏杆详图(1:10)。

已知条件:某三层内廊式办公楼的主要楼梯,采用现浇式,底层楼梯平台下设出入口,室内外高差为 0.45 m,楼梯间的平面尺寸为:开间 3 300 mm,进深 5 700 mm,每层层高均为 3 300 mm。砖混结构,横墙承重,内外墙厚均为 240 mm 厚砖墙。平行双跑楼梯,楼梯底层中间平台下做通道,楼梯间的门洞口尺寸为 1 500 mm×2 100 mm,窗洞口尺寸为 1 500 mm×1 800 mm,如图 5-23 所示。

作业要求:本作业共包括六个图,即楼梯首层平面图、楼梯标准层平面图、楼梯顶层平面图、楼梯剖面图、栏杆(栏板)详图、踏步详图。平面图和剖面图为 1:50,详图为 1:10~1:20,使用绘图纸绘制 2 号图一张,以铅笔或墨线绘成,不能使用描图纸。

作业深度:

1) 绘制楼梯间平面图(比例 1:50)

包括底层、二层和顶层平面图。具体内容要求如下:

①以楼层平台为基准,标注上下指示线,并注写踏步级数。

②画出栏杆扶手。

③画出楼梯间的门窗,底层平面应画出出入口、台阶和散水(坡道)等。

④在底层平面图上标出剖面图的剖切线(剖切位置和剖视方向)及编号,注意剖视方向应朝有梯段的一侧看,并应剖到门窗洞口。

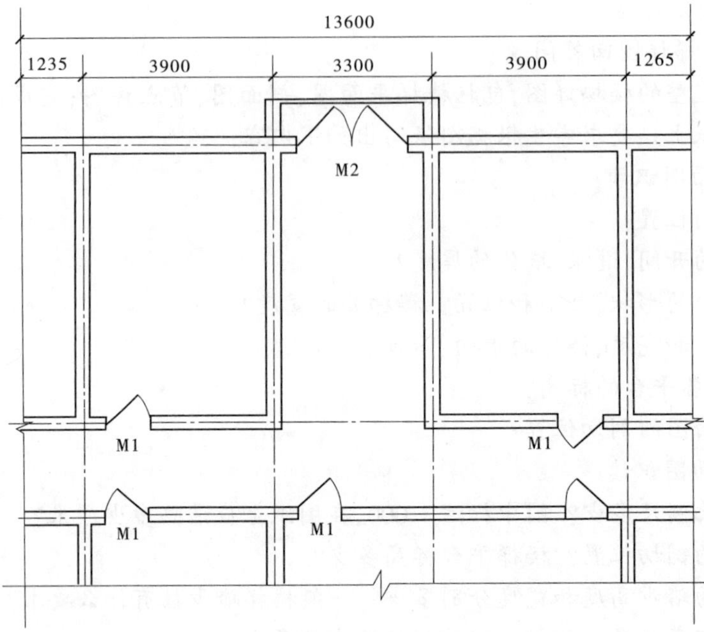

图 5-23　某办公楼平面图(局部)

⑤标两道尺寸。

进深方向:第一道——平台净宽,步数×步宽=梯段长度。

　　　　　第二道——梯间进深尺寸及轴线编号。

开间方向:第一道——梯段净宽和梯井宽。

　　　　　第二道——梯间开间尺寸及轴线编号。

⑥标注标高:中间平台和楼层平台。

⑦图名及比例。

2)绘制楼梯间剖面图(比例 1:50)

只画到顶层栏杆扶手以上部分,屋顶不画,用折断线切开。

①画出踏步、梯梁、平台梁、平台板的断面形式及尺寸。

②栏杆扶手的形式,转变处理,注意顶层水平栏杆应与平面图一致。

③凡剖到的构件应画上材料符号。

④标注尺寸。

竖向:第一道——步数×步高=梯段高。

　　　第二道——平台高。

水平:第一道——顶层平台净宽,步数×步高=梯段长。

　　　第二道——梯间进深尺寸及轴线编号。

⑤标注标高:各层楼地面、中间平台和室外地坪标高。

⑥图名(用剖面编号表示)及比例。

图纸要求:用铅笔完成 2 号图 1 张,线条、文字均要符合制图标准。

项目六　屋　顶

【学习重点】

◇ 屋顶的类型和坡度。

◇ 平屋顶构造。

◇ 坡屋顶构造。

【能力培养】

◇ 能够掌握屋顶分类。

◇ 能够掌握平屋顶柔性防水屋面的排水和防水要求。

◇ 能够了解刚性防水屋面的构造组成和做法。

◇ 能够了解坡屋顶的承重结构和屋面构造。

◇ 能够熟悉屋顶的保温和隔热构造。

【任务提出】

屋顶是房屋最上层的覆盖物,由屋面和支撑结构组成。生活中,我们可以见到许多各式各样的屋面,屋面设计中不仅仅要考虑屋面的用途,同时应将建筑屋面的设计融入自然,与自然和谐相处,建筑形象的美观同样起着重要的作用。屋顶的围护作用一方面是防止自然界雨、雪和风沙的侵袭及太阳辐射的影响,另一方面要承受屋顶上部的荷载。现代建筑在结构、材料和技术上都比过去有了质的飞跃,屋顶的要求是坚固耐久,自重要轻,具有防水、防火、保温及隔热的性能,同时要求构件简单、施工方便,并能与建筑物整体配合,具有良好的外观。

20 世纪 60~80 年代上海建设了一批平屋顶的老式公房,但这批老式公房由于年代较久,建设标准偏低,屋面渗漏频频发生,加之保温、隔热性能较差,夏季高温时,屋内热浪逼人,严重影响了居民日常生活。1999 年 6 月,上海市委、市政府主要领导提出了将平屋顶改为坡屋顶(简称“平改坡”),上海市住宅发展局组织的首批 13 幢“平改坡”的试点工程取得成功。由此,上海开始了大规模的“成线、成片、成规模”的“平改坡”试点工程。调查显示,“平改坡”住宅中,改造前屋顶渗漏情况达到 85%~90%,改造后,基本解决了屋漏问题,经受住了梅雨季节、台风暴雨的考验。由于新技术和新材料的应用,居民反映,原来天气预报最高温度 35 ℃,家中温度高达 39 ℃,改造后,室温比原先明显降低了。

【课程思政】

中国古建筑装饰重点不在墙身,而在屋顶。我国古代匠师们充分运用木结构的特点,创造了屋顶举折和屋面起翘、出翘,形成如鸟翼伸展的檐角和屋顶各部分柔和优美的曲线;同时在屋脊和脊端加上适当的雕饰,檐口的瓦也进行装饰性的处理,使屋顶成为中国古代建筑的代表性标志,被称为“中国古代建筑的冠冕”。中国的文化传统源远流长,屋顶深刻体现着中国古代匠人们的智慧和能力,中国传统文化“天人合一”的思想,使屋顶样式与人、自然相互亲合,相互融入。

任务一　概　述

一、屋顶的作用与要求

屋顶又称屋盖,是建筑物最上层的覆盖构件,是建筑围护结构重要的组成部分,其主要功能表现在三个方面:

一是起到围护作用,屋顶能抵御风、雨、雪、太阳辐射、气温变化等方面的不利影响,保持建筑物内部空间正常使用和良好的物理环境。

二是起到承重作用,承受作用于屋面上的所有荷载,包括屋顶自重,风、雨、雪荷载,设备、检查荷载及上人屋面的活荷载等。

三是起到美观作用,屋顶对建筑立面和整体形象有很大的影响,是体现建筑风格和建筑艺术的重要手段。

为实现以上功能,屋顶设计必须满足坚固耐久、排水防水、保温隔热、抵御侵蚀等要求;同时做到自重轻,构造简单,施工方便和造价经济合理等。

二、屋顶的类型

屋顶的类型很多,根据防水材料、外形、结构和布置形式、建筑的使用要求等因素,可以分为多种形式。

(1)按屋面材料分:柔性(卷材)防水屋顶和非卷材防水屋顶。

(2)按屋顶外形分:坡屋顶、平屋顶、曲面屋顶等。

(3)按屋顶结构的传力特点分:有檩屋顶和无檩屋顶。

(4)按屋顶保温隔热要求分:有保温屋顶、无保温屋顶、隔热屋顶等。

(5)其他新型屋顶结构形式:如拱屋顶、折板屋盖、薄壳结构屋顶、网架结构屋顶、悬索结构屋顶等,多数用于跨度较大的公共建筑。

在工程上一般按照屋顶外形或防水材料不同对屋顶进行分类,常见屋顶外形如图 6-1 所示。

(一)坡屋顶

坡屋顶是指屋面坡度较陡的屋顶,其坡度一般在 10%以上,坡屋顶是我国传统的屋顶形式,造型多样,可分为单坡、双坡、四坡等丰富多彩的形式。当建筑物进深不大时,可选用单坡屋顶;当建筑物进深较大时,宜采用双坡屋顶或四坡屋顶。双坡屋顶有硬山和悬山之分,硬山是指房屋两端山墙高出屋面,山墙封住屋面,这种屋顶能够有效地防止火灾的蔓延;悬山是指屋顶的两端悬挑在山墙外,屋面盖住山墙,这种屋顶对防水和排水有利。

(二)平屋顶

平屋顶的屋面坡度比较平缓,通常是指屋面坡度小于 5%的屋顶,常用坡度为 2%~3%。当按上人屋面考虑时,坡度还应当更小。平屋顶对屋面材料的防水要求较高,坡度小,节约材料,便于协调建筑设计与结构设计的关系,屋顶平面可设置为露台、花园、游泳池等,在民用建筑中广泛应用。

(三)曲面屋顶

曲面屋顶是由各种薄壳结构或悬索结构以及网架结构等作为承重结构的屋顶,如双曲拱屋顶、薄壳屋顶、网架屋顶、折板屋顶、悬索屋顶等,在购物中心、体育馆、展览馆、航空

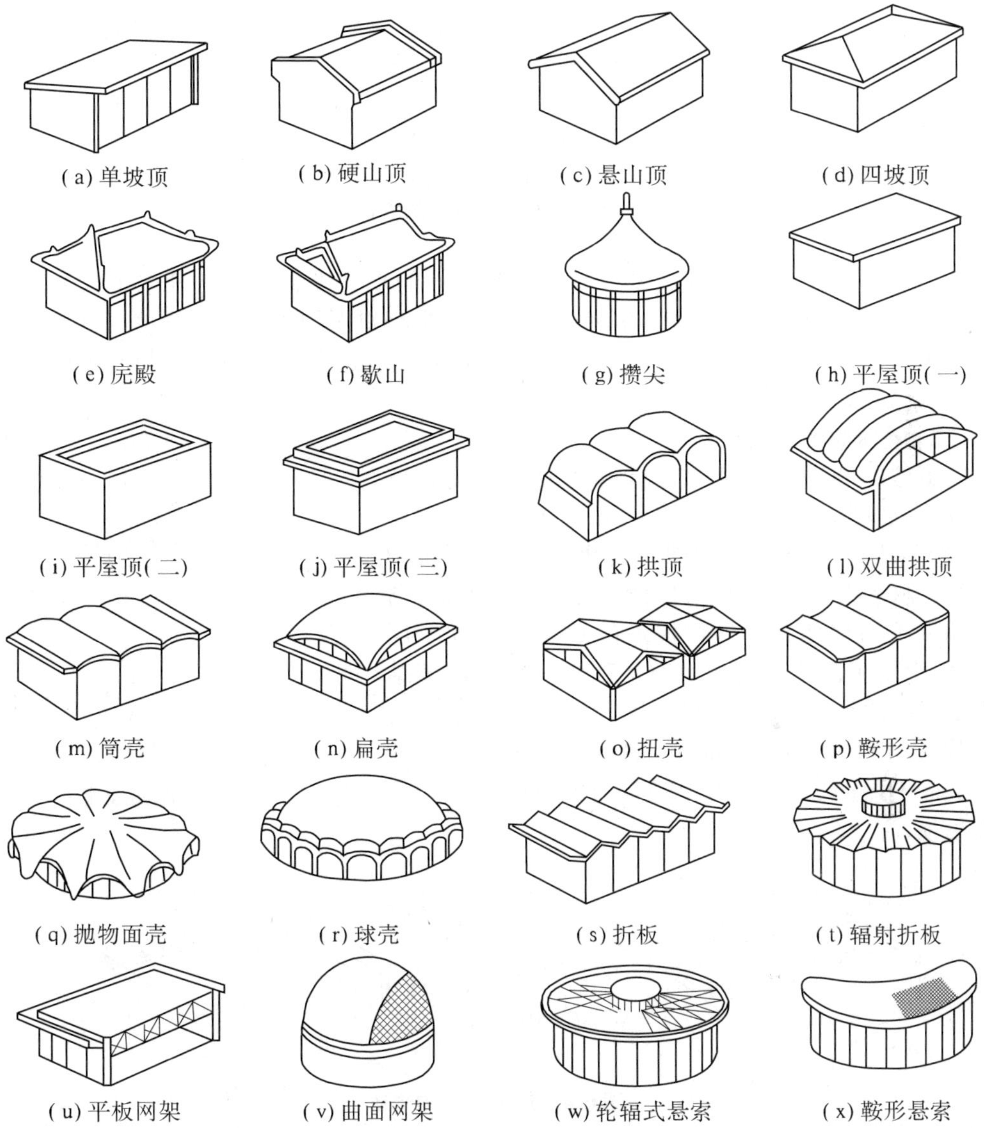

图 6-1 常见的屋顶形式

港、车站等大型的公共建筑中广泛应用。现代曲面屋顶充分发挥了建筑材料的力学性能,大大减轻了屋盖系统自重,造型灵活美观,符合建筑内部空间设计要求,但施工复杂,成本高。

三、屋顶坡度

屋顶设置适当的坡度,能够使雨水迅速被排走而不致积存,减少屋面渗透的可能性,保证屋顶的围护功能。

(一)屋顶坡度的表示方法

任何屋顶都有大小不一的坡度,常用的坡度表示方法有百分比法、斜率法和角度法,如图 6-2 所示。

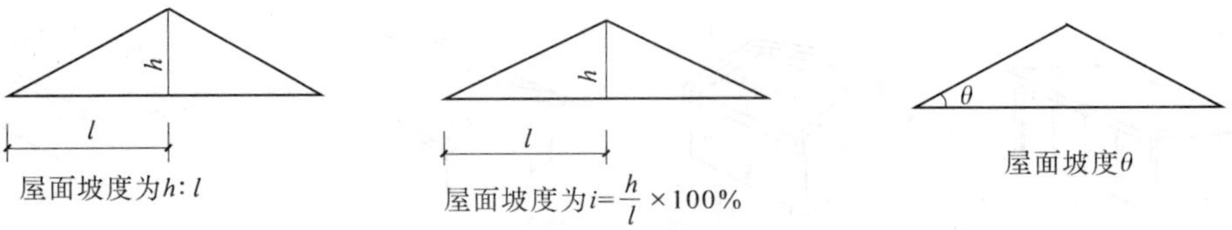

(a)斜率法　　(b)百分比法　　(c)角度法

图 6-2　屋面坡度表示方法

较小的坡度常用百分比法，即以屋顶半跨斜面的垂直投影高度与其水平投影长度的百分比值来表示，如 2%、4%等。斜率法是以屋顶半跨斜面的垂直投影高度与其水平投影长度之比来表示，如 1∶4等。较大的坡度有时也用角度法，即以倾斜屋面与水平面所夹角度来表示，如 20°、30°等，如图 6-3 所示。

(二)屋顶坡度的形成

屋顶坡度的形成常见的有材料找坡和结构找坡两种方法，如图 6-4 所示。材料找坡是在水平的屋盖结构层上采用轻质找坡材料垫出排水坡度，上面再做防水层。材料找坡可使室内顶棚平整，空间规整，与人们的审美习惯相符。材料找坡的缺点是增加了屋面荷载，提高了造价。结构找坡是利用倾斜的屋盖结构层实现排水坡度，上面再做防水层。结构找坡不需另加找坡材料，构造比较简单，缺点是当采用倾斜的钢筋混凝土屋面板时，室内顶棚是斜的，视觉较差，需另设吊顶。

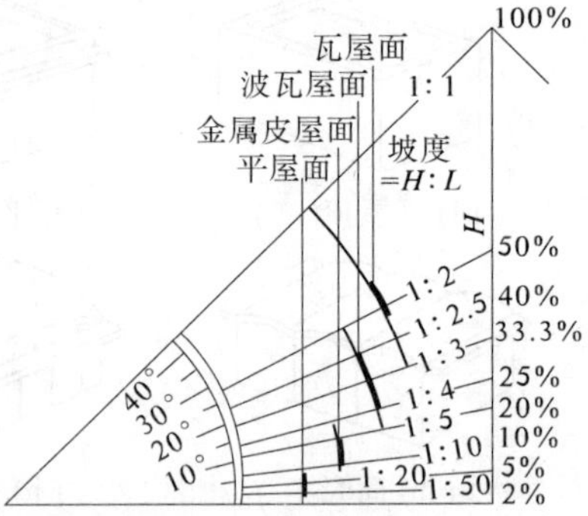

图 6-3　屋面坡度

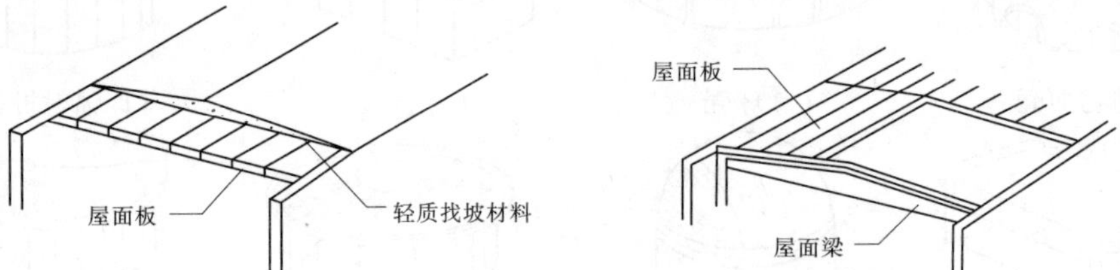

(a)材料找坡　　(b)结构找坡

图 6-4　屋顶坡度的形成

(三)影响屋顶坡度的因素

屋顶坡度一般要考虑排水和结构的要求，屋面防水材料、降雨量、结构形式、建筑造型、造价等因素都会影响坡度大小。屋顶坡度太小容易渗漏，大大浪费材料。当采用小青瓦、黏土瓦、混凝土瓦等单块面积小、接缝多的屋面材料时，应当使屋面的坡度大些；当采用油毡、钢板等单块面积大、接缝少、防渗性能好的屋面材料时，就可以使屋面的坡度小一些。

任务二　平屋顶的构造

平屋顶具有构造简单、自重较轻、节约材料、造价低廉、施工方便、预制装配化程度高、节省空间、屋面可以利用的优点，被大量地采用。同时，也存在造型过于单一，顶层房间室内环境较差的缺点。目前,平屋顶仍是我国一般建筑工程中较常见的屋顶形式。

一、平屋顶的组成

平屋顶的组成如图 6-5 所示。

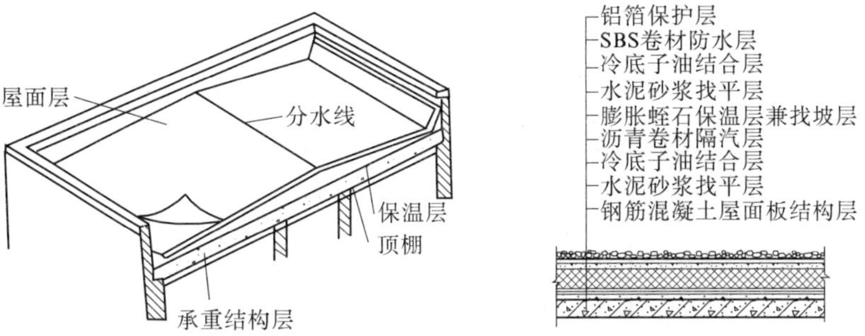

(a) 平屋顶的组成　　(b) 平屋顶的构造层次(防水保温)

图 6-5　平屋顶的组成

(一)承重结构层

承重结构层要承受屋顶的自重和上部所有荷载,并将其传给屋顶的支承结构,如墙体、梁及柱等。承重结构层一般采用钢筋混凝土板。

(二)屋面层

一般情况下,屋面层是通过面层材料的防水性能来达到防水目的的。根据防水层材料及做法的不同可分为柔性防水屋面和刚性防水屋面。柔性防水屋面是以沥青、油毡、油膏等柔性材料铺设的屋面防水层,多用于北方温差大的寒冷和湿热地区;刚性防水屋面是以细石混凝土、防水砂浆等刚性材料做屋面防水层,多用于南方温差小的炎热地区。

(三)保温隔热层

为防止冬季、夏季顶层房间过冷或过热,保证建筑具有良好的室内环境和舒适性,需在屋顶构造中设置保温层或隔热层。我国地域辽阔,保温层或隔热层应根据各地的气候情况设置。比如在我国南方地区,一般不设保温层,而北方地区则很少设隔热层。保温层、隔热层通常设置在结构层与屋面层之间。常用的材料有无机粒状材料和块状制品,如膨胀蛭石、膨胀珍珠岩、加气混凝土、聚苯乙烯泡沫塑料板等。

(四)顶棚

在多数情况下,屋顶顶棚构造与楼板层顶棚构造是相同的,一般采用直接式顶棚或悬吊式顶棚。

二、平屋顶排水

为了迅速排出屋面积水、积雪,避免由于降水积存造成渗漏,必须做好屋顶排水设计。平屋顶的坡度较小,容易形成滞水现象,影响建筑使用寿命和安全。确定合理的排水方案,组织好屋顶的排水设计和施工是十分重要的问题。平屋顶的排水方式有两大类,即无组织排水和有组织排水。

(一)无组织排水

无组织排水是指屋面的雨水在自重的作用下顺着屋面坡向由屋脊流向屋檐,在檐口直接自由滴落到室外地面的排水方式,又称自由落水。无组织排水具有排水快、构造简单、造价低、不易漏雨和堵塞等优点;但排水时雨水自由落下会溅湿墙面,在檐口处形成水帘影响行人,而且水花四溅,冲刷建筑周边地面,危害墙身和环境。因此,无组织排水一般适用于少雨地区和低层、不临街的建筑物,如图 6-6 所示。

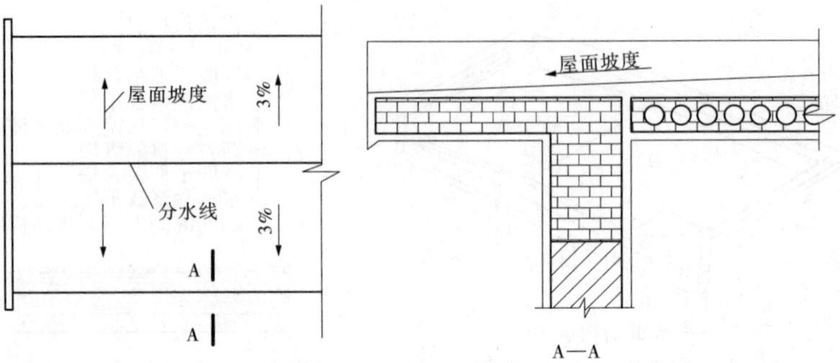

图 6-6 无组织排水

(二)有组织排水

有组织排水是指屋面雨水在自重的作用下,通过按照事先设计好的途径,使每个排水区的雨水顺着屋面坡向由屋脊流向屋檐,有组织地汇集到檐沟或女儿墙天沟中,然后经过雨水口、雨水管等排水装置被引至地面或地下排水管线的排出过程,目前在城市建筑中被广泛采用。有组织排水速度比无组织排水慢、构造比较复杂、造价相对较高。按照雨水排出的路径,有组织排水分为外排水和内排水两种形式。外排水通常分为外檐沟排水、女儿墙外排水和带女儿墙外檐沟排水三种方式;内排水的雨水管设于建筑物内,构造复杂,容易渗漏,一般用在多跨建筑的中间跨、高层建筑和寒冷地区。下面介绍几种有组织外排水的排水方式,如图 6-7 所示。

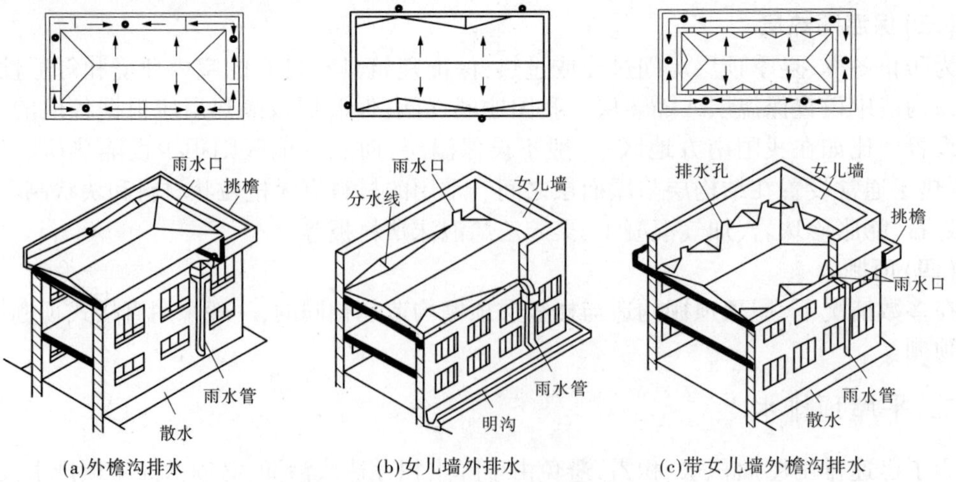

图 6-7 有组织外排水

1. 外檐沟排水

外檐沟排水是在屋檐周围设置悬挑在外墙外侧的檐沟,并在檐沟内垫出 0.5%~1%

纵向坡度，将屋面雨水汇聚至檐沟，经雨水口、雨水管排下，如图6-7(a)所示。外檐沟排水路线的水平长度不应超过24 m，以免造成起坡过高或屋面渗漏。对于有高低屋面的建筑物，可先将雨水由高处屋面排至低处屋面，然后从低处屋面的外檐沟排走。

2. 女儿墙外排水

将外墙升起封住屋面形成女儿墙，在女儿墙内侧设置内檐沟，并在女儿墙上留出雨水口，屋面雨水穿过女儿墙经过外墙外侧的雨水管至地面或引入地沟，如图6-7(b)所示。

3. 带女儿墙外檐沟排水

带女儿墙外檐沟排水是在女儿墙外侧设檐沟，雨水经女儿墙的雨水口落至外檐沟内，然后按照外檐沟排水方式排出。这种排水方式比较少见，主要在蓄水屋面、有特殊要求的建筑立面等特定情况下采用，如图6-7(c)所示。

三、平屋顶防水

平屋顶的防水主要是采用材料防水，即在屋面找坡后，在上面铺设一道或多道防水材料作为防水层(见码6-1)。按照所用防水材料和做法的不同分为柔性防水屋面、刚性防水屋面和涂膜防水屋面等类型。《屋面工程技术规范》(GB 50345—2012)规定屋面防水工程应根据建筑物的类别、重要程度、使用工程要求确定防水等级，并按相应等级进行防水设防，对防水有特殊要求的建筑屋面，应进行专项防水设计。

码6-1

屋面防水等级和设防要求应符合表6-1的规定。

表6-1　屋面防水等级和设防要求

防水等级	建筑类别	设防要求
Ⅰ级	重要建筑和高层建筑	两道防水设防
Ⅱ级	一般建筑	一道防水设防

卷材、涂膜屋面防水等级和防水做法应符合表6-2的规定。

表6-2　卷材、涂膜屋面防水等级和防水做法

防水等级	防水做法
Ⅰ级	卷材防水层和卷材防水层、卷材防水层和涂膜防水层、复合防水层
Ⅱ级	卷材防水层、涂膜防水层、复合防水层

注：在Ⅰ级屋面防水做法中，防水层仅做单层卷材防水时，应符合单层防水卷材屋面技术的有关规定。

每道卷材防水层最小厚度应符合表6-3的规定。

表6-3　每道卷材防水层最小厚度　　(单位：mm)

防水等级	合成高分子防水卷材	高聚物改性沥青防水卷材		
		聚酯胎、玻纤胎、聚乙烯胎	自粘聚酯胎	自粘无胎
Ⅰ级	1.2	3.0	2.0	1.5
Ⅱ级	1.5	4.0	3.0	2.0

每道涂膜防水层最小厚度应符合表 6-4 的规定。

表 6-4　每道涂膜防水层最小厚度　（单位:mm）

防水等级	合成高分子防水涂膜	聚合物水泥防水涂膜	高聚物改性沥青防水涂膜
Ⅰ级	1.5	1.5	2.0
Ⅱ级	2.0	2.0	3.0

复合防水层最小厚度应符合表 6-5 的规定。

表 6-5　复合防水层最小厚度　（单位:mm）

防水等级	合成高分子防水卷材+合成高分子防水涂膜	自粘聚合物改性沥青防水卷材（无胎）+合成高分子防水涂膜	高聚物改性沥青防水卷材+高聚物改性沥青防水涂膜	聚乙烯丙纶卷材+聚合物水泥防水胶结材料
Ⅰ级	1.2+1.5	1.5+1.5	3.0+2.0	(0.7+1.3)×2
Ⅱ级	1.0+1.0	1.2+1.0	3.0+1.2	(0.7+1.3)

（一）柔性防水屋面（卷材防水屋面）

柔性防水屋面是采用柔性防水卷材用胶结材料相互搭接粘贴在结构层上作为防水层。其优点是卷材具有一定的柔韧性，能适应部分屋面变形，防水性能可靠，适用于不同气候的地区；其缺点是构造比较复杂，耐久性稍差。

1. 构造层次与做法

柔性防水屋面由多层叠合而成，基本构造层次包括结构层、找平层、结合层、防水层和保护层，如图 6-8 所示。

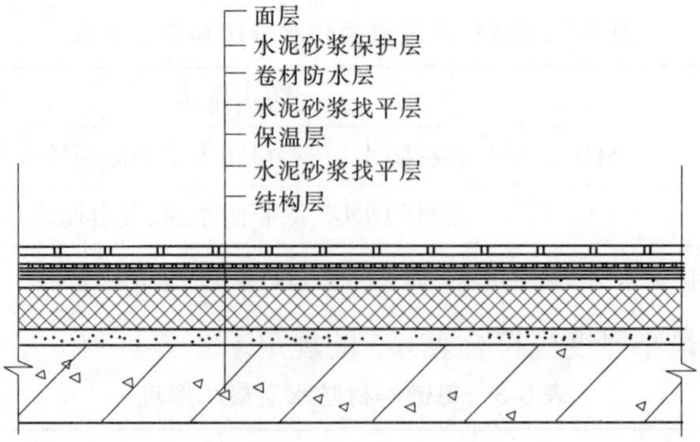

图 6-8　卷材防水屋面的构造组成

1）结构层

结构层通常为具有一定强度和刚度，变形小的预制或现浇钢筋混凝土楼板（屋面板)。

2)找平层

卷材防水层要铺贴在坚固而平整的基层上,以免卷材凹陷或断裂。找平层设在结构层或保温层上面,一般为15~30 mm厚1:3水泥砂浆或1:8沥青砂浆,中间可设宽度为20 mm的分隔缝。

3)结合层

找平层砂浆中水分的蒸发使表面形成小孔隙和微粒粉尘,严重影响防水层与找平层的黏结。为使沥青胶或卷材能够与找平层牢固地结合,应当事先在找平层上刷一道冷底子油作为结合层,作用是形成一层胶质薄膜,使防水层与找平层胶结牢固。高分子卷材多用配套基层处理剂。

4)防水层

防水层是由防水卷材和黏合剂构成的。其做法是:卷材的铺贴宜平行屋脊,从屋檐开始由下而上铺设;卷材短边搭接长度不小于100 mm,长边搭接长度不小于70 mm。卷材多层铺设时,上下层的接缝应错开,每层沥青胶的厚度要控制在1~1.5 mm内,防止厚度过大而发生龟裂。

5)保护层

设置保护层的目的是保护防水层,防止卷材在自然界的作用下老化,增加耐用年限。保护层的做法分不上人和上人两种。对于不上人屋面,可以在最后一层沥青胶涂好后,趁热满粘一层3~6 mm粒径的无棱石子做保护层,俗称绿豆砂。对于上人屋面,为了保证防水层不致被破坏和屋面的正常使用,可在防水层上面浇筑30~40 mm厚细石混凝土做保护层,每隔2 m左右设分仓缝,以防温差造成保护层损坏。

2. 细部构造

1)泛水构造

泛水是指屋面与突出屋面的垂直部位相交处(如女儿墙、山墙、烟囱、变形缝、楼梯间、检修孔和立管等处)的防水处理,如图6-9所示。泛水的构造要点及做法如下:

(1)将屋面的卷材继续铺至垂直墙面上,形成卷材泛水,泛水高度不小于250 mm。

(2)屋面与立墙相交处应用1:2.5或1:3水泥砂浆做成弧形($R=50\sim100$ mm)或不小于135°的钝角,使卷材可以实铺,防止断裂。

(3)做好泛水上口的卷材收头固定,防止卷材在垂直墙面上向下滑动。一般做法是:在垂直墙中设置通长凹槽,将卷材收头压入凹槽,用防水压条钉住后再用防水密封材料嵌填封严,最后抹水泥砂浆保护,同时凹槽上部的墙也做防水处理。

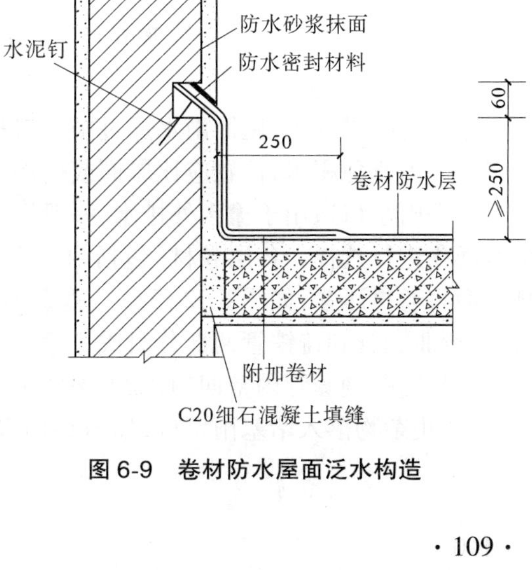

图6-9 卷材防水屋面泛水构造

2)檐口构造

檐口是柔性防水屋面需要重点处理的部位，由于缺乏遮挡物，该处的卷材防水层容易被风吹起，发生开裂和起翘而导致渗水。

自由落水檐口构造如图 6-10 所示，有组织排水檐口构造如图 6-11 所示。在檐口部位注意需要加毡以提高卷材防水能力。

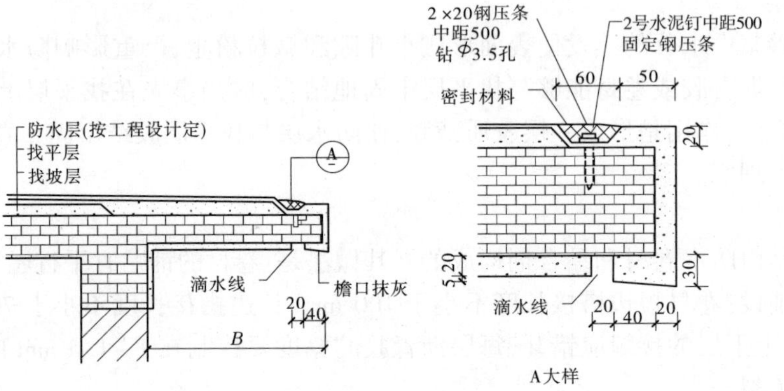

图 6-10　自由落水檐口构造

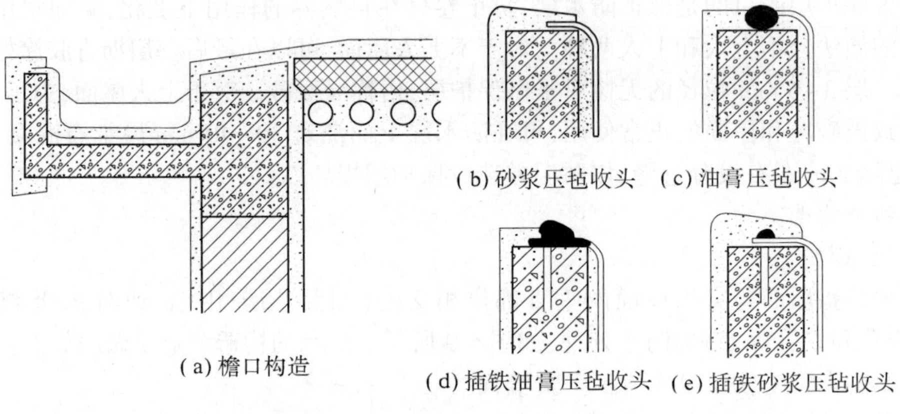

图 6-11　有组织排水檐口构造

3)雨水口构造

在有组织排水中，屋面雨水通过雨水口排至雨水管，要求雨水口排水顺畅，不易堵塞和渗漏。为避免积水，位置应比屋面或檐沟低。雨水口分为水平雨水口和垂直雨水口两类。水平雨水口适用于檐沟外排水，一般用铸铁或钢板制造，型号可以根据降水量和屋顶汇水面积进行选择。各层卷材(包括附加卷材)粘贴在套管内壁上，表面涂防水油膏，用环形筒将卷材压紧，如图 6-12 所示。垂直雨水口适用于女儿墙外排水，雨水口呈 90°弯曲状，由弯曲套管和铸铁管两部分组成。弯管置于女儿墙的预留孔洞中，将屋面防水层及泛水的卷材铺贴到套管内壁四周，铺入深度至少为 100 mm，套管口用定型铸铁罩或钢丝球盖住，防止杂物落入堵塞雨水口，如图 6-13 所示。

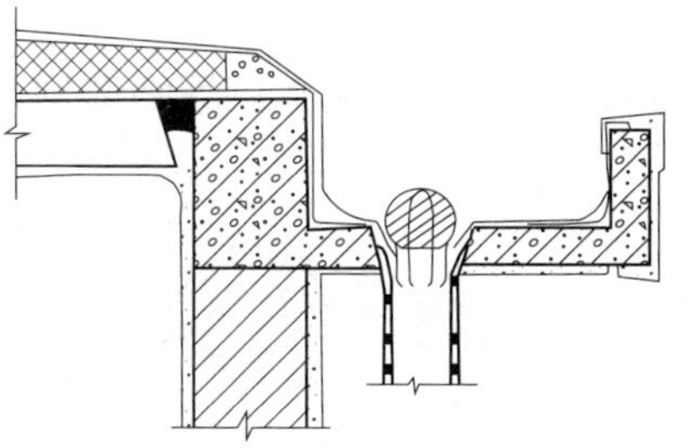

图 6-12　水平雨水口构造

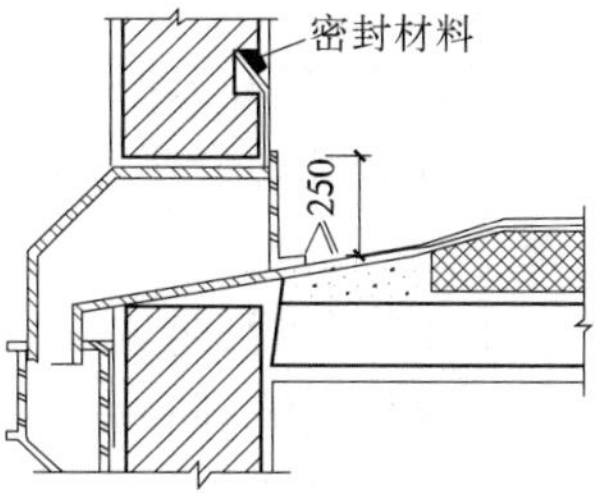

图 6-13　垂直雨水口构造

(二)刚性防水屋面

刚性防水屋面是指以防水砂浆或细石混凝土等刚性防水材料作为防水层的屋面。其优点是施工简单、节约材料、造价经济而且维修方便;缺点是对温度变化和结构变形较为敏感,施工技术要求较高,较易产生裂缝发生渗漏。刚性防水屋面多用于我国南方地区日温差较小且防水等级为Ⅲ级的屋面防水,也可用做防水等级为Ⅰ、Ⅱ级的屋面多道设防中的一道。

1. 刚性防水屋面的构造层次

如图 6-14 所示,刚性防水屋面的构造层次有结构层、找平层、隔离层和防水层等,刚性防水屋面应尽量采用结构找坡。

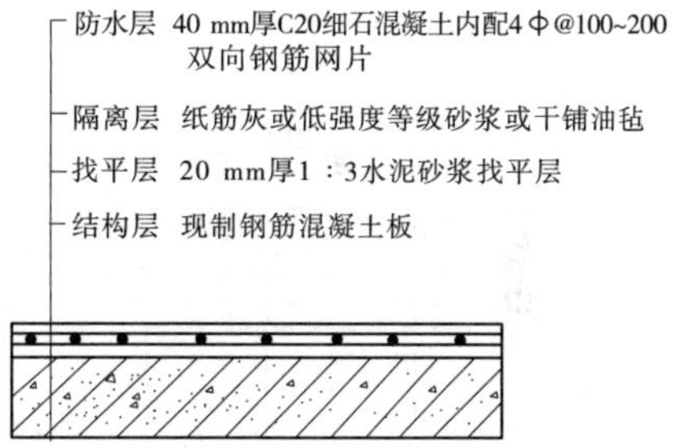

图 6-14　刚性防水屋面的构造层次

1)结构层

结构层应有足够的刚度,以免结构变形过大而引起防水层开裂。一般采用现浇或预制装配的钢筋混凝土屋面板。

2)找平层

当结构层为预制钢筋混凝土屋面板时,为保证防水层厚薄均匀,其上应用 20 mm 厚 1∶3水泥砂浆找平。若屋面板为整体现浇混凝土结构或设有纸筋灰等材料,则可不设找平层。

3)隔离层

隔离层位于防水层与结构层之间,其作用是减少结构变形及温度变化对防水层的不利影响。在荷载作用下结构层产生挠曲变形,在温度变化作用下产生伸缩变形,容易将防水层拉裂。因此,在结构层与防水层间设置一道隔离层使两者脱离。隔离层可采用铺纸筋灰、低强度等级砂浆,或在薄砂层上干铺一层油毡等做法。

4)防水层

防水层采用不低于 C20 的细石混凝土整体现浇而成,其厚度不小于 40 mm。为防止混凝土开裂,可在防水层中配置直径为 4~6 mm、间距为 100~200 mm 的双向钢筋网片,钢筋的保护层厚度大于 10 mm。为提高其抗裂和抗渗性能也可在细石混凝土中掺入适量的外加剂,如膨胀剂、减水剂、防水剂等。

2. 细部构造

与卷材防水屋面相同，刚性防水屋面也须做好泛水、檐口和雨水口等细部构造处理，另外还应做好防水层的分格缝处理。

1) 屋面分格缝构造

分格缝亦称分仓缝，是为防止温度变化、结构变形引起屋面不规则裂缝，防水层被拉裂、拉坏而设置的人工变形缝。分格缝间距应控制在屋面因温度变化产生变形的许可范围内，其划分的面积一般为 15~25 m^2，间距控制在 3~5 m，不宜大于 6 m。分格缝常设置在结构变形敏感的部位，如预制装配式屋面板的支承端、屋面转折处、刚性防水层与立墙交接处。屋面分格缝的位置如图 6-15 所示。

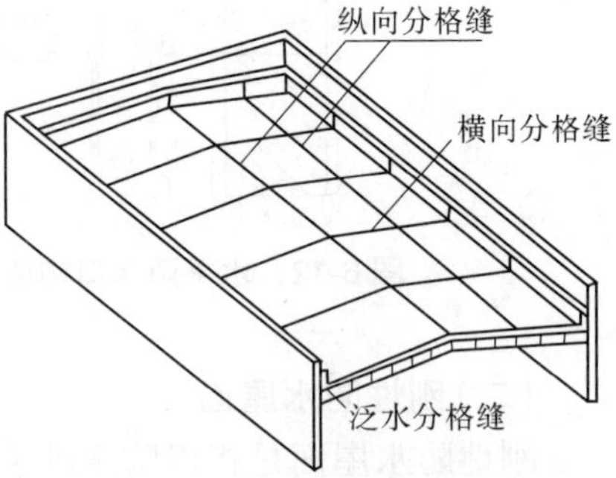

图 6-15　屋面分格缝的布置

屋面分格缝可分为平缝和凸缝，设计时应注意：①防水层内钢筋网片在分格缝处应断开；②屋面板缝用浸过沥青的麻丝等密封材料嵌填，缝口用油膏嵌填；③缝口表面用防水卷材铺贴盖缝，卷材宽度为 200~300 mm，如图 6-16 所示。

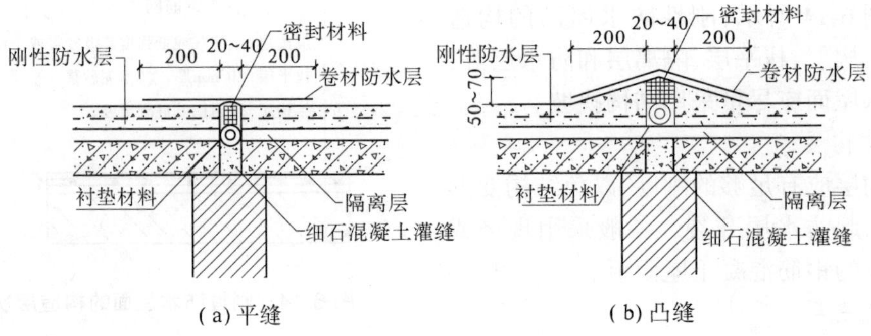

图 6-16　屋面分格缝构造

2) 泛水构造

与柔性防水屋面一样，凡屋面防水层与垂直墙面的交接处都须做泛水处理，高度一般不小于 250 mm。泛水应嵌入立墙上的凹槽内并用压条及水泥钉固定。与柔性防水屋面不同，刚性防水层与屋面突出物（女儿墙、烟囱等）间必须留分格缝，缝内用油膏嵌缝，缝外用附加卷材铺贴至泛水所需高度并做好压缝收头处理。刚性防水屋面泛水构造如图 6-17 所示。

3) 檐口构造

刚性防水屋面常用的檐口形式有自由落水檐口、挑檐沟外排水檐口、女儿墙外排水檐口等。

(1) 自由落水檐口。当挑檐较短时，可将混凝土防水层由圈梁带挑檐板直接悬挑出去形成挑檐口，如图 6-18(a) 所示。当挑檐长度较长时，为了保证悬挑结构的强度，应采用与屋顶圈梁连为一体的悬臂板形成挑檐，如图 6-18(b) 所示。在挑檐板与屋面板上做找平层和隔离层后浇筑混凝土防水层，檐口处注意做好滴水。

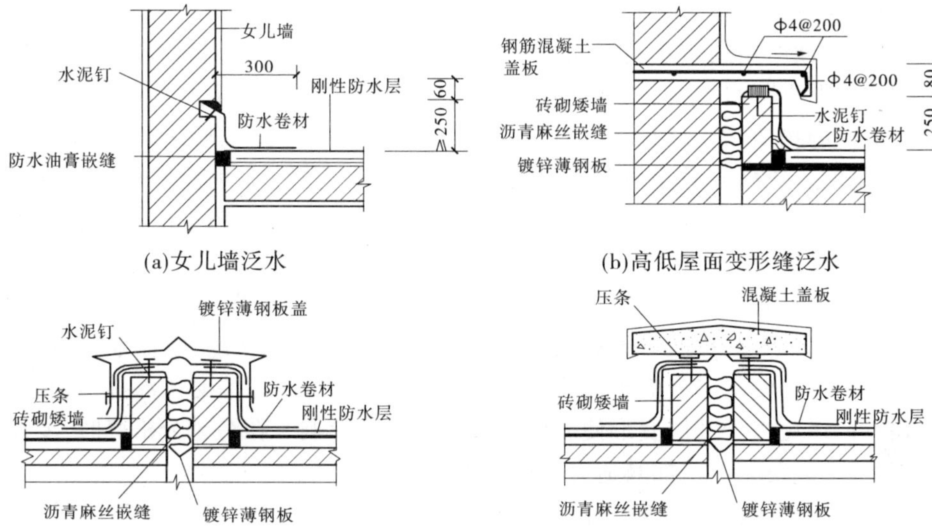

(a)女儿墙泛水　(b)高低屋面变形缝泛水

(c)横向变形缝泛水(一)　(d)横向变形缝泛水(二)

图 6-17　刚性防水屋面泛水构造

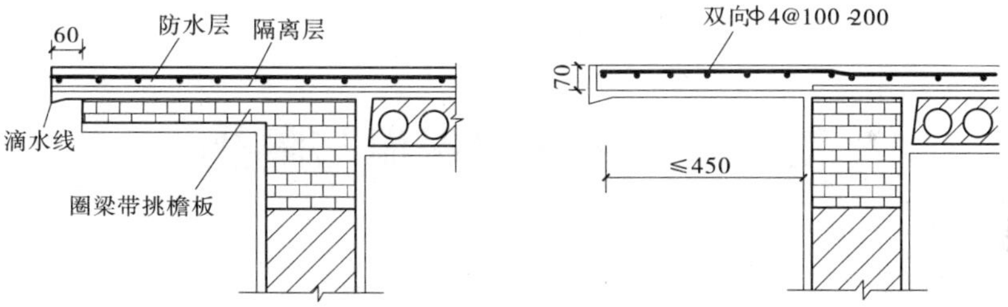

(a)圈梁带挑檐板　(b)挑檐板与屋顶圈梁连为一体

图 6-18　刚性防水屋面檐口构造

(2)挑檐沟外排水檐口。如图 6-19 所示,一般采用现浇钢筋混凝土檐沟板的形式,檐沟板的断面为槽形并与屋面圈梁连成整体,在沟底用低强度等级的混凝土或水泥炉渣等材料设纵向排水坡,铺好隔离层后再浇筑防水层,防水层挑入沟内并做滴水。

(3)女儿墙外排水檐口。如图 6-20 所示,常利用倾斜的屋面板与女儿墙间的夹角做成三角形断面天沟,其构造处理基本与前述做法相同,天沟内也需设纵向排水坡。

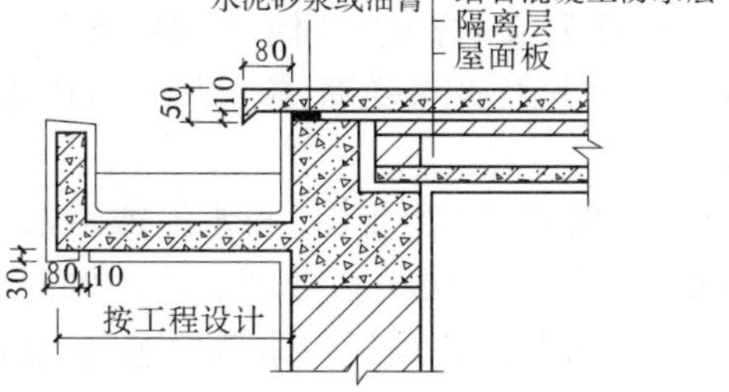

图 6-19　挑檐沟外排水檐口

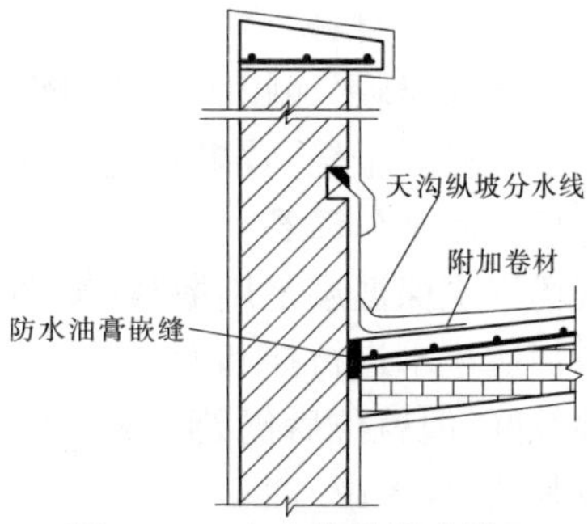

图 6-20　女儿墙外排水檐口

(三)涂膜防水屋面

涂膜防水屋面所用的防水材料可塑性和黏结力较强,分水泥基涂料、合成高分子涂料、高聚物改性沥青防水涂料、沥青基防水涂料等。其工作机制是直接涂刷在屋面的基层上,生成不溶性的物质堵塞混凝土表面的微孔,或者生成不透水的薄膜覆盖在基层的表面来防水。常用的合成高分子涂料有硅橡胶、聚硫橡胶、聚氨酯(非焦油型)和丙烯酸酯类、聚合物水泥等防水涂料,高聚物改性沥青防水涂料有氯丁橡胶沥青防水涂料、再生橡胶沥青防水涂料、SBS 改性沥青防水涂料等。

涂膜防水层应当涂刷在平整的基层上,应先用聚合物砂浆修补空鼓、缺陷和表面裂缝,在转角、雨水口四周、贯通管道和接缝等易产生裂缝处,修整后需用纤维材料加固,同时还应该保持干燥,使基层表面干燥程度与涂料特征相适应。涂膜必须涂抹多遍,达到规定的厚度方可,以免由于基层变形使表层防水材料受到影响。在跨越分格缝时,要在下面加铺一层聚酯的无纺布以增加其适应变形的能力。

在防水等级较高的Ⅰ、Ⅱ级工程中,规范规定多道防水层里只能有一道。目前,随着材料改进和施工工艺的不断发展,现在的涂膜防水屋面具有防水、抗渗、黏结力强、耐腐蚀、耐老化、延伸率大、弹性好、不易燃、无毒、冷作业、施工方便等诸多优点,广泛应用于建筑各部位的防水工程中,其缺点是价格较贵。

任务三　平屋顶保温与隔热

一、屋顶的保温

在寒冷地区为减少室内的热量损失、降低能源消耗,屋顶应采取保温措施。做法通常是在屋顶中增设保温层,保温层的材料和构造做法要根据使用要求、气候条件、屋顶结构形式等因素综合考虑确定。

(一)保温材料

屋面保温材料应选用轻质、多孔、导热系数小的材料,目前常用的有三类:散状保温材料、现场浇筑保温层、板块状保温材料。散状保温材料和现场浇筑保温层具有良好的可塑性,可以用来替代找坡层。

1. 散状保温材料

散状保温材料,如膨胀矿渣、膨胀蛭石、膨胀珍珠岩、粉煤灰、矿棉、岩棉、玻璃棉等。这类保温材料质量轻、效果好,但在施工时容易被风刮起及吸水受潮,施工操作较困难。

2. 现场浇筑保温层

现场浇筑保温层是用散料(矿渣、陶粒、蛭石、珍珠岩等)为骨料,与水泥或石灰等胶结材料加适量水进行拌和而成的,可浇筑成不同厚度与找坡层结合处理。这种保温层的加工性较好,但就位后仍处于潮湿状态,不利于保温,需要设置通风口来散发潮气,在构造上比较复杂。

3. 板块状保温材料

板块状保温材料主要有聚苯板、泡沫塑料板、膨胀蛭石板、加气混凝土块、膨胀珍珠岩块等。其具有保温效果好、施工速度快、避免湿作业的优点，使用比较广泛。在工程应用中最好使用两层以上的板块交错叠合组成保温层，并处理好板块之间的接缝。

(二)保温构造

保温层按照在屋顶中所处位置不同可分为正铺保温层、倒铺保温层和保温层与结构层结合三种。

1. 正铺保温层

正铺保温层即保温层位于结构层之上，防水层之下，这是目前最常用的一种做法。保温层设在屋顶低温一侧，保温效果好并且符合热工原理；同时保温层摊铺在结构层之上，符合受力要求，构造简单，施工方便，应用较广，如图 6-21 所示。

2. 倒铺保温层

倒铺保温层是将保温层设置于防水层之上，可以有效地保护防水层，使其更具耐久性。这种做法的保温材料应具有吸湿性低、耐候性强的特点，如聚苯乙烯泡沫塑料板、膨胀沥青珍珠岩等，一般建筑工程不宜采用，如图 6-22 所示。

3. 保温层与结构层结合

保温层与结构层结合的做法比较少见，常用的做法有两种：一种是在钢筋混凝土槽形板内设置保温层，如图 6-23(a)、(b)所示；另一种是将保温层和结构层融为一体，如配筋加气混凝土板，既能承重又能保温，施工简单，成本低，但板的承载力和耐久性差，如图 6-23(c)所示。

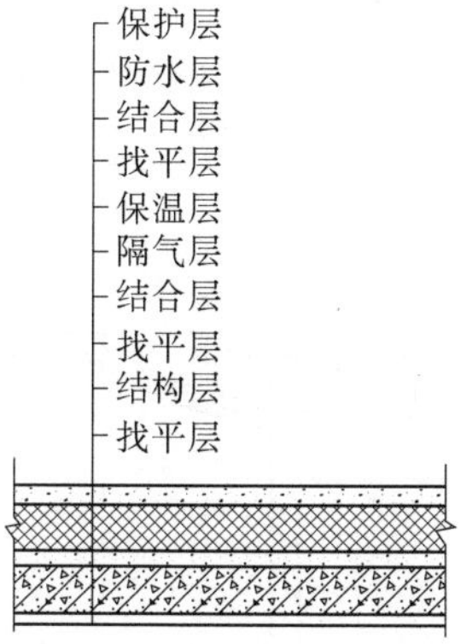

图 6-21　正铺保温层屋面

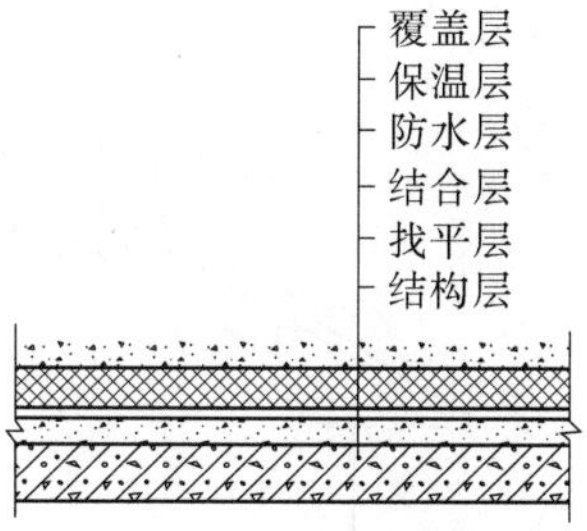

图 6-22　倒铺保温层屋面

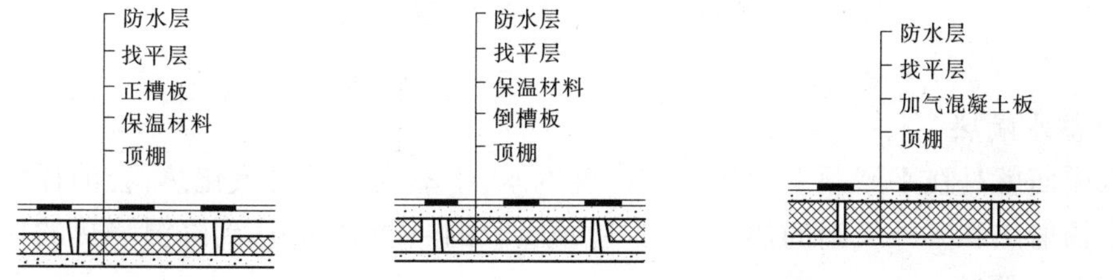

(a)保温层在槽形板下　(b)保温层在槽形板上　(c)保温层和结构层合为一体

图 6-23　保温层与结构层结合的屋面

二、屋顶的隔热

(一)通风隔热

通风隔热是在屋顶设置架空通风间层,其上表面可以遮挡阳光,同时利用风压和热压使间层中的热空气被不断带走,减少传到室内的热量,从而达到隔热降温的目的。通风隔热通常有以下两种方式。

1. 架空通风隔热

架空通风隔热层设于屋面防水层上,通常用砖、瓦、混凝土等材料制作,不仅能达到通风降温、隔热防晒的目的,还可以保护屋面防水层,其构造如图 6-24 所示。

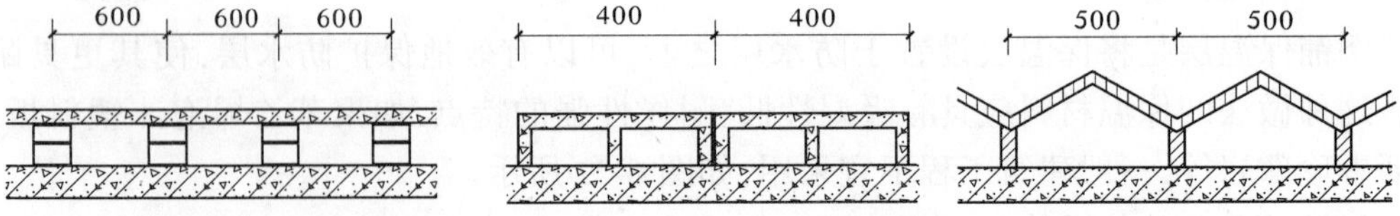

(a)架空预制板(或大阶砖)　(b)架空混凝土山形板　(c)架空钢丝网水泥折板

图 6-24　架空通风隔热屋面

2. 顶棚通风隔热

利用顶棚与屋顶之间的空间做通风隔热层,一般在屋面板下吊顶,檐墙上开设一定数量的通风孔,使顶棚内的空气能迅速对流,热量被不断带走,降低室内温度。顶棚通风隔热层的净高一般不小于 500 mm,多雨地区须考虑防止雨水飘进通风孔,其构造如图 6-25 所示。

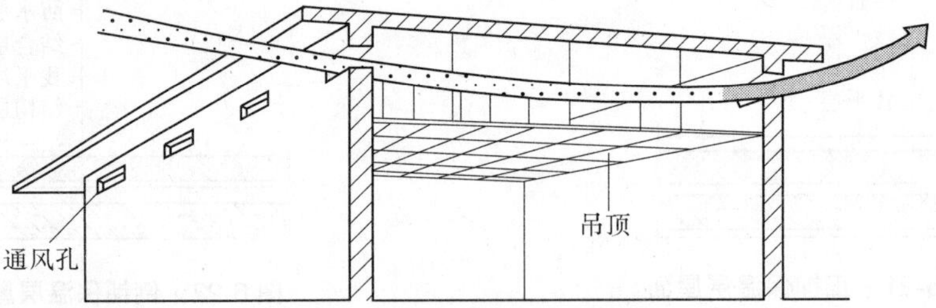

图 6-25　顶棚通风隔热屋面

(二)蓄水隔热

蓄水屋面就是在平屋顶上蓄积一定深度的水,水蒸发时需要汽化热,会消耗掉屋面大量的太阳辐射热和室外气温的热量,减少屋顶吸收的热能,从而达到降温隔热的目的。

(三)种植隔热

一般种植隔热屋面是在平屋顶屋面防水层上直接铺填种植介质、栽培植物;植物的蒸腾、光合作用能吸收大量太阳辐射热,植物的叶子能够遮挡阳光,轻质种植土也可以隔热,从而达到降温隔热的目的。种植隔热屋面构造与刚性防水屋面构造基本相同,不同的是需增设挡墙和种植介质。

(四)蓄水种植隔热

将种植屋面与蓄水屋面结合起来就形成了蓄水种植隔热屋面。

(五)反射降温

屋面受到太阳辐射后,一部分辐射热被屋面吸收,另一部分被反射,反射与吸收热量之比称为屋面材料的反射率。反射率取决于屋面表面材料的颜色和粗糙程度,色浅而光滑的表面比色深而粗糙的表面具有更大的反射率。

反射屋面就是利用上述原理,对屋面面层进行浅色处理,减少太阳辐射的加热作用,达到降温的目的。通常采用浅色的砾石、混凝土铺面,或在屋面上涂刷白色涂料。对隔热要求较高的屋顶,可铺设铝箔,利用二次反射作用,隔热效果将会进一步提高。

任务四 坡屋顶的构造

坡屋顶是我国传统建筑典型的屋顶形式,在现代建筑中也得到广泛应用。坡屋顶具有屋面坡度大、排水速度快、造型丰富多彩、防水便利的特点,通常由屋面层、承重结构层两部分组成,还可根据需要增设保温层、隔热层及顶棚等。坡屋顶构造的授课视频见码 6-2。

码 6-2

一、坡屋顶的承重结构

坡屋顶的承重结构主要有山墙承重、屋架承重等方案。

(一)山墙承重

当横墙间距较小时,可将墙顶部做成坡形,直接搁置檩条,檩条上设椽子后再铺屋面,也可在山墙上直接搁置挂瓦板、预制板等承受屋顶重量,称为山墙承重,如图 6-26 所示。其结构简单、施工方便,适用于宿舍、住宅等小空间建筑物。

(二)屋架承重

屋架承重是将屋架搁置在承重墙(柱)上,再在屋架上放置檩条承受屋面荷载的屋顶结构形式,如图 6-27 所示。根据跨度的不同,屋架的形式有三角形、梯形、矩形、多边形等多种。屋架有木屋架、钢屋架、钢筋混凝土屋架等形式,如图 6-28 所示。其适用于有较大空间的建筑物。

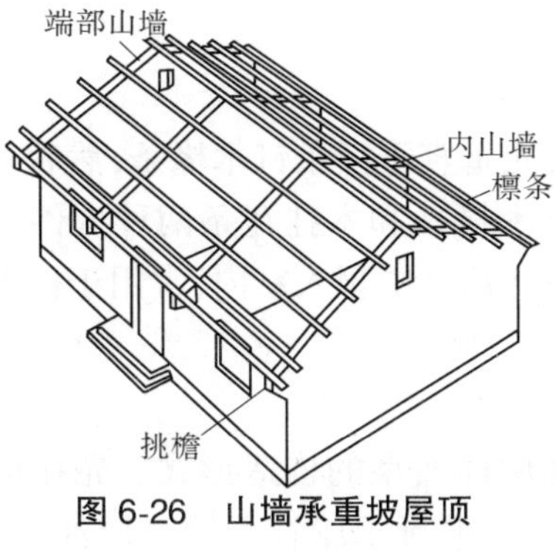

图 6-26 山墙承重坡屋顶

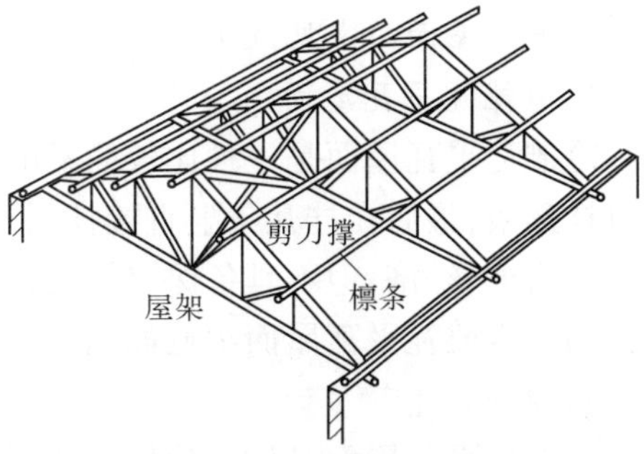

图 6-27 屋架承重坡屋顶

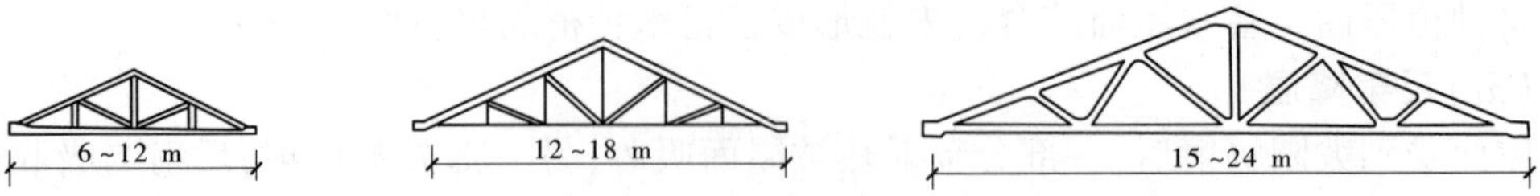

(a)木屋架　　(b)钢屋架　　(c)钢筋混凝土屋架

图 6-28　屋架形式

二、坡屋顶屋面构造

坡屋顶常用瓦作为防水材料，如平瓦屋面、小青瓦屋面等；另外还有压型钢板屋面以及构件自防水屋面。在有檩体系中，瓦通常铺设在由檩条、屋面板、挂瓦条等组成的基层上；无檩体系的基层则由各类钢筋混凝土板组成。

(一)平瓦屋面

平瓦有黏土瓦和水泥瓦两种，传统的黏土瓦用黏土烧制而成，又称机制平瓦，瓦长 400 mm、宽 230 mm。瓦的四边有榫和沟槽，如图 6-29 所示。铺瓦时顺着瓦的四周利用榫、槽相互搭扣密合，避免雨水从搭接处渗入，屋脊部位用脊瓦铺盖。为防止下滑，瓦背面设有挂钩，可以挂在挂瓦条上。平瓦屋面的坡度不宜小于 1:2(约 26°)，多雨地区还应酌情加大。

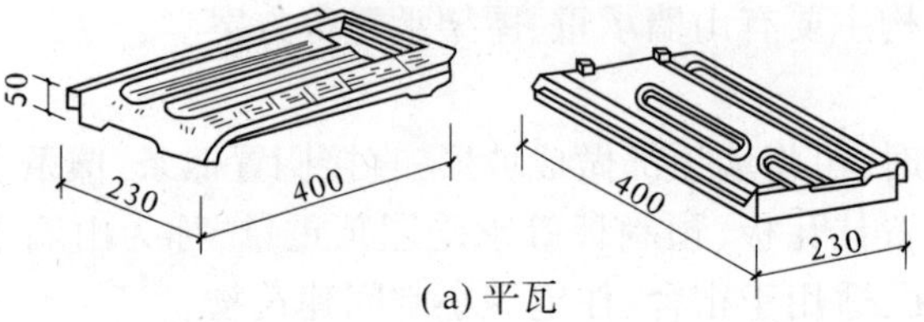

(a)平瓦

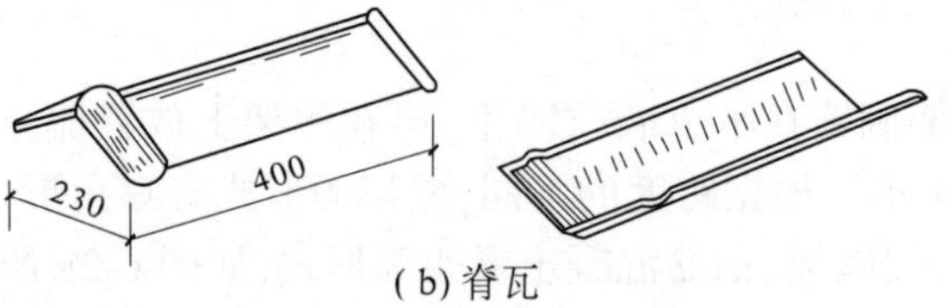

(b)脊瓦

图 6-29　机制平瓦

1. 平瓦屋面的常见做法

1)冷摊瓦平瓦屋面

冷摊瓦平瓦屋面是一种比较简易的铺设方法，先垂直于檩条钉木椽条，然后垂直于椽条钉挂瓦条，最后在挂瓦条上直接挂瓦。基层只有木椽条和木挂瓦条两种构件。这种屋面构造简单、经济，但不具备保温能力，而且雨雪易从瓦缝中飘入室内，常用于标准不高的建筑物。冷摊瓦平瓦屋面示意如图 6-30 所示。

2)屋面板平瓦屋面

屋面板平瓦屋面又称木望板平瓦屋面，是平瓦屋面典型的构造形式。先在檩条上铺钉 15～20 mm 厚平口毛木板(望板)，然后在木望板上平行于屋脊干铺一层油毡，再在垂直于檐口方向用木板条(压毡条或顺水条)钉牢,再在顺水条上钉挂瓦条,最后挂瓦。木望板平瓦屋面示意如图6-31所示。

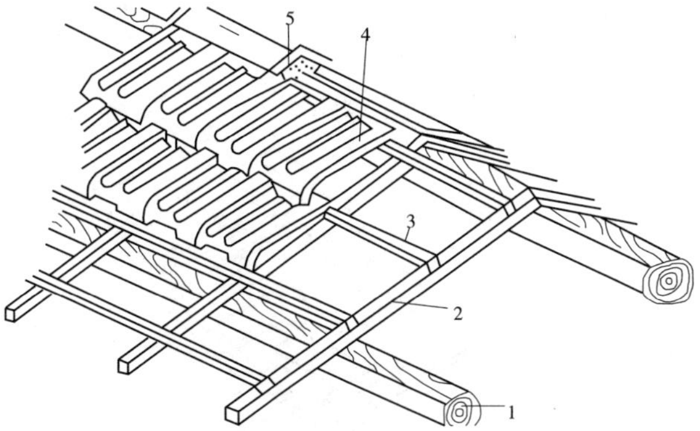

1—檩条;2—椽条;3—挂瓦条;4—平瓦;5—脊瓦

图6-30　冷摊瓦平瓦屋面示意

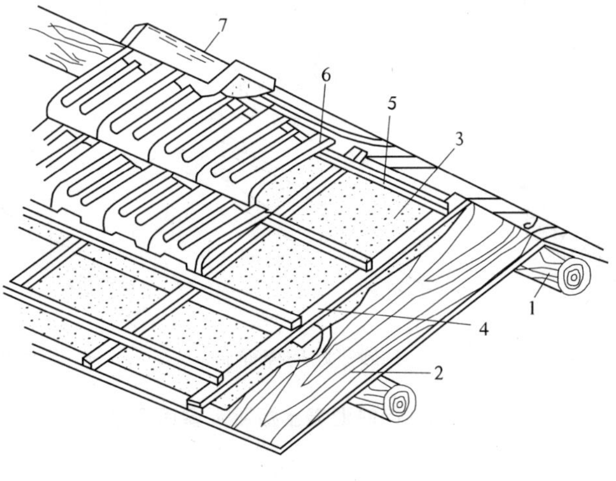

1—檩条;2—木望板;3—油毡;4—顺水条;5—挂瓦条;6—平瓦;7—脊瓦

图6-31　木望板平瓦屋面示意

3)钢筋混凝土挂瓦板平瓦屋面

挂瓦板为预制钢筋混凝土构件,兼有檩条、望板的作用。将断面形状呈倒T形或F形的挂瓦板固定在横墙或屋架上,然后在板肋上直接挂瓦。钢筋混凝土挂瓦板平瓦屋面示意如图6-32所示。

4)钢筋混凝土板平瓦屋面

将预制钢筋混凝土空心板或现浇平板作为瓦屋面的基层,在其上挂瓦。挂瓦有两种方式:一是在挂瓦条上挂瓦,二是在屋面板上直接浇筑防水水泥砂浆并贴陶瓷面砖或平瓦。钢筋混凝土板平瓦屋面示意如图6-33所示。

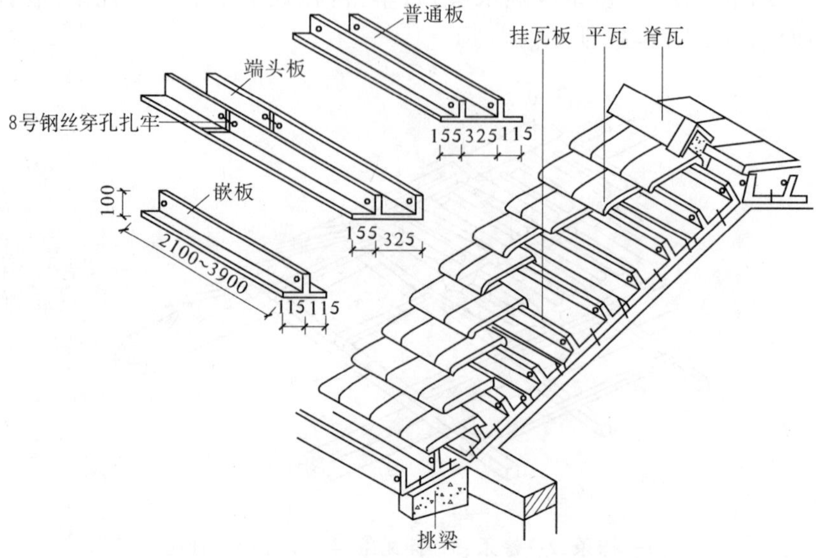

图 6-32　钢筋混凝土挂瓦板平瓦屋面示意

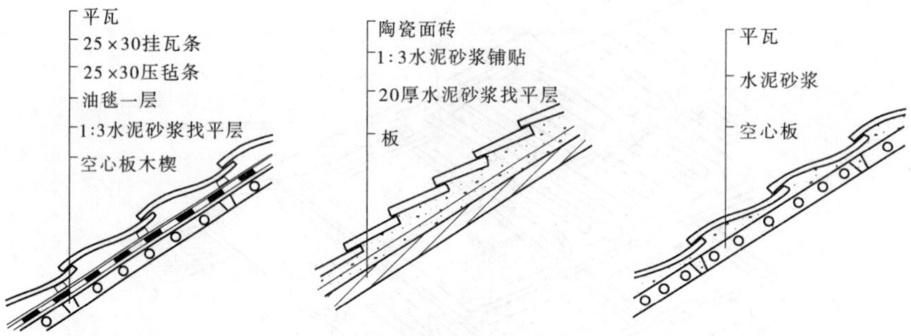

(a)木条挂瓦　(b)砂浆贴陶瓷面砖　(c)砂浆贴平瓦

图 6-33　钢筋混凝土板平瓦屋面示意

2. 平瓦屋面的细部构造

1) 纵墙檐口

根据屋面排水的组织形式和檐口的外观，主要有挑檐和封檐两种做法。挑檐通常用于自由排水和低层建筑的有组织排水，是将檐口挑出墙外，做成露檐头或封檐头形式，可以保护外墙不受雨水淋湿，如图 6-34 所示。封檐是将檐口与檐墙齐平或用女儿墙将檐口封住，如图 6-35 所示。

2) 山墙檐口

根据屋面与山墙的位置关系，山墙檐口有硬山和悬山两种做法。硬山是将山墙向上砌出 500 mm 以上的女儿墙，在女儿墙与屋面的交接处做泛水处理，常见的有砂浆抹灰泛水、小青瓦坐浆泛水和镀锌铁皮泛水等，如图 6-36 所示。悬山是将檩条和屋面板伸出山墙檩条端部用木封檐板(博风板)封住，下部做顶棚进行处理，如图 6-37 所示。

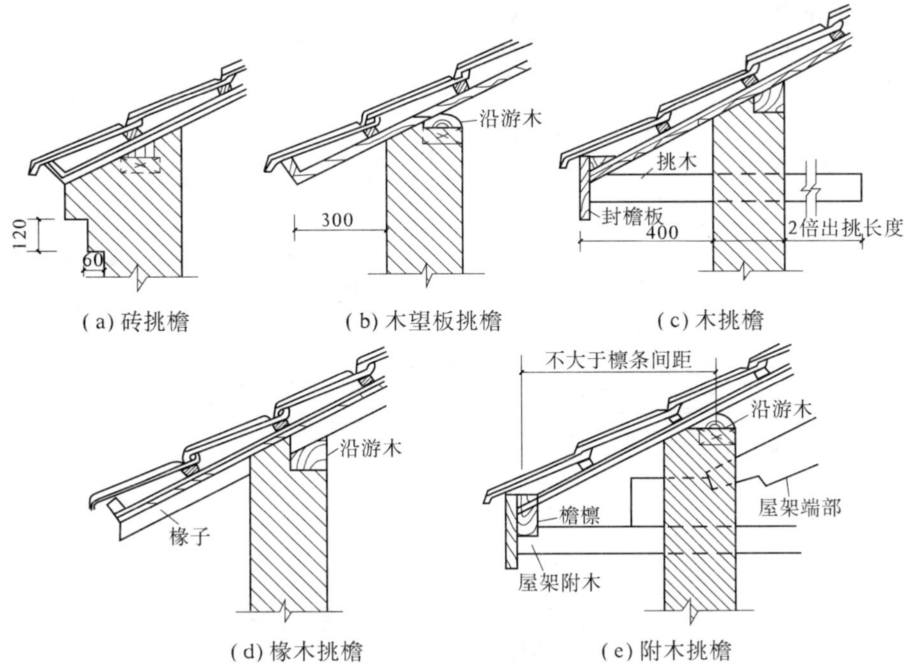

(a) 砖挑檐 (b) 木望板挑檐 (c) 木挑檐

(d) 椽木挑檐 (e) 附木挑檐

图 6-34 平瓦屋面纵墙挑檐

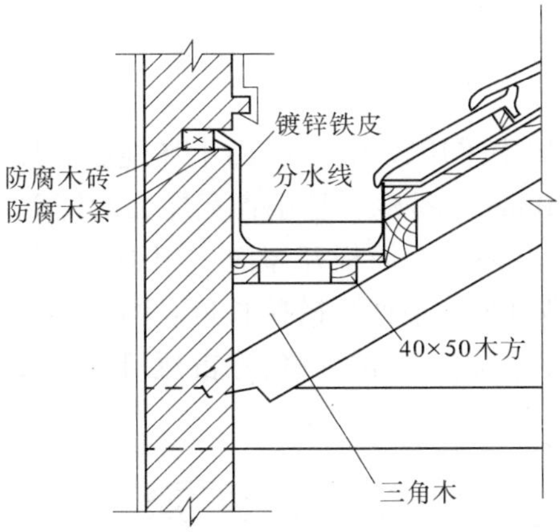

图 6-35 平瓦屋面纵墙封檐

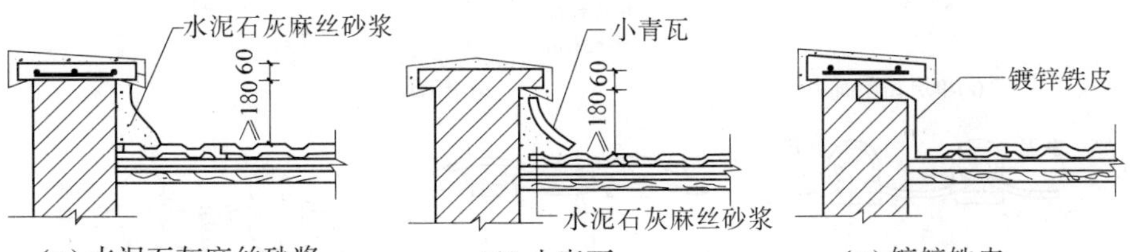

(a) 水泥石灰麻丝砂浆 (b) 小青瓦 (c) 镀锌铁皮

图 6-36 硬山檐口

3) 天沟和斜天沟

坡屋顶中两个斜面相交的阴角处以及包檐口处都需要设置天沟或斜天沟,以便将坡屋顶上的雨水排出，斜天沟一般用镀锌薄钢板或彩色钢板制作，两边各伸入瓦底 100 mm，并卷起包住瓦下的木条。其上口宽度不宜小于 300 mm，如图 6-38 所示。

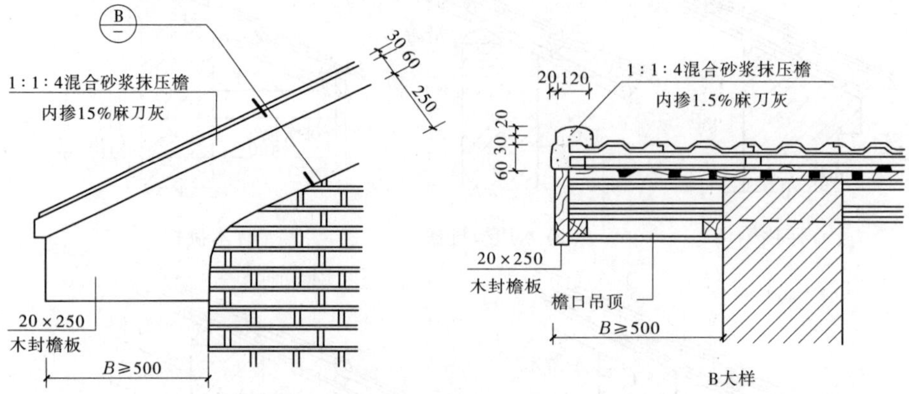

图 6-37　悬山檐口

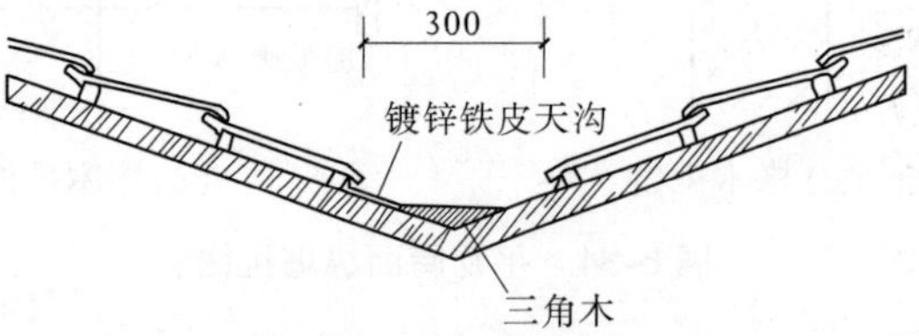

图 6-38　斜天沟

(二)小青瓦屋面

小青瓦在我国传统民居中采用较为广泛，由土坯烧制而成，断面呈弧形，一头较窄，尺寸规格不一，宽度为 165~220 mm。图 6-39 是小青瓦屋面的铺盖方法示意图。其中，单层瓦屋面适用于少雨地区，阴阳瓦屋面和筒板瓦屋面适用于多雨地区，冷摊瓦屋面适用于炎热地区，通风屋面适用于炎热地区。小青瓦搭接长度：少雨地区为搭六露四，多雨地区为搭七露三。小青瓦块小，容易漏雨，须经常维修，除古建筑、旧房维修及少数地区民居外已很少使用。

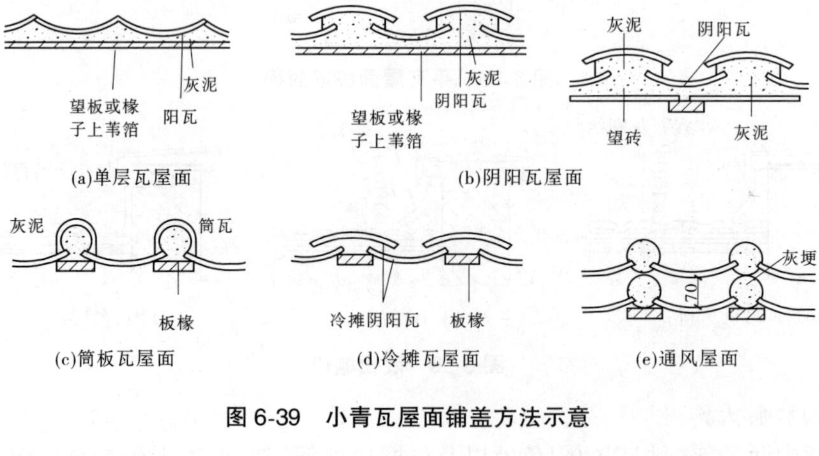

图 6-39　小青瓦屋面铺盖方法示意

(三)金属压型钢板屋面

金属压型钢板屋面是以镀锌钢板为基料,经轧制成型,并敷以各种防腐涂层和彩色烤漆而成的轻质屋面板。其具有自重轻,强度高,色彩绚丽,施工方便,抗震好,装饰性和耐久性强的特点,近年来在大跨度建筑中被广泛采用。金属压型钢板具有多种规格,根据彩板的功能构造分为单层彩板和保温夹心彩板。保温夹心彩板中间填充了自熄性聚苯乙烯泡沫塑料或硬质聚氨酯泡沫塑料做保温材料,可提高屋顶的保温效果,具有防水、保温和承重三重功效,主要适用于公共建筑、工业厂房的屋面。压型钢板屋面一般与钢屋架配合使用,彩色压型钢板屋面示意如图 6-40 所示。

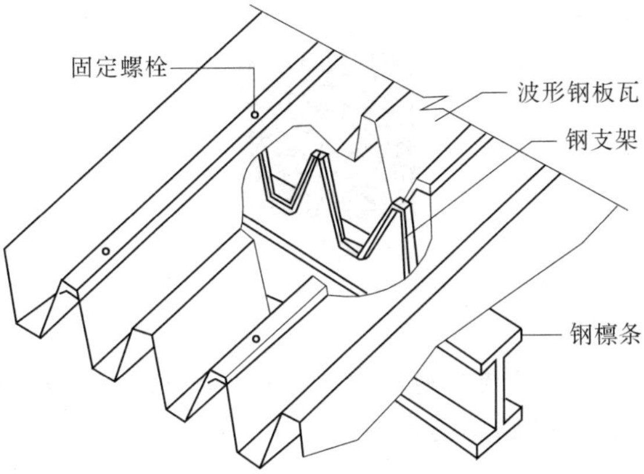

图 6-40 彩色压型钢板屋面示意

小 结

按屋顶的外形分屋顶有平屋顶、坡屋顶和曲面屋顶三种类型。平屋顶是指屋面排水坡度小于 5%的屋顶,常用坡度为 2%~3%;坡屋顶是指屋面排水坡度在 10%以上的屋顶;曲面屋顶指由各种薄壳结构、悬索结构和网架结构等作为屋顶承重结构的屋顶。

平屋顶形成坡度的做法一般有结构找坡和材料找坡两种。

屋顶的排水方案分为有组织排水方案和无组织排水方案。有组织排水方案可分为外排水和内排水两种形式,外排水方式有外檐沟排水、女儿墙外排水、带女儿墙外檐沟排水。

平屋顶的防水做法有柔性防水屋面、刚性防水屋面和涂膜防水屋面等类型。

柔性防水屋面(卷材防水屋面)是将防水卷材用胶结材料相互搭接粘贴在结构层上作为防水层,卷材具有一定的柔韧性,能适应部分屋面变形。卷材防水屋面由结构层、找平层、结合层、防水层和保护层组成。卷材防水屋面在处理好大面积屋面防水的同时,应注意泛水、檐口、雨水口以及变形缝等部位的细部构造处理。

刚性防水屋面是指以防水砂浆或细石混凝土等刚性防水材料作为防水层的屋面。

涂膜防水屋面是用防水涂料直接涂刷在屋面基层上,利用涂料干燥或固化以后的不透水性来达到防水的目的。

在寒冷地区的建筑中,为减少室内热的损失,降低能源消耗,屋顶应做保温处理。保温构造处理的方法通常是在屋顶中增设保温层。保温材料要求密度小、孔隙多、导热系数小。保温层位置主要有两种情况，最常见的是将保温层设在结构层与防水层之间。

我国南方地区夏天太阳辐射强烈，气候炎热，屋顶温度较高，为了改善居住条件，需对屋顶进行隔热处理，以降低屋顶热量对室内的影响。常用的隔热措施有通风隔热、蓄水隔热、种植隔热、蓄水种植隔热和反射降温。

坡屋顶是我国传统的建筑形式，主要由屋面、承重结构等部分组成。

坡屋顶的承重结构主要有山墙承重、屋架承重等方案。

【复习思考题】

扫码 6-3，做项目六的相关复习思考题。

码 6-3

【技能实操】

参观学校附近建筑，观察屋顶类型及细部构造，分析屋顶的承重方案及防水、排水方式，并绘出相应的图样，包括屋顶平面图、泛水、檐口等节点详图。

项目七 门与窗

【学习重点】

◇ 门的构造。

◇ 窗的构造。

◇ 建筑遮阳构造。

【能力培养】

◇ 能够了解门窗的作用、门窗类型、门窗尺度。

◇ 能够掌握平开门窗构造。

◇ 能够掌握铝合金门窗、塑钢门窗构造。

◇ 能够掌握建筑遮阳措施。

【任务提出】

1. 春秋战国——门窗时代的开启

门窗主要以木头、绫、茅草作材质,不多讲究门窗样式。

2. 汉唐时代——门窗的线条设计

汉唐的门,主要是双扇板门或单扇板门(多为平民使用),窗主要是直棂窗,也有横披窗新式类型,网纹、锁纹及球纹等窗棂,这个时期是门窗艺术的发展时期。

3. 宋代——门窗的精致设计开启

《洛阳伽蓝记》的记载,这个时期出现了格子门,门上已开始用门钉铺首和门环。宋代开始重点设计门窗,门窗成为美化建筑的展示主体,追求精致美丽。

4. 明清时期——门窗注重雕工

明清时期的门窗集富贵、儒雅于一身,形成高、大、上的风格,具有丰富的文化内涵,雕工精美,给人极高的视觉享受。

5. 民国时代——门窗材质的变化

1911 年钢门窗开始传入中国,主要来自英国、比利时、日本,1925 年我国开始小批量生产钢门窗,到新中国成立前,也只有 20 多间作坊小厂。

6. 新时代——铝合金门窗成主流

铝合金门窗是在 20 世纪 70 年代传入我国,现已组成较为发达的铝合金门窗产品体系,新时代门窗的设计不但追求质量、材料和设计,还注重环保、隔音等多种性能。

随着现代科学技术的发展,中国门窗产品被赋予“便捷高效、绿色人性”的新理念,逐渐走向智能化发展,并成为未来社会发展的趋势,我国已经成为全世界最大的门窗生产国之一。能够掌握门窗的构造,是一项必要技能。

【课程思政】

党的二十大报告提出,推动制造业高端化、智能化、绿色化发展。门和窗是建筑物围护结构系统重要的组成部分。随着可持续发展理念的普及,门窗行业越来越重视绿色环保和节能。消费者对能源效率高、环保的门窗产品的需求不断增加,推动行业向绿色、环保方向发展。在未来，绿色环保、智能化、个性化和数字化将成为门窗行业的主要发展趋势。消费者对节能环保、智能化功能和个性化设计的需求不断增长，门窗企业需要不断推陈出新，提供符合市场需求的高质量产品和定制化服务。

任务一　门的分类与构造

门与窗的相关视频见码 7-1。

码 7-1

一、门的分类

(一)按开启方式分类

门按其开启方式的不同分类，常见的有以下几种，如图 7-1 所示。

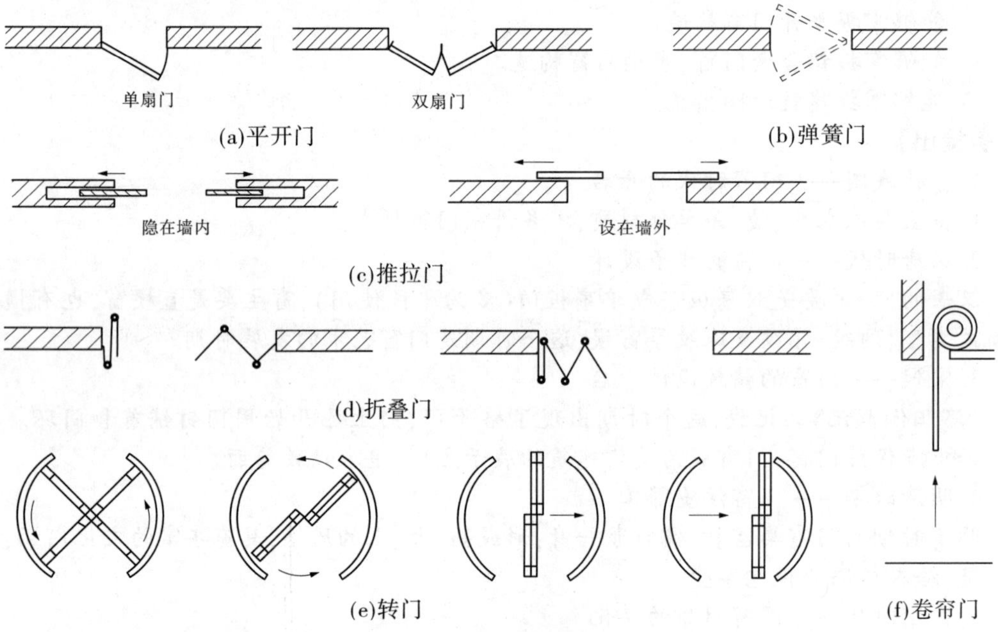

图 7-1　门的开启方式

1. 平开门

平开门是将门扇用铰链固定在门樘侧边，可水平开启的门，有单扇、双扇，外开、内开之分。平开门构造简单，制作、安装和维修均较方便，在一般建筑中使用最为广泛。

2. 弹簧门

弹簧门的形式同平开门，区别在于侧边用弹簧铰链或下边用地弹簧代替普通铰链，开启后能自动关闭。多用于人流出入频繁或有自动关闭要求的公共场所，如公共建筑门厅的门等。

3. 推拉门

门扇沿上下设置的轨道左右滑行，有单扇和双扇两种，推拉门占用面积小，受力合理，不易变形，但构造复杂。

4. 折叠门

折叠门门扇可拼合，折叠推移到洞口的一侧或两侧，少占房间的使用面积。

5. 转门

转门是三扇或四扇用同一竖轴组合成夹角相等、在弧形门套内水平旋转的门,对防止内外空气对流有一定的作用。它可以作为人员进出频繁,且有采暖或空调设备的公共建筑的外门。在转门的两旁还应设平开门或弹簧门,以作为不需要空气调节的季节或大量人流疏散之用。

此外,还有上翻门、升降门、卷帘门等形式,一般适用于门洞口较大、有特殊要求的房间,如车库的门等。

(二)按门所用材料分类

按门所用材料的不同,可分为木门、钢门、铝合金门及玻璃门等。木门制作加工方便,价格低廉,应用广泛,但防火能力较差。钢门强度高,防火性能好,透光率高,在建筑上应用很广,但钢门保温较差,易锈蚀。铝合金门美观,有良好的装饰性和密闭性,但成本高,保温差。全玻璃门主要用于标准较高的公共建筑中的出入口,它具有简洁、美观、视线无阻挡及构造简单等特点。

(三)按门的功能分类

按门功能的不同,可分为普通门、保温门、隔声门、防火门、防盗门以及其他特殊要求的门等。

二、门的一般构造和尺度

(一)门的组成

一般门的构造主要由门框和门扇、五金零件组成。门框由上框、中横框和边框等组成,多扇门还有中竖框;门扇由上冒头、中冒头、下冒头和边梃等组成。为了通风采光,可在门的上部设亮子,有固定、平开及上、中、下悬等形式,其构造同窗扇。门上还有五金零件,常见的有铰链、门锁、插销、拉手、停门器、风钩等。门的组成如图 7-2 所示。

(二)门的尺度

门的尺度须根据交通运输、安全疏散要求和人体尺度进行设计。一般民用建筑门的高度不宜小于 2 100 mm;当门设有亮子时,亮子高度一般为 300~600 mm,门洞高度为门扇高加亮子高,再加门框及门框与墙间的缝隙尺寸,即门洞高度一般为 2 400~3 000 mm。公共建筑大门高度可视需要适当提高。门的宽度:单扇门为 700~1 000 mm,辅助房间(如浴厕、储藏室)的门为 700~800 mm,双扇门为 1 200~1 800 mm;宽度在 2 100 mm 以上时,则多做成三扇、四扇门或双扇带固定扇的门。门的尺度如图 7-3 所示。

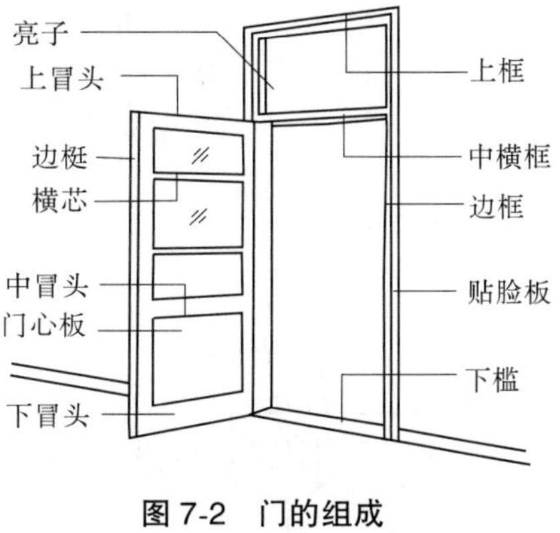

图 7-2 门的组成

三、门的安装

门的安装分为立口和塞口形式,均需要在地面找平层和面层施工前进行,以便门框深入地面 20 mm。目前,立口形式很少使用,塞口形式是在门洞口侧墙上每隔 500 mm 高预埋防腐木砖,用长钉等固定门框,门框外侧与墙面或柱的接触面应做密封处理。门的安装如图 7-4 所示,门框与墙的连接如图 7-5 所示。

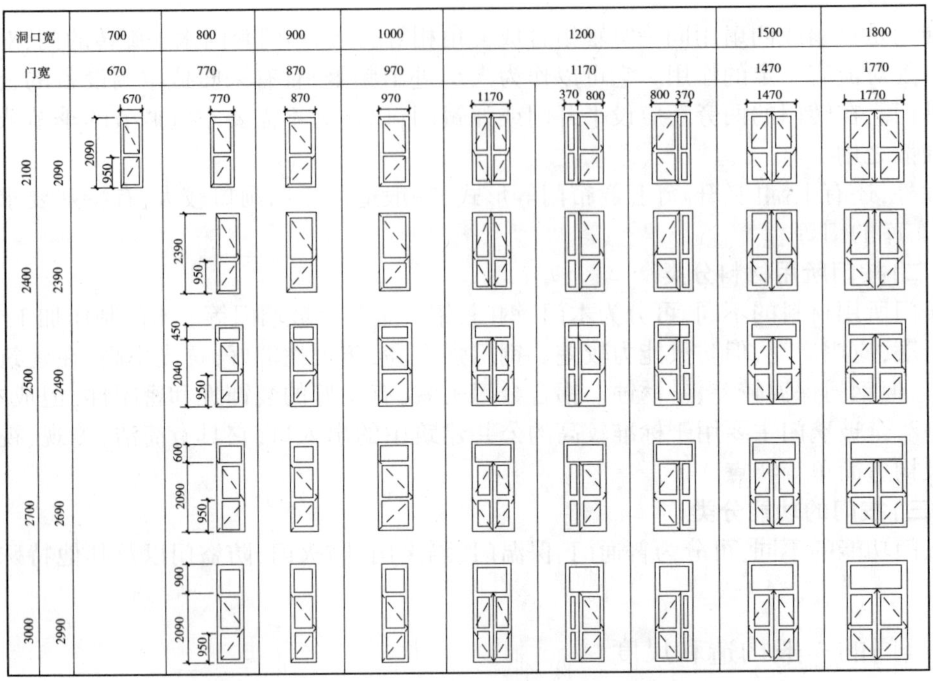

图 7-3　门的尺度

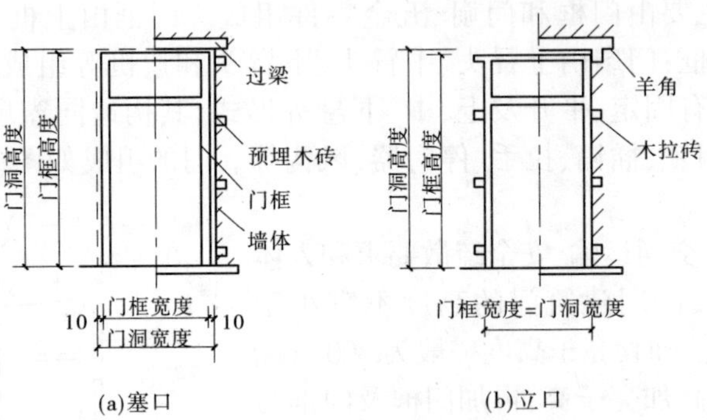

图 7-4　门的安装

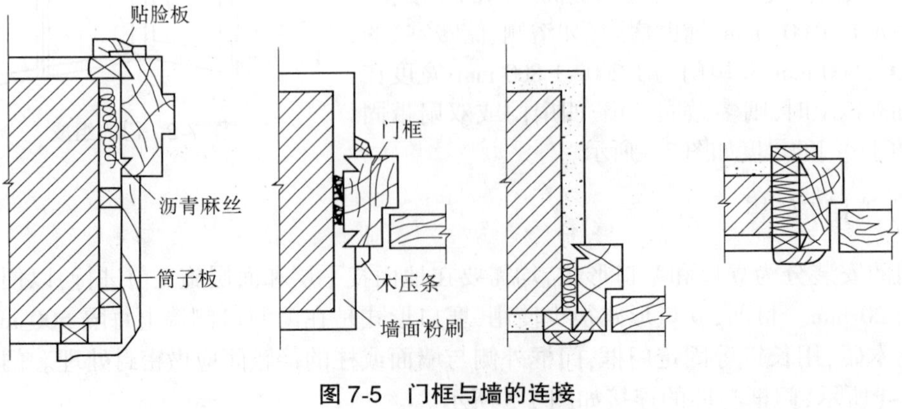

图 7-5　门框与墙的连接

任务二　窗的分类与构造

一、窗的分类

(一)按开启方式分类

依据开启方式的不同,常见的窗如图 7-6 所示。

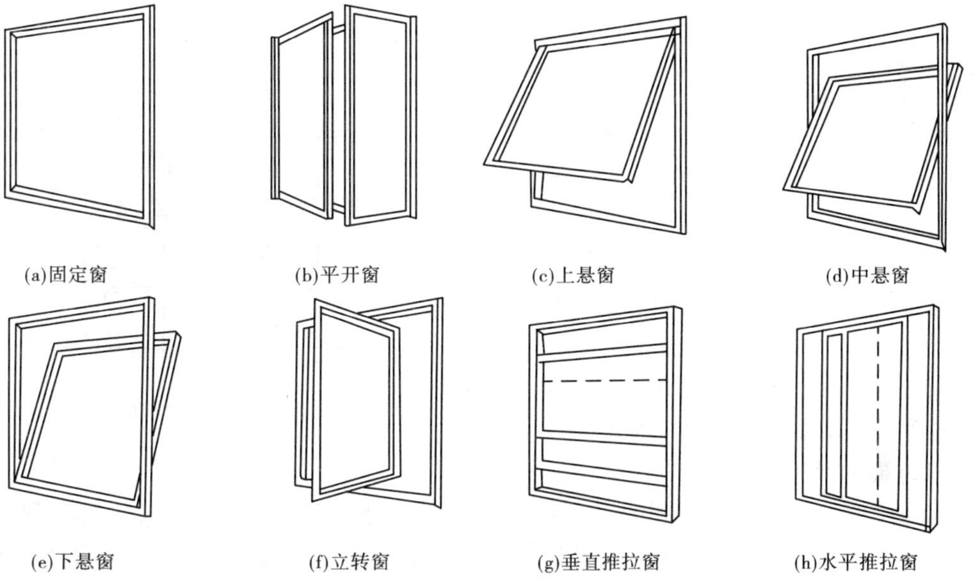

图 7-6　窗的开启方式

1. 固定窗

固定窗为不能开启的窗,仅用于采光,玻璃尺寸可以较大。

2. 平开窗

平开窗是将窗扇用铰链固定在窗樘侧边,可水平开启的窗,有外开、内开之分。平开窗构造简单,制作、安装和维修均较方便,在一般建筑中使用广泛。

3. 悬窗

悬窗按旋转轴的位置不同,分为上悬窗、中悬窗和下悬窗三种。上悬窗铰链安装在窗扇的上边,一般向外开,防雨好,多用作外门和窗上的亮子;下悬窗铰链安在窗扇的下边,一般向内开,通风较好,不防雨,不能用作外窗;中悬窗是在窗扇两边中部装水平转轴,开启时窗扇绕水平轴旋转,开启时窗扇上部向内,下部向外,对挡雨、通风有利,并且开启易于机械化,故常用作大空间建筑的高侧窗。

4. 立转窗

立转窗为窗扇可以沿竖轴转动的窗,竖轴可设在窗扇中心,也可以略偏于窗扇一侧,立转窗的通风效果好。

5. 推拉窗

推拉窗分水平推拉窗和垂直推拉窗两种。水平推拉窗需要在窗扇上下设轨槽，垂直推拉窗要有滑轮及平衡措施。推拉窗开启时不占据室内外空间，窗扇和玻璃的尺寸可以较大，但它不能全部开启，通风效果受到影响。推拉窗对铝合金窗和塑钢窗比较适用。

（二）按窗所用材料分类

依生产窗用的材料不同，常见的窗有木窗、钢窗、铝合金窗及塑钢窗等类型。

（三）按窗的层数分类

窗按层数不同分为单层窗和双层窗。

二、窗的组成和尺度

（一）窗的组成

窗主要由窗框、窗扇和五金零件三部分组成。窗框一般由上框、下框、中横框、中竖框及边框等组成。窗扇由上冒头、中冒头（窗芯）、下冒头及边梃组成。窗扇与窗框用五金零件连接，常用的五金零件有铰链、风钩、插销、拉手及导轨、滑轮等。窗框与墙的连接处，为满足不同的要求，有时加贴脸、窗台板、窗帘盒等。窗的组成如图 7-7 所示。

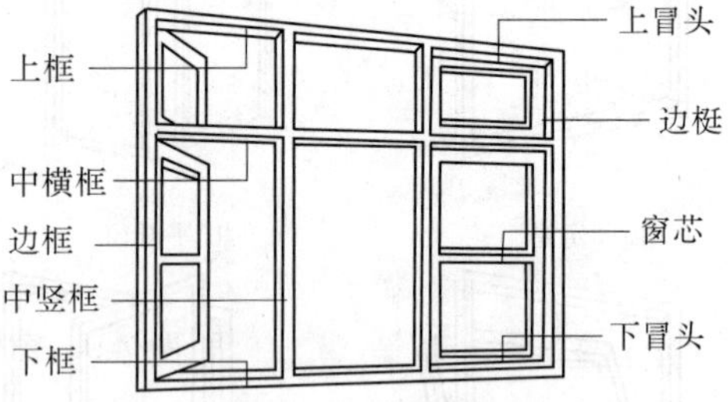

图 7-7　窗的组成

（二）窗的尺寸

窗的尺度主要取决于房间的采光通风、构造做法和建筑造型等要求，并符合现行《建筑模数协调标准》（GB/T 50002—2013）的规定。对一般民用建筑用窗，各地均有通用图，各类窗的高度与宽度尺寸通常采用扩大模数 3M 数列作为洞口的标志尺寸，主要有 600 mm、900 mm、1 200 mm、1 500 mm、1 800 mm、2 100 mm 等尺寸，如图 7-8 所示。

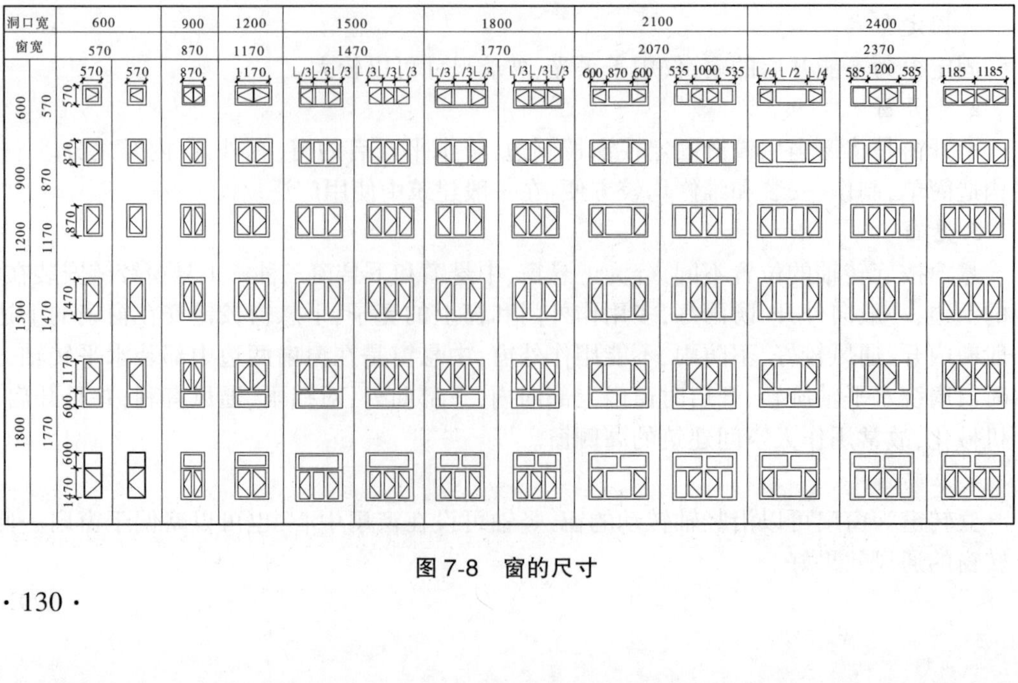

图 7-8　窗的尺寸

三、窗的一般构造

(一)窗框

1. 窗框的断面形状与尺寸

窗框的断面形状与门框类似。窗框的断面尺寸主要按材料的强度和接榫的需要确定,一般多为经验尺寸。窗框的断面形式与尺寸如图 7-9 所示。中横框若加披水,其宽度还需要增加 20 mm 左右。

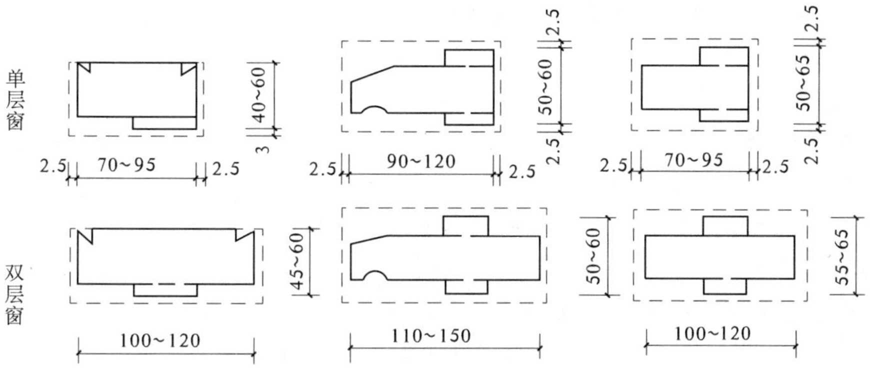

图 7-9　窗框的断面形式与尺寸

2. 窗框的安装

窗框的安装方式分立口和塞口两种施工方法。

立口也称立樘子,施工时先将窗框立好,后砌窗间墙。为加强窗框与墙的联系,在窗框上下档各伸出约半砖长的木段(俗称羊角或走头),同时在边框外侧每 500~700 mm 设一木拉砖(俗称木鞠)或铁脚砌入墙身。立口的优点是框与墙体结合紧密、牢固;缺点是施工中安设窗框和砌墙相互影响,若施工组织不当,影响施工进度。窗框立口的构造如图 7-10 所示。

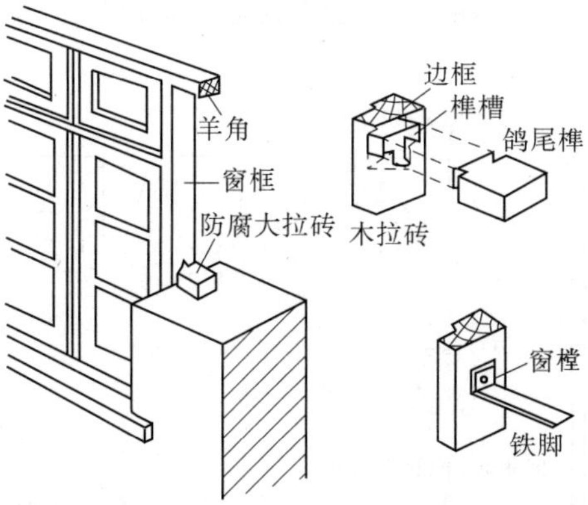

图 7-10　窗框立口的构造

塞口则是在砌墙时先留出洞口,以后安装窗框,为便于安装,预留洞口应比门框外缘尺寸多出 20~30 mm。塞口法施工方便,但框与墙之间的缝隙较大,为加强窗框与墙的联系,砌墙时需在洞口两侧每 500~700 mm 砌入一块半大小的防腐木砖。安装时应用长钉将窗框固定于砌墙时预埋的木砖上，每边的固定点不少于两个。窗框塞口的构造如图 7-11 所示。

3. 窗框与墙的关系

窗框在墙中的位置有窗框内平、窗框居中和窗框外平三种情况(见图 7-12)。窗框内平时，对室内开启的窗扇，可贴在内墙面，少占室内空间。当墙体较厚时，窗框居中布置，外侧可设窗台，内侧可做窗台板。窗框外平多用于板材墙或厚度较薄的外墙。

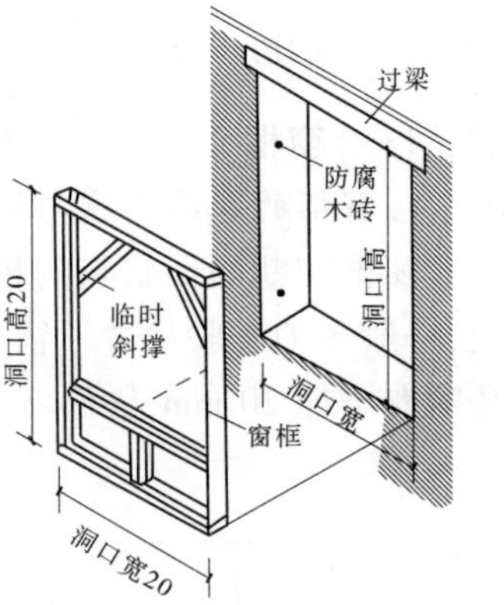

图 7-11　窗框塞口的构造

(二)窗扇

1. 窗扇的断面形状和尺寸

窗扇的厚度为 35~42 mm，一般为 40 mm；上下冒头及边梃的宽度视木料材质和窗扇大小而定，一般为 50~60 mm，下冒头加滴水槽或披水板可较上冒头适当加宽 10~25 mm；窗芯的宽度一般为 27~40 mm。为镶嵌玻璃，在冒头、边梃和窗芯上，做 8~12 mm 宽的铲口，铲口深度视玻璃厚度而定，一般为 12~15 mm，不超过窗扇厚度的 1/3，为减少木料的挡光和美观要求，尚可做线脚。窗扇的构造如图 7-13 所示。

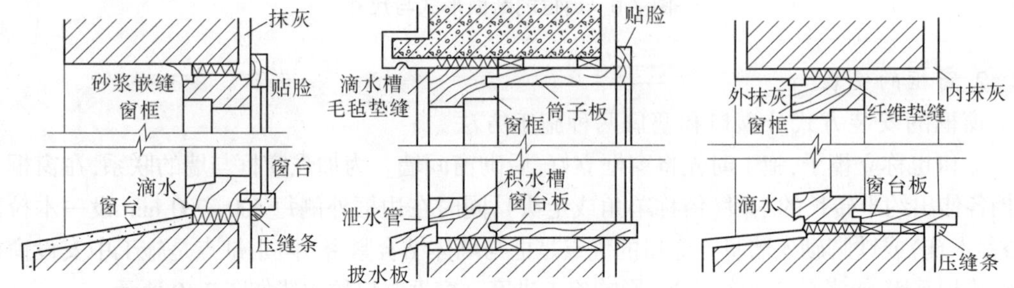

(a) 窗框内平　(b) 窗框外平　(c) 窗框居中

图 7-12　窗框在墙中的位置

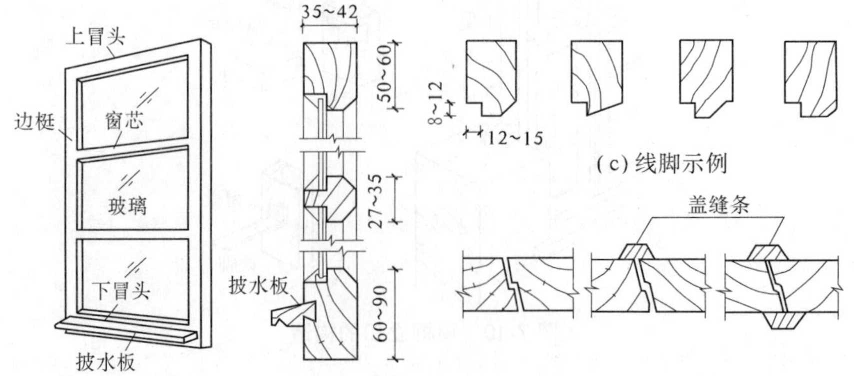

(a) 窗扇立面　(b) 窗扇剖面　(d) 盖缝处理

图 7-13　窗扇的构造

2. 玻璃的选择与镶装

玻璃厚度的选用与窗扇分格的大小有关，窗扇的分格大小与使用要求有关，一般常用窗玻璃的厚度为 3 mm。如考虑较大面积，可采用 5 mm 或 6 mm 厚的玻璃；为了隔声、保温等需要，可采用双层中空玻璃；需遮挡或模糊视线的，可选用磨砂玻璃或压花玻璃；为了安全还可以采用夹花玻璃、钢化玻璃以及有机玻璃等；为了防晒可采用有色、吸热和涂层、变色等种类的玻璃。

玻璃的安装，一般先用小铁钉固定在窗扇上，然后用油灰（桐油石灰）镶嵌成斜角形，必要时也可采用小木条镶钉。

四、铝合金窗

铝合金窗具有质量轻、强度高、耐腐蚀、密闭性好、坚固美观等优点，近年来越来越多地在建筑中被广泛应用。

（一）铝合金窗的框料系列

系列名称是以铝合金窗框的厚度构造尺寸来区别各种铝合金窗的称谓。如推拉窗窗框厚度构造尺寸 90 mm 宽，即称为 90 系列铝合金推拉窗。我国各地常用铝合金窗型材系列如表 7-1 所示。

表 7-1　我国各地常用铝合金窗型材系列

城市	铝合金窗窗型				
	固定窗	平开、滑轴	推拉窗	立轴、上悬	百叶
北京	40、45、50、55、70	40、50、70	50、60、45、70、90	40、50、70	70、80
上海	38、45、50	38、45、50	60、70、75	50、70	70、80

（二）铝合金窗的类型

常见的铝合金窗的类型有推拉窗、平开窗、固定窗、悬挂窗、百叶窗等。各种窗都用不同断面型号的铝合金型材和配套零件及密封件加工制成。

（三）铝合金窗的构造

下面以推拉窗为例进行介绍。

铝合金推拉窗有沿水平方向左右推拉和沿垂直方向上下推拉的窗，常采用水平推拉窗。铝合金推拉窗外形美观、采光面积大、开启不占空间，防水、隔声效果均佳，并具有很好的气密性和水密性，广泛用于宾馆、住宅、办公、医疗等建筑。

推拉窗常用的铝合金型材有 55 系列、60 系列、70 系列、90 系列等，其中 70 系列是目前广泛采用的窗用型材，采用 90°开榫对合，螺钉连接。玻璃视面积大小、隔声、保温隔热等要求，可选择 3~8 mm 厚的普通平板玻璃、热反射玻璃、钢化玻璃、夹层玻璃或中空玻璃等。玻璃安装采用橡胶压条或硅酮密封胶密封。窗框与窗扇中梃、边梃相接处设置塑料垫块或密封毛条，使框扇结合部密封。窗扇采用两组带轴承的工程塑料滑轮，可降低噪声，使窗扇受力均匀，开关灵活。铝合金推拉窗的构造如图 7-14 所示。

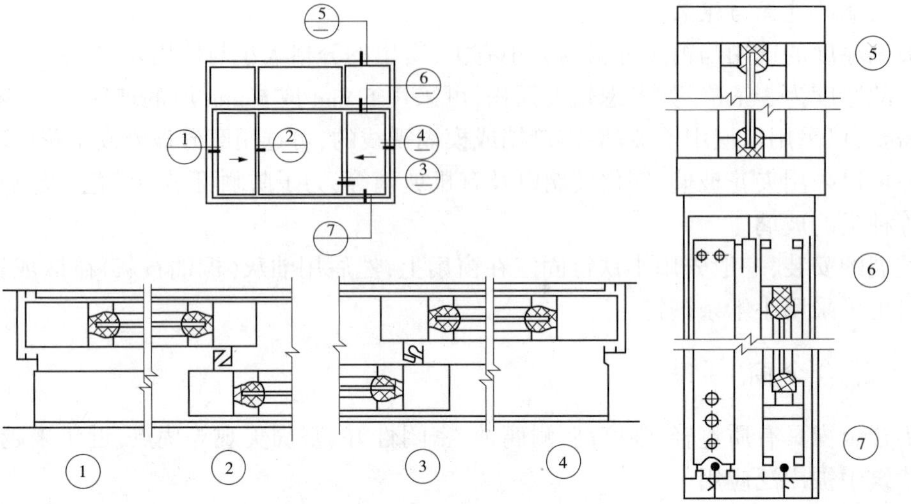

图 7-14　铝合金推拉窗的构造

(四)铝合金窗的安装

铝合金窗安装时，将窗框在抹灰前立于窗洞处，与墙内预埋件对正，然后用木楔将三边固定，经检验确定窗框水平、垂直、无翘曲后，用连接件将铝合金窗框固定在墙(或梁、柱)上，最后填入软填料或其他密封材料封固。连接件固定多采用焊接、膨胀螺栓或射钉等方法。铝合金窗的安装构造如图 7-15 所示。

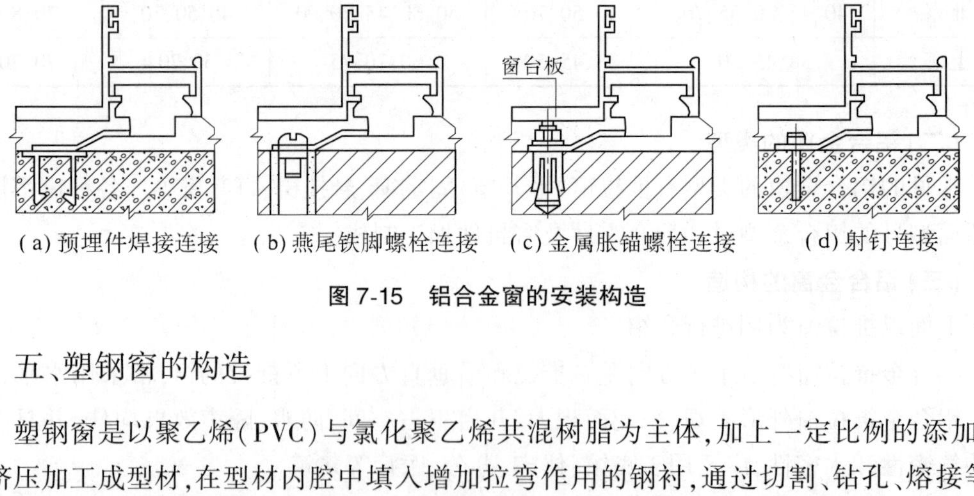

(a)预埋件焊接连接　(b)燕尾铁脚螺栓连接　(c)金属胀锚螺栓连接　(d)射钉连接

图 7-15　铝合金窗的安装构造

五、塑钢窗的构造

塑钢窗是以聚乙烯(PVC)与氯化聚乙烯共混树脂为主体，加上一定比例的添加剂，经挤压加工成型材，在型材内腔中填入增加拉弯作用的钢衬，通过切割、钻孔、熔接等方法，制成窗框，装上五金配件组成的。其具有耐酸、耐碱、耐腐蚀、防尘、阻燃自熄、强度高、不变形、色调和谐等特点。塑钢窗的气密性、水密性比一般同类窗大 2~5 倍。

塑钢窗的开启方式与其他材料窗相同，主要有平开窗、推拉窗(分左右、上下推拉两种)、射窗(射窗的结构与平开窗相似，只是铰链安装的位置不同，安装在顶部)、翻转平开窗等。塑钢窗的构造如图 7-16 所示。

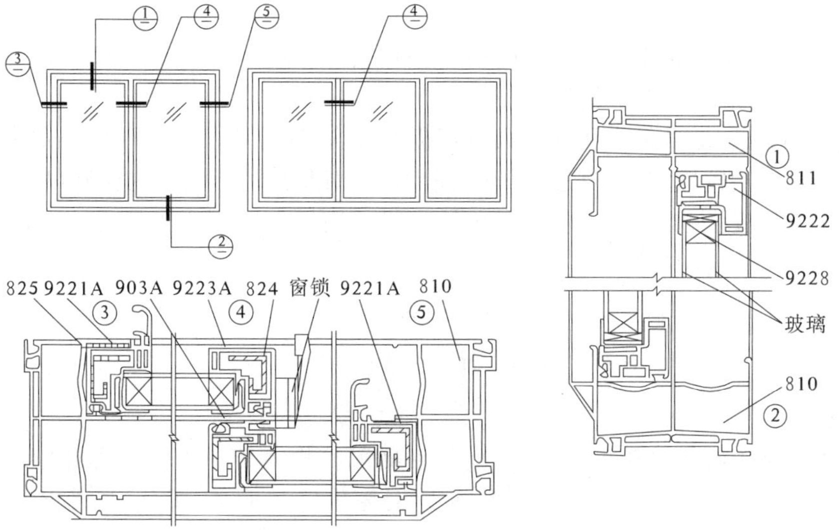

图 7-16　塑钢窗的构造

任务三　遮阳设施

遮阳是为了避免阳光直接照射到室内,防止室内温度过高,减少太阳辐射和产生眩光而采取的建筑措施。遮阳措施很多:一是绿化遮阳,二是调整建筑物的构配件,三是在窗洞口周围设置专门的遮阳设施。在建筑造型和立面设计时应考虑采光、通风、遮阳、美观、统一等方面。

建筑遮阳设施有简易活动遮阳和固定遮阳板遮阳两种。简易活动遮阳是利用苇席、布篷等进行遮阳,这种方式简单、经济、灵活,但耐久性差。固定遮阳板有水平式、垂直式、综合式和挡板式,如图 7-17 所示,在工程中多选用固定遮阳板。

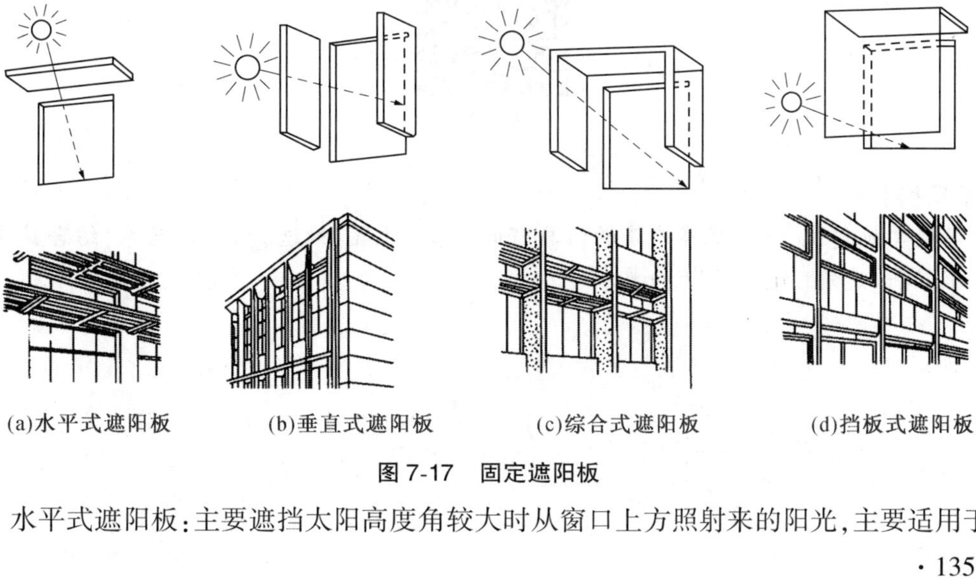

(a)水平式遮阳板　(b)垂直式遮阳板　(c)综合式遮阳板　(d)挡板式遮阳板

图 7-17　固定遮阳板

水平式遮阳板:主要遮挡太阳高度角较大时从窗口上方照射来的阳光,主要适用于朝南的窗洞口。

垂直式遮阳板:主要遮挡太阳高度角较小时从窗口侧面射来的阳光,主要适用于南偏东、南偏西及其附近朝向的窗洞口。

综合式遮阳板:是水平式和垂直式遮阳板的综合,能遮挡从窗口两侧及前上方射来的阳光。遮阳效果比较均匀,主要适用于南、东南、西南及其附近朝向的窗洞口。

挡板式遮阳板:主要遮挡太阳高度角较小时从窗口正面射来的阳光,主要适用于东、西及其附近朝向的窗洞口。

小 结

门和窗是建筑物的重要组成部分,也是主要围护构件之一。门的主要作用是交通联系、紧急疏散,并兼有采光、通风的作用;窗的主要作用是采光、通风、接受日照和供人眺望,兼有装饰作用。

门一般由门框、门扇、五金零件及附件组成。目前,在房建工程中常采用的门的类型,按门在建筑物中所处的位置,分内门和外门;按门的材料,分木门、铝合金门、塑钢门、钢门、玻璃门及混凝土门;按门的使用功能,分普通门和特殊门;按门扇的开启方式,分平开门、弹簧门、推拉门、折叠门、转门和卷帘门等。

窗一般由窗框、窗扇和五金零件组成。窗框的安装分为立口和塞口两种。工程中常用的窗,按窗扇的开启方式,分固定窗、平开窗、推拉窗、悬窗、立转窗等;按窗框的材质,分铝合金窗、塑钢窗、钢窗、木窗等。

建筑的遮阳设施有简易活动遮阳和固定遮阳板遮阳两种。

【复习思考题】

扫码 7-2,做项目七的相关复习思考题。

码 7-2

【技能实操】

参观学校建筑,仔细观察建筑的门与窗的类型、位置、构造、尺寸情况等,结合建筑设计要求,写出建筑门与窗设计的要求。

项目八　变形缝

【学习重点】

◇ 伸缩缝的构造。

◇ 沉降缝的构造。

◇ 防震缝的构造。

【能力培养】

◇ 能够掌握变形缝的分类、特点和适用条件。

◇ 能够掌握伸缩缝和沉降缝的构造特点及常用的构造做法。

◇ 能够了解防震缝的一般构造。

【任务提出】

某建设工程，总建筑面积为30万m^2，大部分房屋结构为砖混结构，长度在50 m左右，钢筋混凝土坡屋面。一期工程完成后发现，没有设置变形缝的房屋两端山墙均不同程度地出现裂缝，而设置变形缝的房屋两端山墙则基本无此现象。很明显，裂缝产生的原因是温度应力，建设单位要求设计单位在二期工程中对于长度较大的房屋均应设置温度变形缝。那么，在实际建设工程中，变形缝该怎么设计和设置呢？

随着经济的发展、科学技术的进步，人们大量建设各类大型建筑、高低错层建筑及不规则的建筑。在施工过程中，出现的沉降缝、伸缩缝、防震缝等各类变形缝越来越多，影响建筑的使用功能。控制这些变形缝的施工质量，成为施工的重点和难点。对于初学者，掌握建筑物变形缝等的设置与构造是非常必要的。

【课程思政】

变形缝包括伸缩缝、沉降缝和防震缝。他们的作用是保证房屋在正常温度变化、基础不均匀沉降或地震时有一些自由伸缩，以防止墙体开裂、结构破坏。在一些实际工程中如果没有按照规范要求设置变形缝，就容易出现各种隐患或质量问题，导致建筑物发生过大的变形和沉降，影响正常使用。“无规矩，不成方圆。”应养成严格按规范要求施工的意识。

一、变形缝的含义和类型

当建筑物的长度超过规定时，建筑构件内部会因气温变化、地基的不均匀沉降或地震等原因产生附加应力。当这种应力较大而又处理不当时，会引起建筑构件产生变形，导致建筑物出现裂缝甚至倒塌，影响其正常的使用和安全。因此，必须采取相应的构造措施予以解决。在工程实际中通常采用预先设置缝的方法，将房屋垂直分割开，并采取一些构造处理措施，这个预留的缝称为变形缝。变形缝是为了防止由于温度的变化、地基的不均匀沉降以及地震使房屋产生裂缝破坏所预先设置的缝。

变形缝分为伸缩缝、沉降缝和防震缝三种。

二、变形缝的设置

(一)伸缩缝

伸缩缝是在长度或宽度较大的建筑物中,为避免由于温度变化引起材料的热胀冷缩导致构件破坏,而沿建筑物的竖向将基础以上构件全部断开的垂直缝隙。由于基础埋在地下,受温度变化影响较小,所以不必断开。

伸缩缝的宽度一般为20~30 mm,其位置和间距与建筑物的结构类型、材料、施工条件及当地温度变化情况有关,设计时应根据有关规范的规定设置。砌体结构和钢筋混凝土结构伸缩缝的最大间距规定见表8-1和表8-2。

表8-1　砌体结构伸缩缝的最大间距

屋盖或楼盖类别		最大间距(mm)
整体式或装配整体式钢筋混凝土结构	有保温层或隔热层的屋盖、楼盖	50
	无保温层或隔热层的屋盖	40
装配式无檩体系钢筋混凝土结构	有保温层或隔热层的屋盖、楼盖	60
	无保温层或隔热层的屋盖	50
装配式有檩体系钢筋混凝土结构	有保温层或隔热层的屋盖	75
	无保温层或隔热层的屋盖	60
瓦材屋盖、木屋盖或楼盖、轻钢屋盖		100

注:1. 层高大于5 m的砌体结构单层建筑,其伸缩缝间距可按表中数值乘以1.3。
2. 温差较大且变化频繁的地区和严寒地区不采暖建筑物的墙体伸缩缝的最大间距应按表中数值予以适当减小。

表8-2　钢筋混凝土结构伸缩缝的最大间距　(单位:mm)

结构类别		室内或土中	露天
排架结构	装配式	100	70
框架结构	装配式	75	50
	现浇式	55	35
剪力墙结构	装配式	65	40
	现浇式	45	30
挡土墙、地下室墙等结构	装配式	40	30
	现浇式	30	20

注:1. 当屋面板上部无保温或隔热措施时,框架、剪力墙结构的伸缩缝间距可按表中露天栏的数值选用,排架结构的伸缩缝间距可按表中室内栏的数值适当减小。
2. 排架结构的柱高低于8 m时应适当减小伸缩缝间距。
3. 伸缩缝间距应考虑施工条件影响,必要(如材料收缩较大或室内结构因施工时外露时间较长)时宜适当减小伸缩缝间距。

(二)沉降缝

沉降缝是为了减少地基不均匀沉降对建筑物造成的危害,因此应是从基础开始到屋面全部断开的垂直缝。

1. 沉降缝的设置原则

(1)建筑平面的转折部位。

(2)高度差异或荷载差异较大处。

(3)长高比过大的砌体承重结构或钢筋混凝土框架结构的适当部位。

(4)地基土的压缩性有显著差异处。

(5)建筑结构或基础类型不同处。

(6)分期建造房屋的交界处。

2. 沉降缝的缝宽

沉降缝的缝宽与地基的性质和建筑物的高度有关,地基越软弱,建筑的高度越大,沉降缝的宽度也越大。沉降缝的宽度要求如表 8-3 所示。

表 8-3　沉降缝的宽度要求

地基情况	建筑物高度(层数)	沉降缝宽度(mm)
一般地基	<5 m 5~10 m 10~15 m	30 50 70
软弱地基	2~3 层 4~5 层 6 层及 6 层以上	50~80 80~120 >120
湿陷性黄土地基		≥30~70

(三)防震缝

防震缝是在设计烈度为Ⅶ~Ⅸ度的建筑中,为了防止建筑物的各部分在地震荷载作用时相互撞击造成变形和破坏而设置的垂直缝。防震缝将建筑物分成若干体形简单、结构刚度均匀的独立单元,以减少和防止地震力对建筑的破坏。设置防震缝时基础一般可不断开,但在平面复杂的建筑中,当建筑各相连部分的刚度差别很大时,必须将基础分开。防震缝两侧应形成封闭的结构,即双墙结构、双柱结构或一柱一墙结构,以加强防震缝两侧房屋的整体刚度。

1. 防震缝的设置原则

(1)建筑平面体型复杂,有较长突出部分,用防震缝将其分为简单规整的独立单元。

(2)建筑物(砌体结构)立面高差超过 6 m,在高差变化处须设防震缝。

(3)建筑物毗连部分结构的刚度、重量相差悬殊处。

(4)建筑物有错层且楼板高差较大时,须在高度变化处设防震缝。

2. 防震缝的宽度

防震缝的宽度,在多层砖混结构中按设防烈度的不同取 50~100 mm;在多层钢筋混凝土框架结构建筑中,建筑物的高度不超过 15 m 时为 70 mm,当建筑物高度超过 15 m 时,缝宽见表 8-4。

表 8-4　防震缝的宽度

设防烈度	建筑物高度	缝宽
Ⅶ	每增加 4 m	在 70 mm 基础上增加 20 mm
Ⅷ	每增加 3 m	
Ⅸ	每增加 2 m	

三、变形缝的构造

变形缝的构造形式与变形缝的类型和墙体的厚度有关,可做成平缝、错口缝或企口缝(见码 8-1),如图 8-1 所示。

码 8-1

为了防止透风和透蒸汽,可在外墙两侧缝口处采用有弹性而又不渗水的材料,如沥青麻丝、泡沫塑料等填塞。但禁止在变形缝内部填塞任何材料。当缝较宽时,外侧可用耐候性好的材料,如镀锌铁皮或铝皮等进行盖缝。

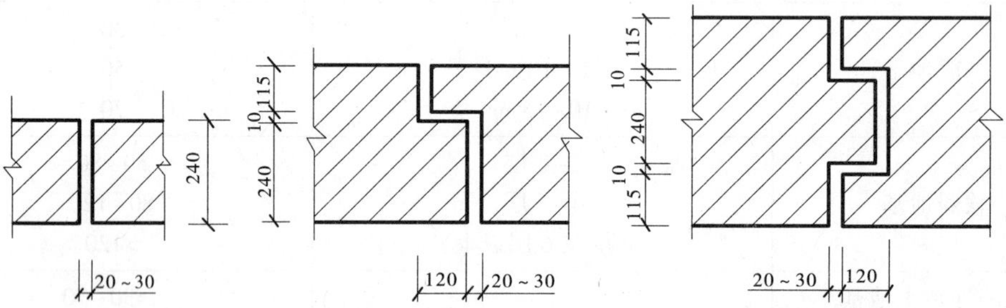

(a)平缝　(b)错口缝　(c)企口缝

图 8-1　墙体变形缝的构造形式

(一)外墙盖缝

盖缝板应满足不同变形缝的变形要求:伸缩缝的盖缝板应能保证缝两侧的自由伸缩,如图 8-2 所示;沉降缝的盖缝板在构造上应保证两侧单元在竖向能自由沉降,因此沉降缝的盖缝板在构造上应断开,如图 8-3 所示;防震缝内一般不填任何材料,盖缝板应能保证缝两侧自由摇摆,同时由于防震缝的宽度较大,构造上更应注意盖缝板的牢固、防风、防水和保温等问题,如图 8-4 所示。

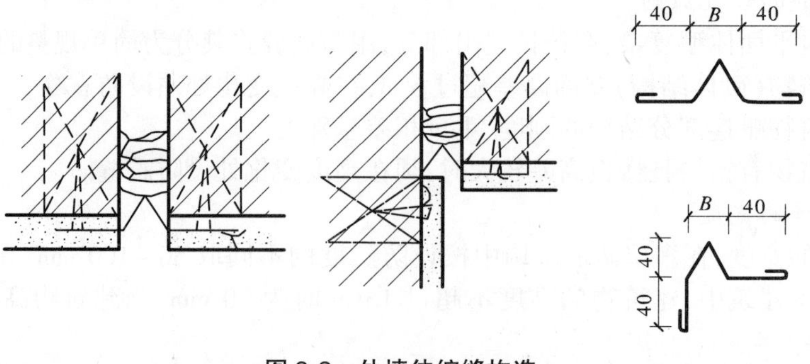

图 8-2　外墙伸缩缝构造

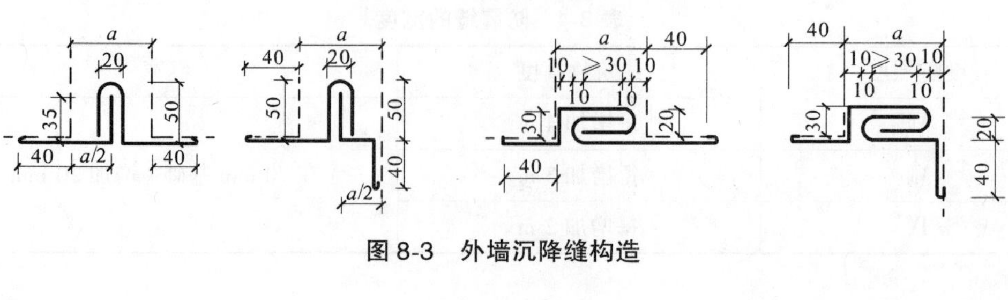

图 8-3　外墙沉降缝构造

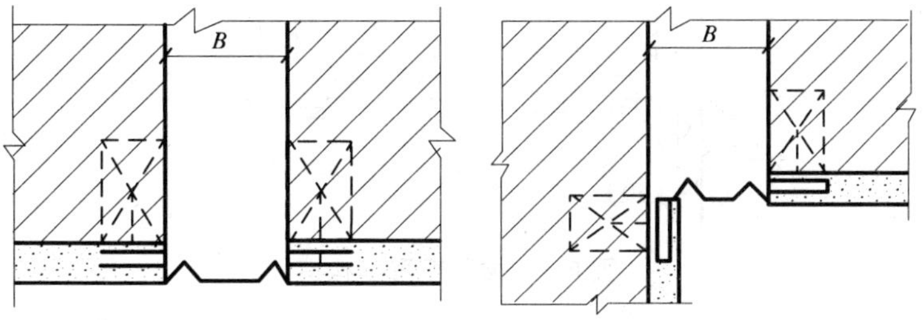

图 8-4　外墙防震缝构造

(二)内墙盖缝

内墙变形缝的构造应考虑与室内的装饰环境相协调,并满足隔声、防火要求。一般采用具有一定装饰效果的木压条或金属盖缝条盖缝,如图 8-5 所示。

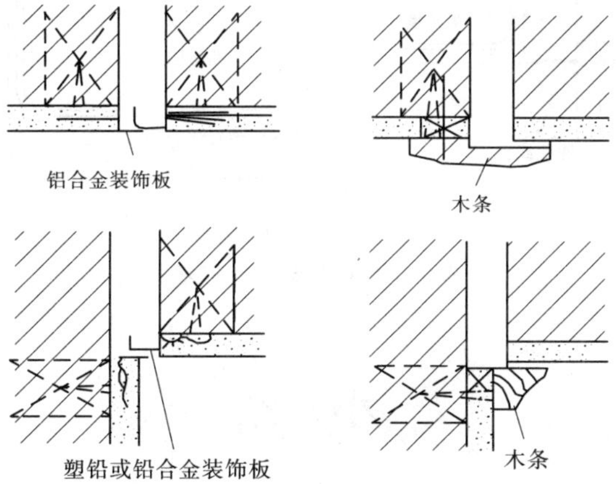

图 8-5　内墙变形缝构造

(三)地面和楼面盖缝

地面盖缝一般采用油膏嵌缝或预制混凝土板进行盖缝,如图 8-6 所示。楼面顶棚一般采用木盖缝条或铝塑板进行盖缝,如图 8-7 所示。

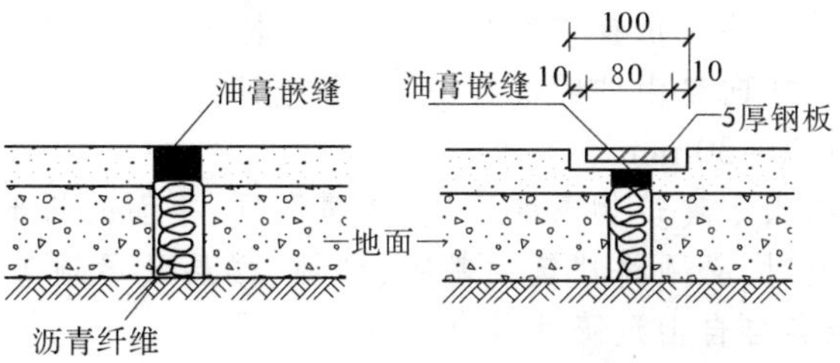

(a) 地面油膏嵌缝　　(b) 地面钢板盖缝

图 8-6　地面变形缝构造

(四)屋面变形缝构造

图 8-8 所示为不上人屋面变形缝的构造示意图。

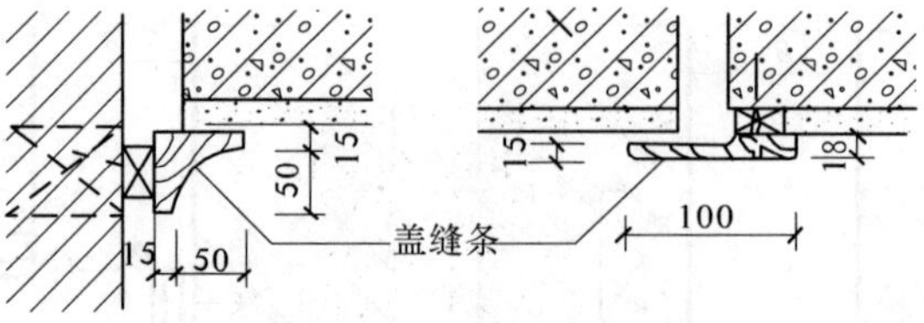

图 8-7　楼面变形缝构造

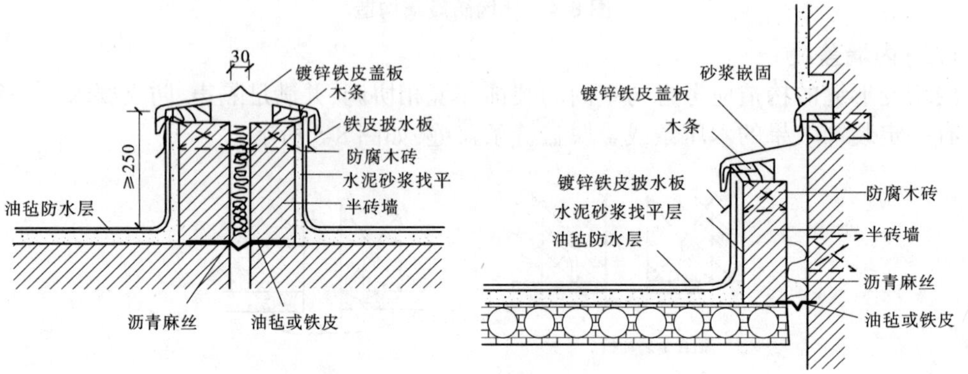

图 8-8　不上人屋面变形缝构造

小　结

变形缝是为了解决建筑物由于温度变化、不均匀沉降及地震等因素影响产生裂缝的一种措施。变形缝的构造和材料应达到盖缝、防水、防火、防虫、保温等方面的要求，要确保缝两侧的建筑物各独立部分能自由变形，互不影响，不被破坏。按其作用的不同分为伸缩缝、沉降缝、防震缝三种。

伸缩缝是为防止由于建筑物超长而产生的伸缩变形。

伸缩缝要求在建筑的同一位置将基础以上的墙体、楼板层、屋顶等部分全部断开，分为各自独立的能在水平方向自由伸缩的部分，而基础部分因受温度变化影响较小，不需断开，伸缩缝宽度一般为 20~30 mm。

沉降缝是用于解决由于建筑物高度不同、重量不同、平面转折部位等而产生的不均匀沉降变形。设置沉降缝时，必须将建筑的基础、墙体、楼层及屋顶等部分全部在垂直方向断开，使各部分形成能各自自由沉降的独立单元。

防震缝是用于解决由于地震时产生的相互撞击变形而设置的。

当需要设置伸缩缝、沉降缝和防震缝时，需要考虑缝的兼顾性。

【复习思考题】

扫码 8-2,做项目八的相关复习思考题。

码 8-2

第二篇　建筑识图

项目九　建筑施工图识图

【学习重点】

◇ 房屋建筑施工图的分类,建筑施工图的图示规定、内容和用途。

◇ 建筑平面图的用途和种类,掌握识图要点。

◇ 剖视图、立面图的内容和要求,掌握识图要点。

◇ 建筑详图的用途和主要内容,掌握识图要点。

【能力培养】

◇ 能够熟悉国家标准对建筑施工图的有关规定。

◇ 能够初步掌握总平面图的图示方法和识读。

◇ 能够初步掌握建筑平面图、立面图和剖面图的图示方法和识读。

◇ 能够初步掌握建筑详图的图示方法和识读。

【任务提出】

某综合办公楼,主体结构为现浇钢筋混凝土框架结构,建筑层数 4 层,建筑面积为 1 934 m^2,建筑高度为 15.900 m。一层层高为 4.200 m,二、三层层高为 3.300 m,四层层高为 4.200 m,建筑物耐久年限为 50 年,建筑工程设计等级为 3 级,抗震设防烈度为Ⅶ度,防火设计的耐火等级为二级。本建筑物首层室内标高±0.000,相当于绝对标高 25.000 m,本工程室内外高差 0.300 m。

一幢建筑物从设计、施工、装修到完成都需要一套完整的房屋施工图做指导。

房屋建筑物,是供人们居住、生活及从事各种生产活动的场所。将一幢拟建房屋的形状、大小、结构、构造、装修、设备等内容,按照建筑设计要求和国家标准,用正投影的方法详细准确绘制出的图样,称为房屋建筑图,它是用来指导施工的一套图纸,又称为建筑施工图。

房屋建筑施工图是指导施工的图纸,是建造房屋的依据。工程技术人员必须看懂整套施工图,按图施工,这样才能体现出房屋的功能用途、外形规模及质量安全。因此,掌握识读房屋建筑施工图是从事建筑专业的工程技术人员的基本技能。

本书后面将附有某工程的建筑施工图纸,阅读时可参考使用。

【课程思政】

差之毫厘、失之千里。“按图施工”是工程质量控制的一项重要原则。如果不能精确识读和绘制工程施工图,就不能胜任施工现场的施工员、质量员、测量员、监理员等岗位,甚至会使工程产生质量、安全问题,造成经济损失、工期延误及安全隐患。因此,作为一名工程师不仅要有扎实牢固的专业技能,还应具有一丝不苟、严谨认真的专业素养、职业操守和道德品质。

任务一　房屋建筑施工图的设计过程及分类

一、概述

房屋建筑施工图简称施工图,是工程建设领域中设计、施工、测量、造价等多方使用的“工程语言”,是表示建筑工程项目总体布局、外部形状、内部布置、结构构造、内外装修、材料做法以及设备施工等要求的图样。房屋建筑施工图是设计工作的最后成果,具有要求具体、图纸齐全、表达准确的特点。其是进行工程施工、编制施工图预算和施工组织设计的依据,也是进行施工技术管理的重要技术文件。一套完整的房屋建筑施工图一般包括建筑施工图、结构施工图和设备施工图等,其中设备施工图包括给水排水、采暖通风及电气施工图等专业图纸。

房屋建筑施工图是施工时所依据的图样,要想真正了解建筑本身的构造特点、施工做法等,就必须能够完整、准确、快速地读懂房屋建筑施工图。

二、房屋建筑施工图的设计过程

建筑是与人们日常生活和社会活动关系密切、消耗材料巨大、建设工期和使用年限较长的一种人工产品,工程建设是个复杂的生产过程,设计是其中的重要环节,涉及专业和相关因素较多。工程设计人员应在充分调查研究、领会有关政策精神和规范的基础上,遵循工程设计的客观规律,合理地解决建筑的功能、艺术、技术、经济及环境等各方面问题,准确体现建设单位的意图并创造良好的施工基础条件。

设计过程一般分成准备和实施两个阶段。

(一)设计前的准备工作

1. 熟悉设计任务书和有关技术文件

设计任务书是由建设单位提出的,是设计单位进行设计工作的重要依据,一般包括以下内容:建设目的和意图、建筑功能、总体要求、风格特色、建设规模、原有建筑及道路现状;面积指标、空间和房间的布局设想,给水排水、供电、采暖通风、消防等建筑设备及装修标准,总投资限额、单方造价、资金使用分配方案,设计进程、期限及建设进度计划等。工程设计人员应认真研究设计任务书,准确领会其内涵,并根据国家有关政策、规范和标准的规定,对照有关定额指标,结合工程实际,校核任务书的使用面积和单方造价等内容,向建设单位提出修改意见及补充方案。

2. 调查研究、收集设计所需的原始资料和数据

由于建筑的建造和使用与环境关系极大,因此除设计任务书提供的资料外,需要调查研究、收集有关的原始资料和数据,主要有建设区域的气象、地形和地质资料,水电等市政外网管线资料,场地内原有隐蔽工程、相邻建筑的基础情况及城市规划要求,主要建筑材料供应和主体结构施工技术条件,与设计有关的指标、标准和技术规定及已建成的同类型建筑的资料。

(二)设计工作

在深入调查和分析设计任务书,并得到建设单位的认同后,工程设计人员要从全面解决建筑功能、满足技术要求、节约投资等方面开展建筑工程的设计工作。建筑工程设计是一个多专业、多人员协同工作的复杂过程,一般分为初步设计(方案设计)、技术设计(扩大初步设计)、施工图设计三个阶段进行。对于一些规模较小、技术简单的工程,经有关主管部门同意,可以把初步设计和技术设计两个阶段合二为一,即在初步设计审批后直接进入施工图设计。

1. 初步设计

初步设计是建筑设计的开始阶段,也是规划整体框架的阶段。初步设计要根据设计任务书和收集的原始资料,结合工程实际情况,综合考虑技术、经济和艺术要求,构建建筑的整体空间结构,对总体布置、空间组合进行可能与合理的安排。

初步设计是个不断选择、比较、修改、优化的过程,设计人员应当本着负责的态度,兼顾社会、经济和环境的综合效益,协调各方面的关系,确定最佳的方案,得到建设单位的认可。

初步设计阶段应当完成的设计文件主要有:设计说明书,包括工程概算书、技术经济分析和相关的文字说明;总平面图、建筑的各层平面图、主要剖面图和立面图;设计委托或设计合同中规定的建筑外观效果图、透视图、鸟瞰图、模型等。

2. 技术设计

初步设计经过有关建设管理部门的批准后可以进行技术设计,该阶段是在项目负责人(建筑专业负责人)的主持下,对初步设计方案进行初步细化和专业技术论证,主要是协调建筑专业与结构专业、设备专业之间的技术关系,及时发现、处理各专业之间的矛盾,避免影响下一阶段的设计工作和整体施工进程。

3. 施工图设计

施工图设计是整个设计工作的核心阶段,最终要提交满足设备材料采购、构件制作、施工需要的全部工程图样和设计文件。其中心任务是深入了解材料供应、施工技术、设备购置等条件,综合建筑、结构、设备等工种,解决整个建筑工程的所有技术问题并做出具体、清晰的描述和规定,为施工单位提供明确无误、统一齐全的整套图纸。施工图不仅是施工单位进行建筑施工的技术依据,也是监理单位和质量技术监督部门进行相关工作的依据。

施工图设计阶段应完成设计合同要求的所有专业的设计文件,其中图形文件包括建筑总平面图、各层平面图、立面图、必要的剖面图、节点详图,基础平面图、基础详图、结构布置图、结构详图,设备平面布置图、系统图和详图等;文字文件包括设计说明书、图纸目录、门窗和构件统计表、工程预算书等。

设计单位要按照合同约定时间向建设单位提供全套设计文件,参加图纸会审和技术交底工作。在施工过程中,设计单位还要为建设和施工单位提供与设计有关的技术服务,及时修正设计中存在的问题。

三、施工图的分类和编排顺序

(一)施工图的分类

房屋建筑施工图按照专业分工的不同,一般分为建筑施工图、结构施工图和设备施工图三部分。

(1)建筑施工图,简称建施。建筑施工图主要表示房屋的建筑设计内容,主要包括建筑总平面图、平面图、立面图、剖面图和节点详图等。

(2)结构施工图,简称结施。结构施工图主要表示房屋的结构设计内容,主要包括结构设计说明、基础平面图及详图、结构平面图、构件与节点详图。

(3)设备施工图,简称设施,又分为水施、暖施、电施。设备施工图主要表示给水排水、采暖通风、电气照明等设备的设计内容,主要包括设备平面布置图、系统图及详图等。

(二)施工图的编排顺序

一套完整的房屋建筑施工图应按专业编排,一般顺序为首页图(包括图纸目录、施工总说明、汇总表等)、建筑总平面图、建筑施工图、结构施工图、设备施工图(给水排水施工图、采暖通风施工图、电气施工图)等。

每个专业的图纸应该按图纸内容的主次关系、逻辑关系有序排列。一般顺序为:主要的在前,次要的在后;基本图在前,详图在后;先施工的在前,后施工的在后;总体图在前,局部图在后;布置图在前,构件图在后等。

任务二　房屋建筑施工图的规定和常用符号

房屋建筑施工图要符合投影原理的图示方法与要求。为了保证设计质量,提高制图效率,做到图面清晰、简明,符合设计、施工、存档的要求,绘制施工图时应严格遵守国家颁布的相关标准的规定。

国家标准包括《房屋建筑制图统一标准》(GB/T 50001—2017)、《总图制图标准》(GB/T 50103—2010)、《建筑制图标准》(GB/T 50104—2010)、《建筑结构制图标准》(GB/T 50105—2010)、《建筑给水排水制图标准》(GB/T 50106—2010)和《暖通空调制图标准》(GB/T 50114—2010)等。

一、比例

建筑专业制图选用的比例如表 9-1 所示。

表 9-1　建筑专业制图选用的比例

图名	比例
建筑物或构筑物的平面图、立面图、剖面图	1:50、1:100、1:150、1:200、1:300
建筑物或构筑物的局部放大图	1:10、1:20、1:25、1:30、1:50
配件及构造详图	1:1、1:2、1:5、1:10、1:15、1:20、1:25、1:30、1:50

二、标高

标高是表示建筑某一部位或地势相对于基准面(标高的零点)竖向高度的符号,是竖向定位的依据。

在施工图中,标高符号应以高度为 3 mm 的等腰直角三角形表示,尖端指至被注高度的位置,尖端一般向下,也可向上,标高数字应注写在标高符号的左侧或右侧,应用细实线绘制。

总平面图中室外地坪标高符号宜用涂黑的三角形表示。

标高数字应以米(m)为单位,注写到小数点以后第三位。在总平面图中,可注写到小数点以后第二位。零点标高应注写成±0.000,正数标高不注“+”,负数标高应注“-”,标高符号的具体画法如图 9-1 所示。

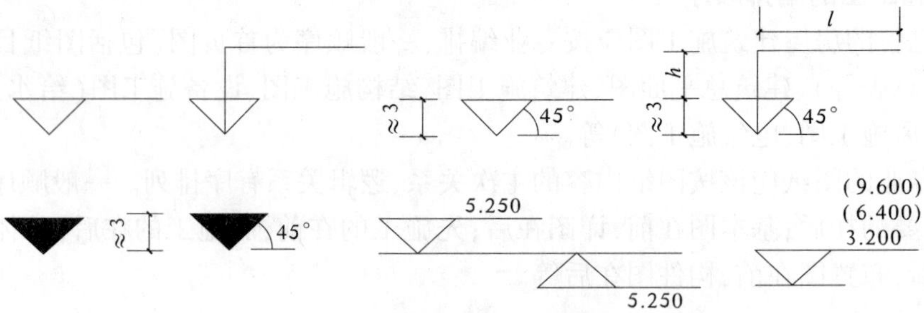

图 9-1　标高符号的标注

三、索引符号与详图符号

(一)索引符号

图样中的某一局部或构件,如需另见详图,应以索引符号索引。索引符号是由直径为 10 mm 的圆和水平直径组成的,圆及水平直径均应以细实线绘制,如图 9-2(a)所示。

索引出的详图若与被索引的详图同在一张图纸内,应在索引符号的上半圆中用阿拉伯数字注明该详图的编号,并在下半圆中间画一段水平细实线,如图 9-2(b)所示。

索引出的详图若与被索引的详图不在同一张图纸内,应在索引符号的上半圆中用阿拉伯数字注明该详图的编号,在索引符号的下半圆中用阿拉伯数字注明该详图所在图纸的编号,数字较多时,可加文字标注,如图 9-2(c)所示。

索引出的详图若采用标准图,应在索引符号水平直径的延长线上加注该标准图册的编号,如图 9-2(d)所示。

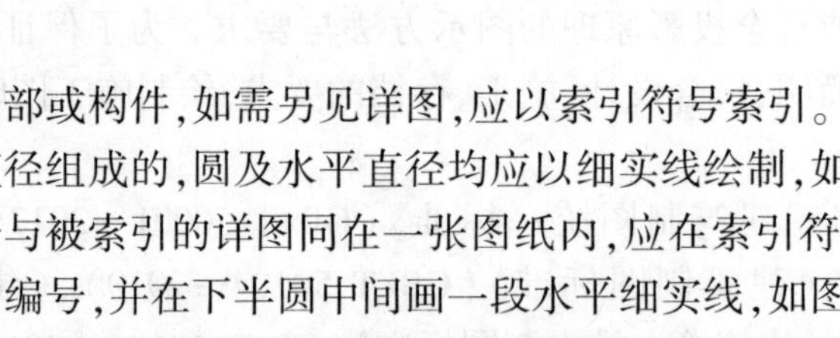

图 9-2　索引符号

索引符号若用于索引剖视详图,应在被剖切的部位绘制剖切位置线,并以引出线引出索引符号，引出线所在的一侧应为投射方向，如图 9-3 所示。

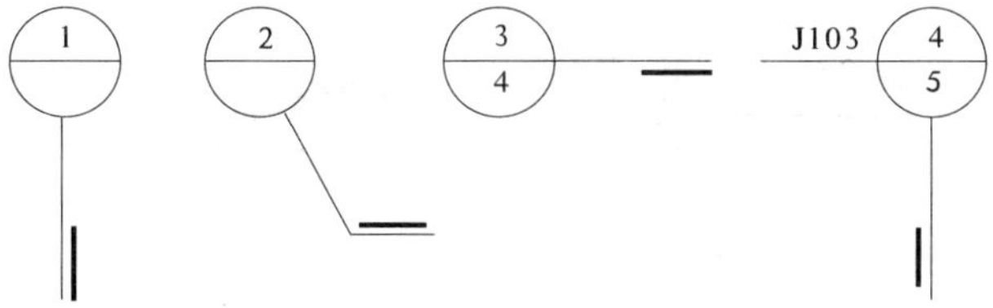

图 9-3　用于索引剖视详图的索引符号

（二）详图符号

详图的位置和编号应以详图符号表示。详图符号的圆应以直径为 14 mm 的粗实线绘制。详图符号编写规定如图 9-4 所示。

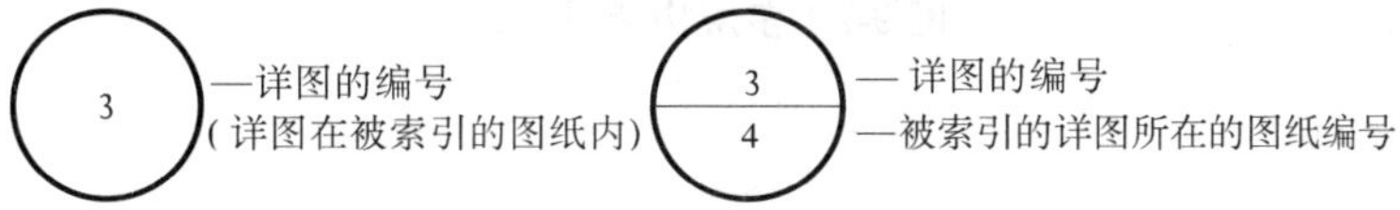

图 9-4　详图符号

四、引出线

引出线应以细实线绘制，宜采用水平方向的直线或与水平方向成 30°、45°、60°、90°的直线，或经上述角度再折为水平线。文字说明宜注写在水平线的上方，也可注写在水平线的端部，如图 9-5 所示。

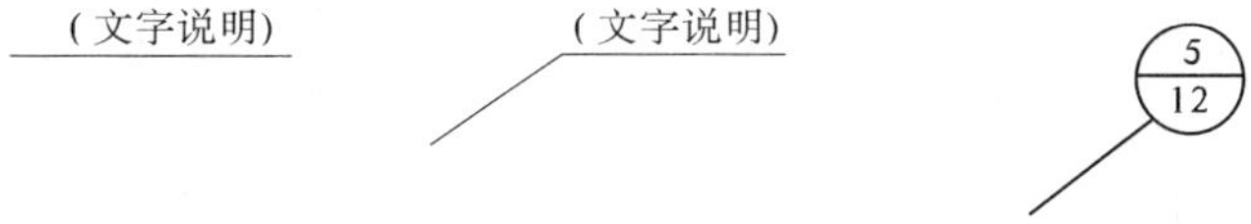

图 9-5　引出线

同时引出几个相同部分的引出线，宜互相平行，也可画成集中于一点的放射线，如图 9-6 所示。

图 9-6　共用引出线

多层构造共用引出线应通过被引出的各层。文字说明宜注写在水平线的上方，或注写在水平线的端部，说明的顺序应由上至下，并应与被说明的层次相互一致；若层次为横向排序，则由上至下的说明顺序应与左至右的层次相互一致，如图 9-7 所示。

五、对称符号

对称符号由对称线和两端的两对平行线组成。对称线用细点画线绘制；平行线用细实线绘制，其长度宜为 6～10 mm，每对的间距宜为 2～3 mm；对称线垂直平分于两对平行线，两端超出平行线宜为 2～3 mm，如图 9-8 所示。

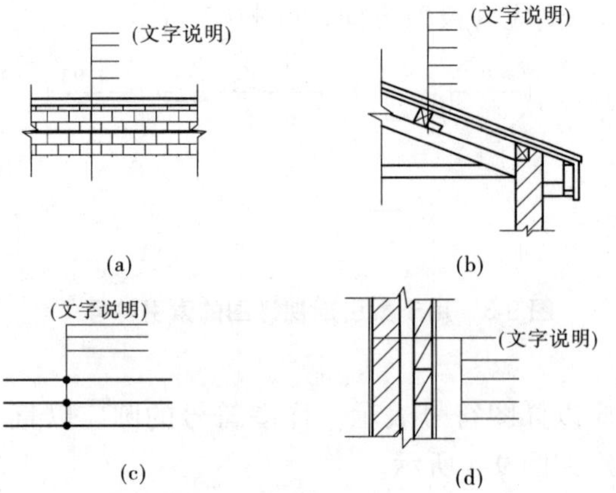

图 9-7　多层构造引出线

六、连接符号

连接符号应以折断线表示需连接的部位。两部位相距过远时，折断线两端靠图样一侧应标注大写拉丁字母表示连接编号。两个被连接的图样必须用相同的字母编号，如图 9-9 所示。

图 9-8　对称符号

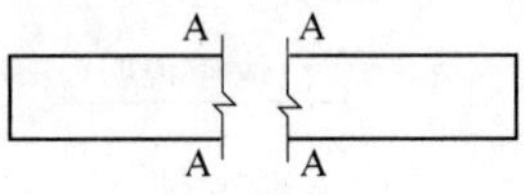

A—连接编号

图 9-9　连接符号

七、指北针与风向玫瑰图

(一) 指北针

指北针的形状宜如图 9-10 所示，其圆的直径宜为 24 mm，用细实线绘制；指针尾部的宽度宜为 3 mm，指针头部应注“北”或“N”字。需用较大直径绘制指北针时，指针尾部宽度宜为直径的 1/8。

(二) 风向玫瑰图

风向玫瑰图是根据某一地区多年平均统计的各个方向吹风次数的百分比值按一定比例绘制的，描在用 8 个或 16 个方位所表示的图上，然后将各相邻方向的端点用细实线绘制连接起来，绘成一个个宛如玫瑰的闭合折线，简称风玫瑰。如图 9-11 所示，风向是指从外面吹向地区中心，图中线段最长者即为当地主导风向，实线表示的是全年风向，细虚线表示的是 6 月、7 月、8 月三个月统计的风向。风向玫瑰图可直观地表示年、季、月等的风向，为城市规划、建筑设计和气候研究提供依据。有风向玫瑰图时，可以不必绘制指北针。

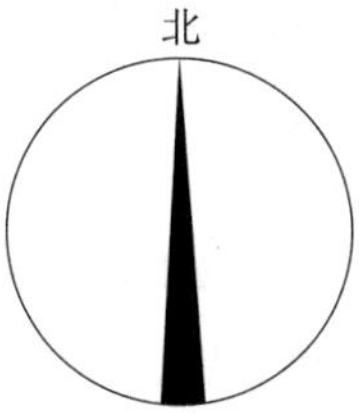

图 9-10　指北针

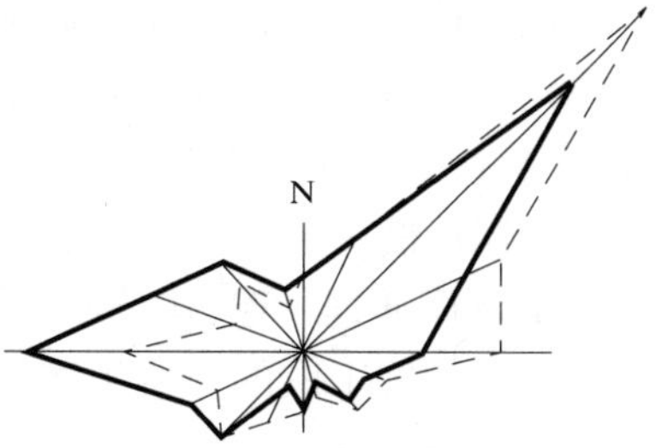

图 9-11　风向玫瑰图

八、坐标

建筑总平面图中坐标的主要作用是标定平面图内各建筑物之间的相对位置及与平面图外其他建筑物或参照物的相对位置关系，有建筑坐标系和测量坐标系两种，都属于平面坐标系，以细实线绘制。建筑坐标系一般是由设计者自行制定的坐标系，它的原点自定，两轴分别以 *A*、*B* 表示，如图 9-12(a)所示；测量坐标系是与国家或地方的测量坐标系相关联的，两轴分别以 *X*、*Y* 表示（*X* 轴指向北，*Y* 轴指向东），如图 9-12(b)所示。坐标值为负数时，应注“-”号；为正数时，“+”号可省略。如果总平面图中有两种坐标系，一般要给出两者之间的换算公式。

(a) 建筑坐标　　(b) 测量坐标

图 9-12　坐标

任务三　房屋建筑施工图的识读方法

房屋建筑施工图是用投影原理的各种图示方法和要求综合应用绘制出来的，所以识读房屋建筑施工图，必须具备相关的知识，按照正确的方法进行识读。

一、施工图识读的一般要求

(1)具备基本的投影知识。

(2)了解房屋组成与构造。

(3)掌握形体的各种图示方法及国家制图标准规定。

(4)牢记常用比例、线型、符号、图例等。

(5)认真识读设计说明或附注，全面准确地理解图纸内容。

二、施工图识读的一般方法与步骤

建筑专业施工图是整个房屋建筑施工图中最重要的组成部分，处于主导地位，主要表达建筑物的总体布局、外部造型、内部布置、人流物流、细部构造以及室内外装饰做法和效果等。建筑专业施工图是其他专业进行工程设计的基础和依据;在施工阶段,建筑专业施工图是首先被识读的设计文件,是施工单位进行施工放线、高程控制、主体施工、门窗安装、室内外装修和编制施工预算及施工组织计划的主要依据。

施工图识读的一般方法是:先看首页图(图纸目录和设计说明、工程做法表及门窗表),按图纸顺序通读一遍;按建施、结施和设施次序仔细识读;先基本图,后详图,分专业对照识读。识读施工图的一般步骤如下:整套图纸,先看首页图、说明,后看建施、结施和设施;识读建筑施工图时,先看总平面图和平面图,然后看立面图和剖面图,最后看详图;识读结构施工图时,先看基础施工图、结构平面布置图,然后看构件图,最后看构件详图或断面图;对于每一张图样,先看图标、文字,后看图样。

任务四　首页图与建筑总平面图

一、施工首页图

房屋建筑施工图中除各专业图样外,还包括图纸目录、设计说明等表格和说明文字。这部分内容通常集中编写,放在全套施工图的前部。当内容较少时,可以全部绘制在施工图的第一张图纸上,即首页图。

施工图首页一般由图纸目录、设计说明、工程做法表及门窗表组成。

(一)图纸目录

图纸目录用来组织和索引图纸,说明各专业图纸的名称、张数和顺序,通常要置于全套施工图的首页。看图前首先要检查整套施工图与图纸目录是否相符,防止由于缺页给识图和施工造成不必要的麻烦。表 9-2 为某建筑图纸目录示例(部分)。

(二)设计说明

设计说明是对施工图的必要补充,对图中未能详细表达或不易用图形表达的内容做进一步的详细说明,内容包括工程设计依据(如工程地质、水文、气象资料)、设计标准(建筑标准、结构荷载等级、抗震要求、耐火等级、防水等级)、工程概况(占地面积、建筑面积)、施工要求、工程做法(墙体、地面、楼面、屋面等的做法)和材料要求及注意事项。设计说明不仅包括建筑设计的内容,还包括其他专业设计的内容。

(三)工程做法表

工程做法表是对建筑各部位构造做法用表格的形式加以详细说明,如表 9-3 所示。内容一般包括构造的施工部位、名称、做法及备注等,因为多数属于基本土建装修,因此又称为建筑装修表。若采用标准图集中的做法,则应注明采用标准图集的代号,以便查找。

(四)门窗表

门窗表是对建筑物上所有不同类型门窗的统计表格,作为施工及预算的依据。门窗表应反映门窗的编号、类型、尺寸、数量、选用的标准图集编号等。表 9-4 为某建筑门窗表示例(部分)。

表 9-2　建筑图纸目录

序号	图号	图样名称	图幅	张数
1	建施-1	图纸目录、设计说明、工程做法表、门窗表	A1	1
2	建施-2	建筑总平面图	A2	1
3	建施-3	底层平面图、标准层平面图	A1	1
4	建施-4	顶层平面图、屋顶平面图	A1	1
5	建施-5	①~⑪轴立面图、⑪~①轴立面图	A1	1
6	建施-8	Ⓐ~Ⓔ轴立面图、1—1 剖面图	A1	1
7	建施-9	Ⓔ~Ⓐ轴立面图、2—2 剖面图	A1	1
8	建施-10	楼梯详图、节点详图	A1	1
9	建施-11	屋面排水图、墙身大样	A2	1
10	结施-1	基础平面图	A1	1
11	结施-2	二层结构布置图	A1	1
⋮	⋮	⋮	⋮	⋮

表 9-3　工程做法表(部分)

编号	名称		施工部位	做法	备注
1	外墙面	涂料墙面	见立面图	98J1 外 14	颜色由甲方定
2	内墙面	瓷砖墙面	厨房、卫生间、阳台	98J1 内 43	颜色及规格甲方定
3	踢脚	水泥砂浆踢脚	卫生间不做	98J1 踢 1	
4	楼面	水泥砂浆楼面	仅用于楼梯间	98J1 楼 1	
		地砖楼面	客厅、餐厅、卧室	98J1 楼 12	颜色及规格甲方定
		地砖楼面	厨房、卫生间	98J1 楼 14	颜色及规格甲方定
5	顶棚	乳胶漆顶棚	所有	98J1 棚 7	
6	油漆		木件	98J1 油 6	
			铁件	98J1 油 22	
7	散水			98J1 散 3	宽度 1 500 mm

表 9-4　门窗表(部分)

类别	编号	名称	洞口尺寸(mm)		数量	图集编号	备注
			宽	高			
门	M1	塑钢门	2 400	2 700	2	98J4(一)-51-2PM-59	现场
	M2	木门	1 000	2 400	25	98J4(一)-6-1M-37	
	⋮	⋮	⋮	⋮	⋮	⋮	
窗	C1	塑钢窗	1 800	2 100	2	98J4(一)-39-1TC-76	
	C2	塑钢窗	1 200	1 800	16	98J4(一)-39-1TC-46	
	⋮	⋮	⋮	⋮	⋮	⋮	

二、建筑总平面图

(一)总平面图的形成

将房屋建筑工程四周一定范围内的新建、拟建、原有和拆除的建筑物、构筑物连同其周围的地形、地物状况用正投影的方法并采用《总图制图标准》(GB/T 50103—2010)中的相应图例(见表9-5)绘制而成的工程图样,即为建筑总平面图。

表9-5　总平面图常用图例

名称	图例	说明
新建建筑物	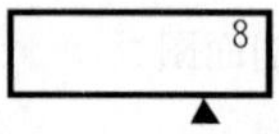	建筑物外形用粗实线表示,可以不画出入口,需要时,可用▲表示出入口 可在图形内右上角用点数或数字表示层数
原有建筑物	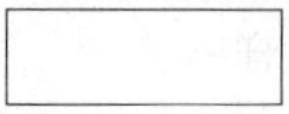	用细实线表示
计划扩建的预留地或建筑物		用中虚线表示
拆除的建筑物	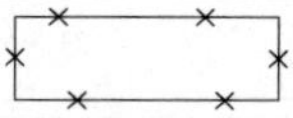	用细实线表示
敞棚或敞廊	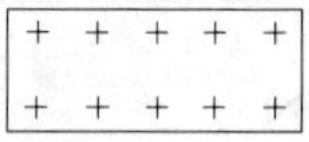	
围墙及大门	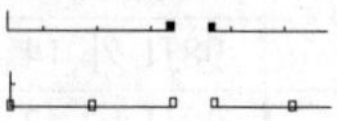	上图为实体性质的围墙(砖石、混凝土等) 下图为通透性质的围墙(篱笆、栏杆等) 仅表示围墙时不画大门
坐标	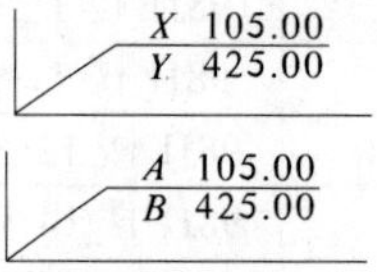	上图表示测量坐标 下图表示建筑坐标
护坡	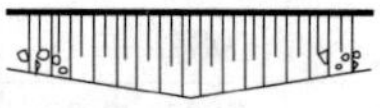	边坡较长时,可在一端或两端局部表示
原有道路	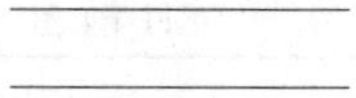	
计划扩建的道路		
新建的道路	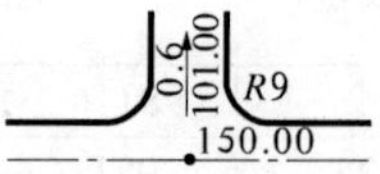	"R9"表示道路转弯半径为9 m "150.00"为路面中心控制点标高 "0.6"表示0.6%的纵向坡度 "101.00"表示边坡点间距离
铺砌场地	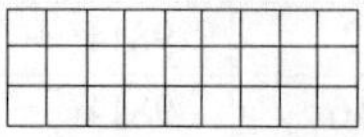	
草坪	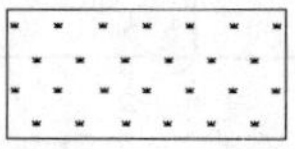	

续表 9-5

名称	图例	说明
绿篱	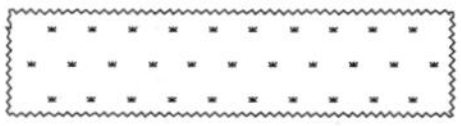	
植草砖铺地	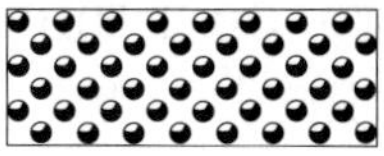	

总平面图反映出建筑基地范围内总体布置情况，如工程平面轮廓和层数、与原有建筑物的相对位置、地形地物、周围环境、道路和绿化等。

（二）总平面图的作用

总平面图是新建房屋建筑定位、施工放线、土方施工及现场布置的依据，也是水、暖、电等专业设备管线敷设的依据，同时也是施工时安排材料进场、构配件预制堆放以及运输道路等施工总平面布置的依据。

（三）识读内容和方法

建筑总平面图主要表示新建建筑的形状、位置、朝向、标高以及周围原有建筑、地形、道路、绿化等内容。

建筑总平面图是新建房屋施工定位、土方施工，以及绘制水、暖、电等管线总平面图和施工总平面图的依据。下面以图 9-13 为例说明识读内容和方法。

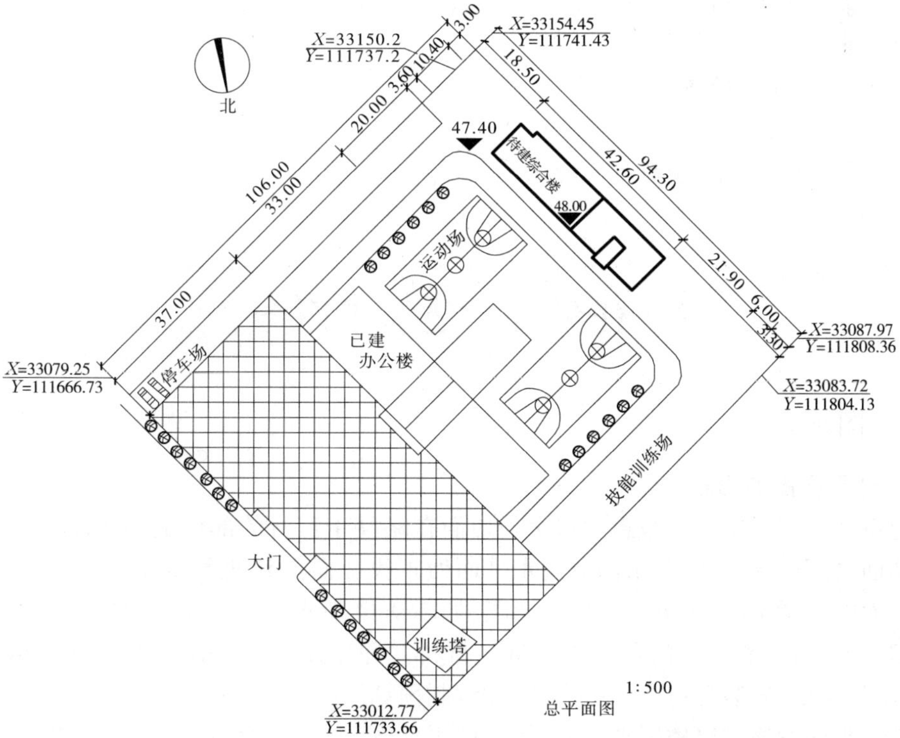

图 9-13　某消防中队干警宿舍楼建筑总平面图

1. 图名、比例、图例

新建建筑的工程名称可见图纸标题栏,图 9-13 为某消防中队干警宿舍楼建筑总平面图。总平面绘制的面积范围较大,所以采用较小的比例,如 1∶500、1∶1 000、1∶2 000。本图比例为 1∶500。由于总平面图的绘制比例较小,许多物体不可能按原状绘出,因而采用了图例符号来表示。读图时,必须熟悉《总图制图标准》(GB/T 50103—2010)中规定的图例符号及其意义。若图中有附注图例,则按附注图例识读。

2. 新建建筑的位置和朝向

新建建筑平面位置在总平面图上的标定方法有两种:对于小型项目,以相邻原有永久性建筑物的位置为依据,引出相对位置;对于大型建筑或附近没有相邻建筑物时,往往用城市规划网的测量坐标及平面尺寸来确定建筑物角点的位置。本图新建宿舍楼的位置可由图中测量坐标及平面尺寸定位。首先由西南角的坐标点(X = 33 154. 45、Y = 111 741. 43)向东 3 m、向北 18. 50 m 定出新建宿舍楼的西南角点,再由图中尺寸定出其他角点,从而确定建筑的位置。新建建筑的朝向可由指北针或风向玫瑰图确定。图 9-13 新建宿舍楼的朝向是坐西朝东。

3. 新建建筑的标高和层数

从图 9-13 中看出,新建建筑的绝对标高为 48. 00 m,即底层室内地面标高±0. 000 相当于绝对标高 48. 00 m。室外地坪绝对标高为 47. 40 m,可知室内外高差为 0. 60 m。

4. 新建建筑四周的道路、绿化等周围环境情况

主要表示道路位置、走向以及与新建建筑的联系等。图 9-13 中新建宿舍楼东侧与道路相距 2. 6 m。

5. 树木、花草等的布置情况

(略)

6. 喷泉、凉亭、雕塑等的布置情况

(略)

任务五　建筑平面图

一、图示方法

(一) 平面图的形成

建筑平面图是用一个假想的水平剖切面在略高于窗台的部位剖切房屋,移去观察者和剖切面之间的部分,将剩余部分向水平面做正投影而得到的图样,简称平面图,按照水平剖切面的位置不同,可形成各层平面图,如图 9-14 所示。它反映出房屋的平面形状、大小和房间的布置,墙(或柱)的位置、厚度、材料,门窗的位置、大小、开启方向等情况,为施工时放线、砌墙、安装门窗、室内外装修及编制预算等的重要依据。

建筑平面图通常以楼层来命名,如底层平面图、二层平面图、三层平面图等。一般情况下,房屋有几层,就对应画出几个平面图,并在图形的下方注出相应的图名、比例等。

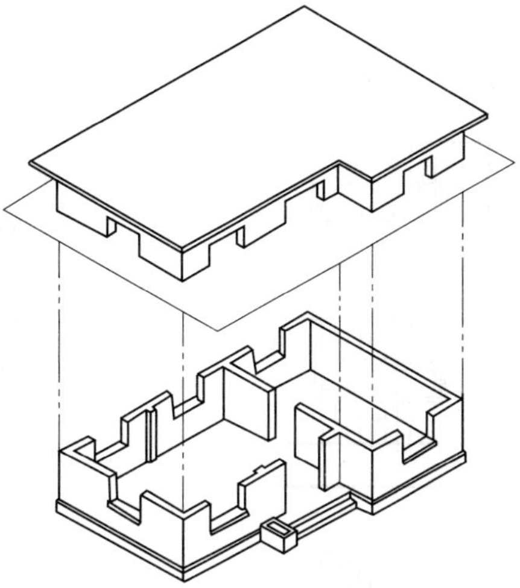

图 9-14　建筑平面图的形成

(二)平面图的表示

若建筑物各层的房间布置不同,则应分别画出各层平面图;若建筑物的各层布置相同,则可以用两个或三个平面图表达,即只画底层平面图和楼层平面图(或顶层平面图)。此时,楼层平面图代表了中间各层相同的平面,故称标准层平面图。建筑平面图常用的比例为 1∶50、1∶100 、1∶200、1∶300 等。平面图比例小于 1∶100 时,材料图例可简化(如砌体墙涂红、钢筋混凝土涂黑)。

在平面图中常采用图例表示房屋的构造及配件,《建筑制图标准》(GB/T 50104—2010)规定的各种构造及配件图例如表 9-6 所示。

表 9-6　构造及配件图例

序号	名称	图例	备注
1	墙体		1. 上图为外墙,下图为内墙。 2. 外墙细线表示有保温层或有幕墙。 3. 应加注文字或涂色或图案填充表示各种材料的墙体。 4. 在各层平面图中防火墙宜着重以特殊图案填充表示
2	隔断		1. 加注文字或涂色或图案填充表示各种材料的轻质隔断。 2. 适用于到顶与不到顶隔断
3	玻璃幕墙		幕墙龙骨是否表示由项目设计决定
4	栏杆		—

续表 9-6

序号	名称	图例	备注
5	楼梯	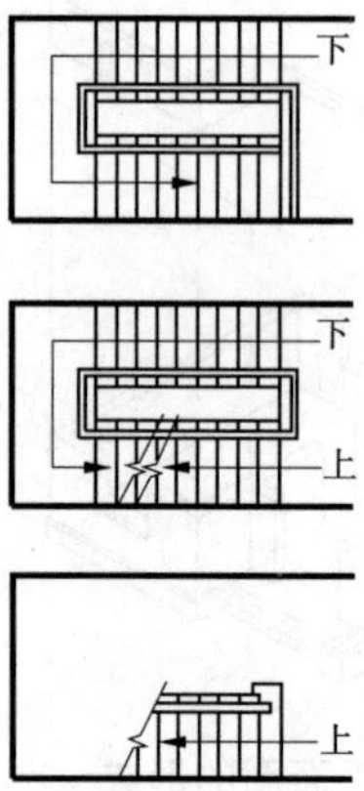	1. 上图为顶层楼梯平面,中图为中间层楼梯平面,下图为底层楼梯平面。 2. 需设置靠墙扶手或中间扶手时,应在图中表示
6	坡道	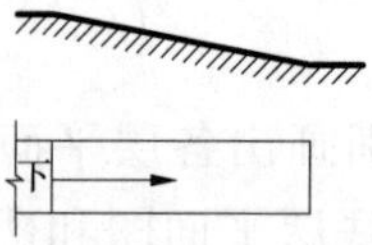	长坡道
		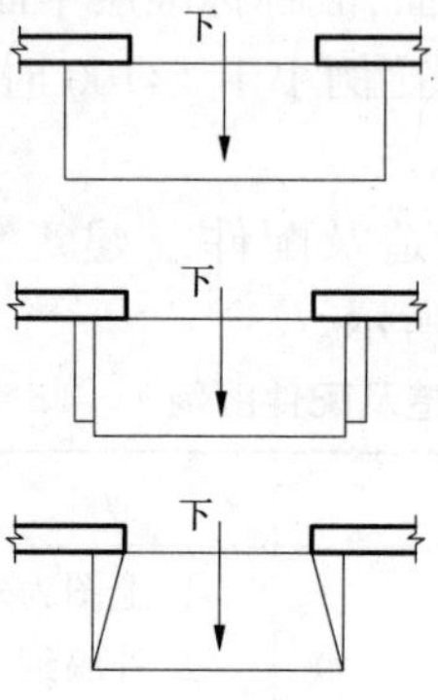	上图为两侧垂直的门口坡道,中图为有挡墙的门口坡道,下图为两侧找坡的门口坡道
7	台阶	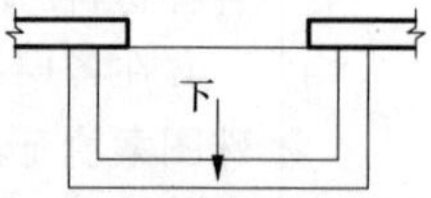	—
8	平面高差	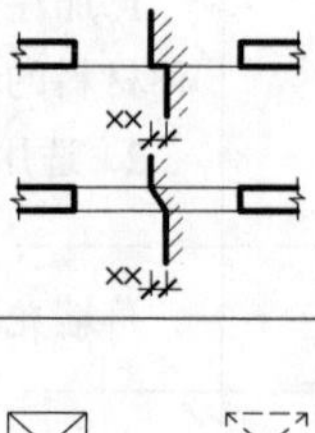	用于高差小的地面或楼面交接处,并应与门的开启方向协调
9	检查口	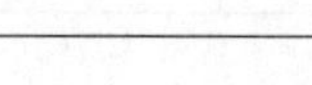	左图为可见检查口,右图为不可见检查口

续表 9-6

序号	名称	图例	备注
10	孔洞		阴影部分亦可填充灰度或涂色代替
11	坑槽		—
12	墙预留洞、槽	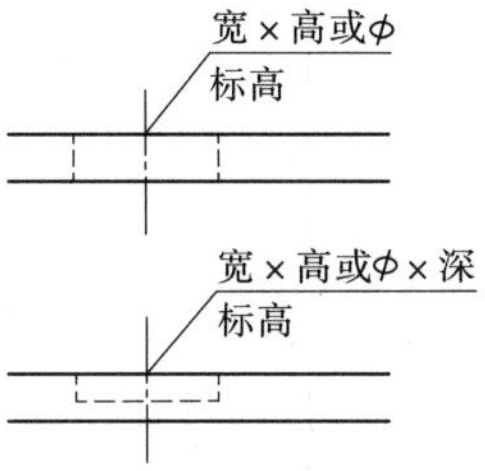	1. 上图为预留洞,下图为预留槽。 2. 平面以洞(槽)中心定位。 3. 标高以洞(槽)底或中心定位。 4. 宜以涂色区别墙体和预留洞(槽)
13	地沟	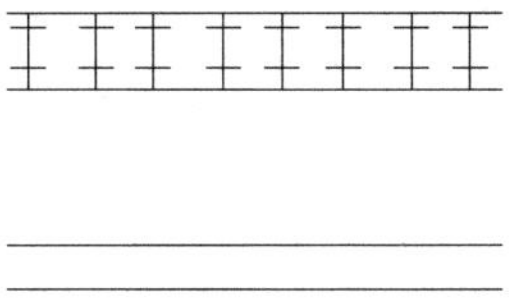	上图为活动盖板地沟,下图为无盖板明沟
14	烟道	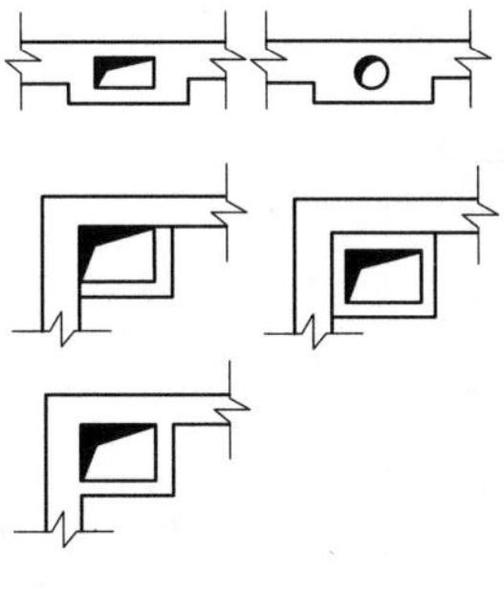	1. 阴影部分亦可涂色代替。 2. 烟道、风道与墙体为相同材料,其相接处墙身线应连通。 3. 烟道、风道根据需要增加不同材料的内衬
15	风道	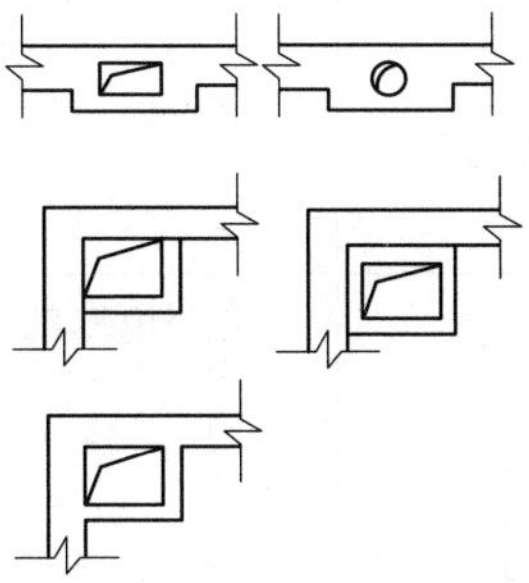	

续表 9-6

序号	名称	图例	备注
16	新建的墙和窗	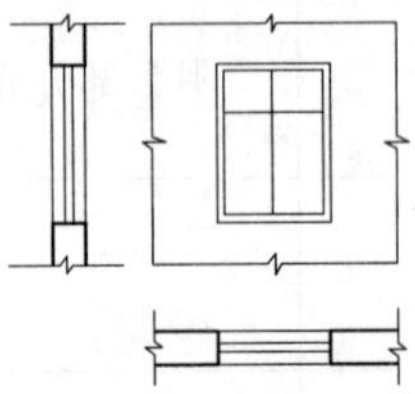	—
17	改建时保留的墙和窗	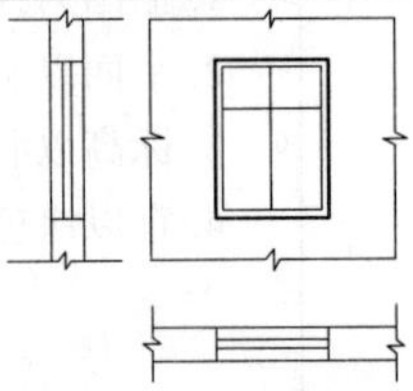	只更换窗，应加粗窗的轮廓线
18	拆除的墙	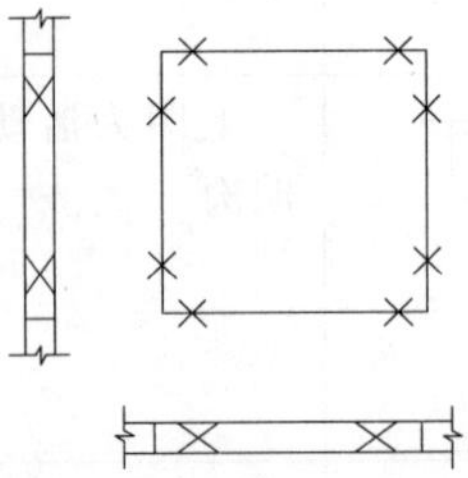	—
19	改建时在原有墙或楼板新开的洞	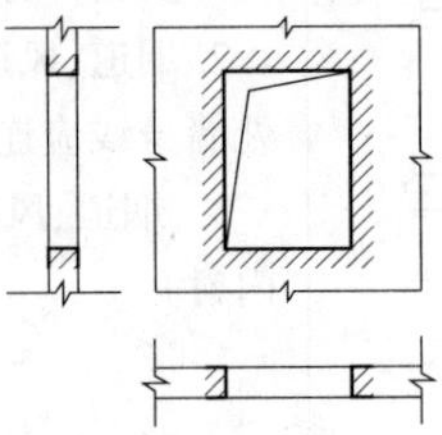	—
20	在原有墙或楼板洞旁扩大的洞	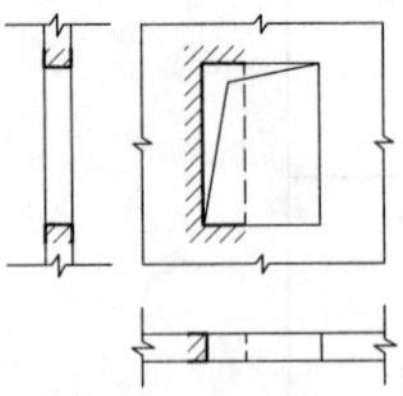	图示为洞口向左边扩大
21	在原有墙或楼板上全部填塞的洞	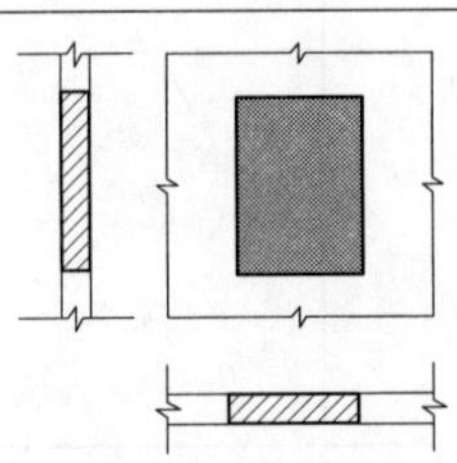	全部填塞的洞图中立面填充灰度或涂色

续表 9-6

序号	名称	图例	备注
22	在原有墙或楼板上局部填塞的洞	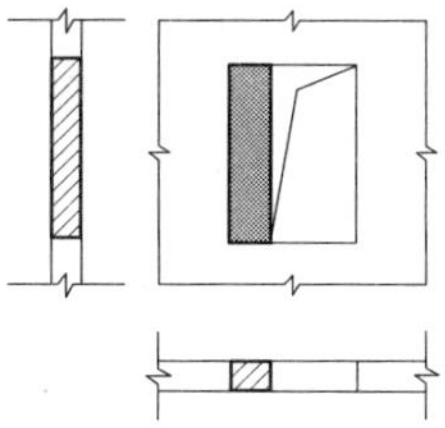	左侧为局部填塞的洞，图中立面图填充灰度或涂色
23	空门洞	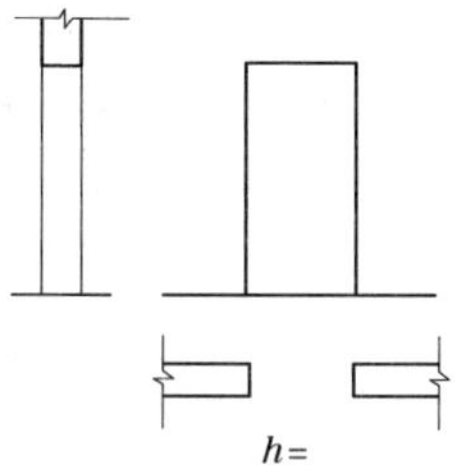	h 为门洞高度
24	单面开启单扇门（包括平开或单面弹簧）	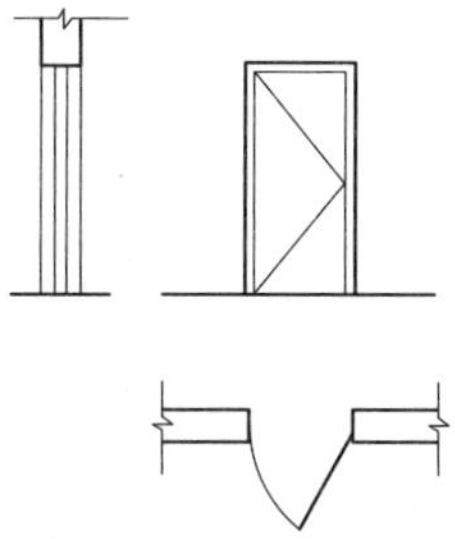	1. 门的名称代号用 M 表示。 2. 平面图中，下为外，上为内，门开启线为 90°、60°或 45°，开启弧线宜绘出。 3. 立面图中，开启线实线为外开，虚线为内开。开启线交角的一侧为安装合页一侧。开启线在建筑立面图中可不表示，在立面大样图中可根据需要绘出。 4. 剖面图中，左为外，右为内。 5. 附加纱扇应以文字说明，在平、立、剖面图中均不表示。 6. 立面形式应按实际情况绘制
	双面开启单扇门（包括双面平开或双面弹簧）	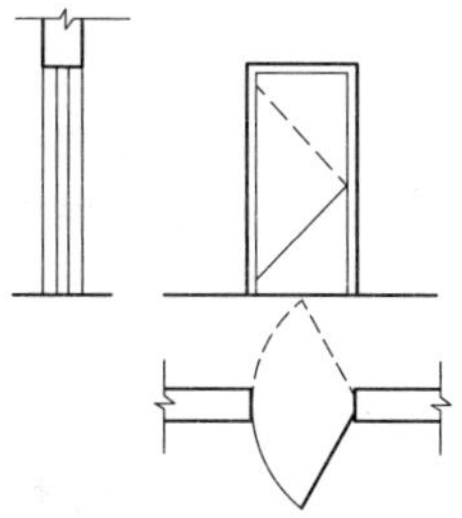	
	双层单扇平开门	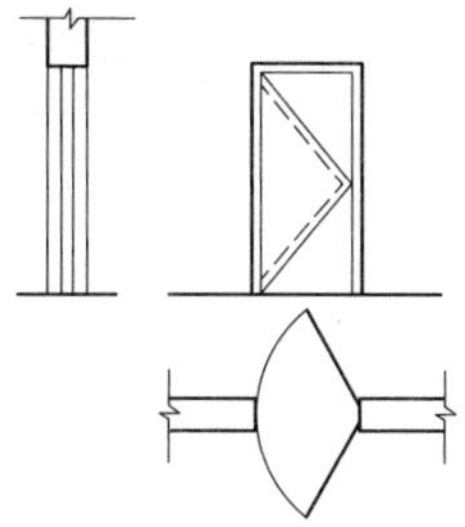	

续表 9-6

序号	名称	图例	备注
25	单面开启双扇门(包括平开或单面弹簧)	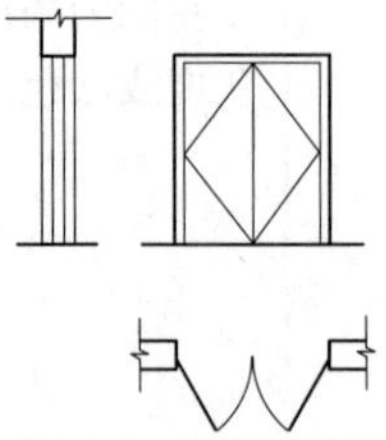	1. 门的名称代号用 M 表示。 2. 平面图中,下为外,上为内,门开启线为 90°、60°或 45°,开启弧线宜绘出。 3. 立面图中,开启线实线为外开,虚线为内开。开启线交角的一侧为安装合页一侧。开启线在建筑立面图中可不表示,在立面大样图中可根据需要绘出。 4. 剖面图中,左为外,右为内。 5. 附加纱扇应以文字说明,在平、立、剖面图中均不表示。 6. 立面形式应按实际情况绘制
	双面开启双扇门(包括双面平开或双面弹簧)	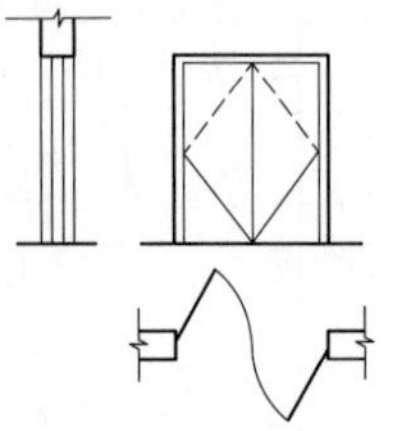	
	双层双扇平开门	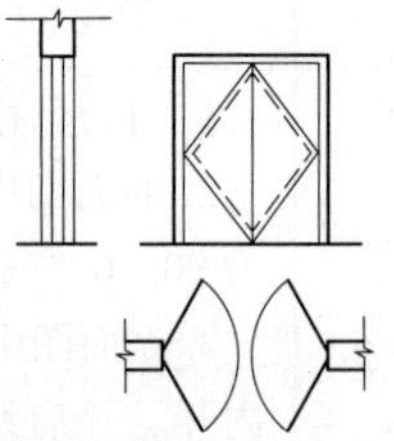	
26	折叠门	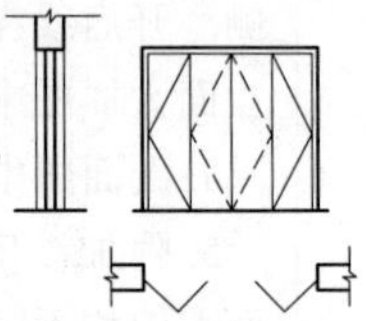	1. 门的名称代号用 M 表示。 2. 平面图中,下为外,上为内。 3. 立面图中,开启线实线为外开,虚线为内开。开启线交角的一侧为安装合页一侧。 4. 剖面图中,左为外,右为内。 5. 立面形式应按实际情况绘制
	推拉折叠门	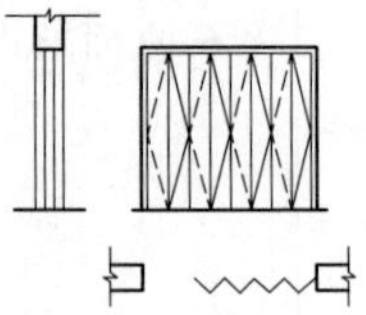	
27	墙洞外单扇推拉门	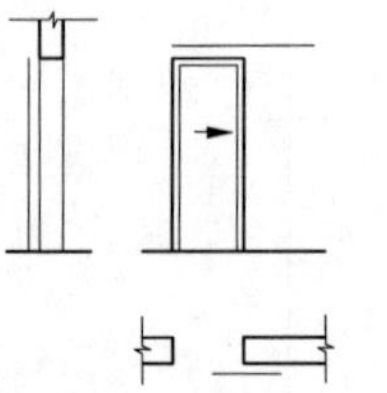	1. 门的名称代号用 M 表示。 2. 平面图中,下为外,上为内。 3. 剖面图中,左为外,右为内。 4. 立面形式应按实际情况绘制
	墙洞外双扇推拉门	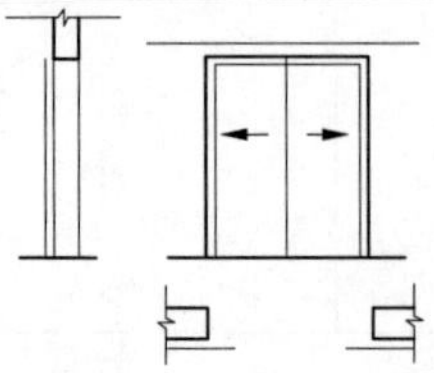	

续表 9-6

序号	名称	图例	备注
27	墙中单扇推拉门	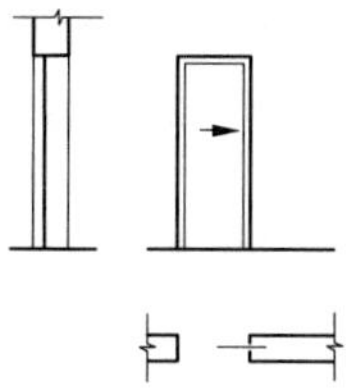	1. 门的名称代号用 M 表示。 2. 立面形式应按实际情况绘制
	墙中双扇推拉门	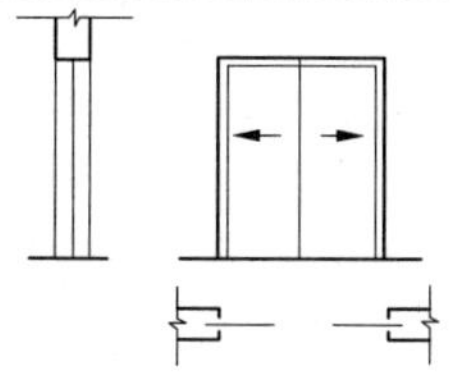	
28	推杠门	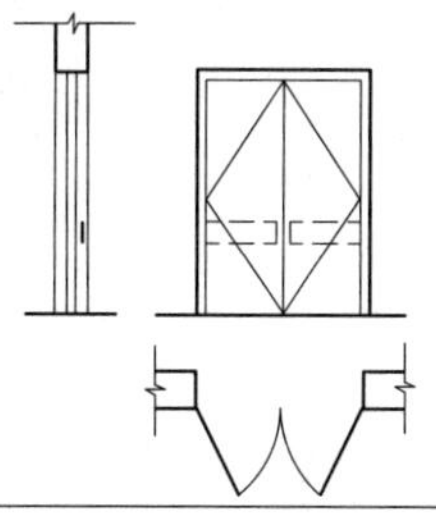	1. 门的名称代号用 M 表示。 2. 平面图中,下为外,上为内,门开启线为 90°、60°或 45°。 3. 立面图中,开启线实线为外开,虚线为内开。开启线交角的一侧为安装合页一侧。开启线在建筑立面图中可不表示,在室内设计门窗立面大样图中需绘出。 4. 剖面图中,左为外,右为内。 5. 立面形式应按实际情况绘制
29	门连窗	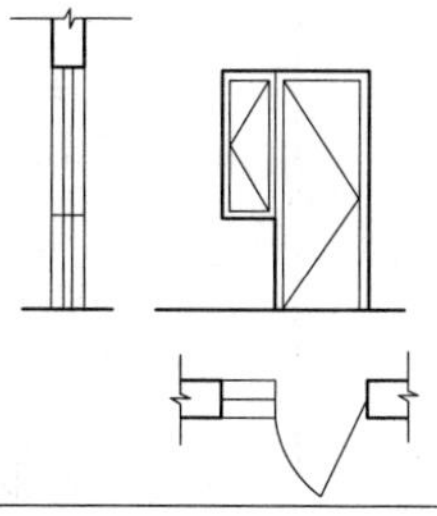	
30	旋转门	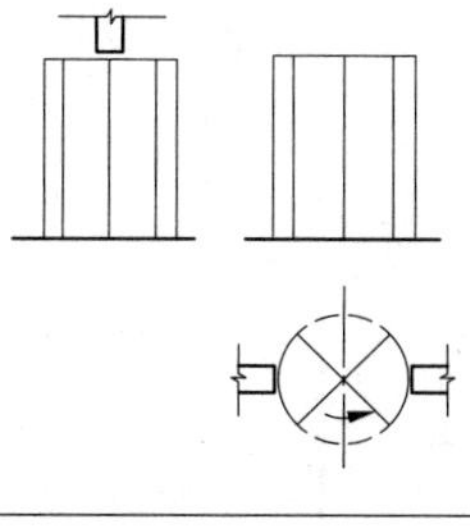	1. 门的名称代号用 M 表示。 2. 立面形式应按实际情况绘制
	两翼智能旋转门	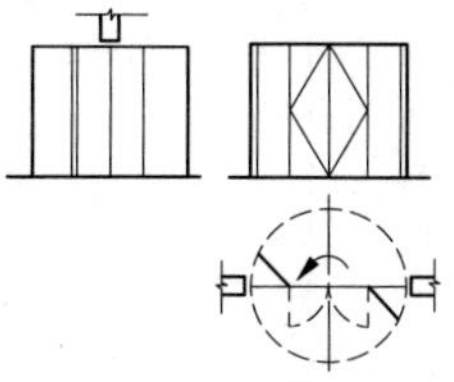	

续表 9-6

序号	名称	图例	备注
31	自动门	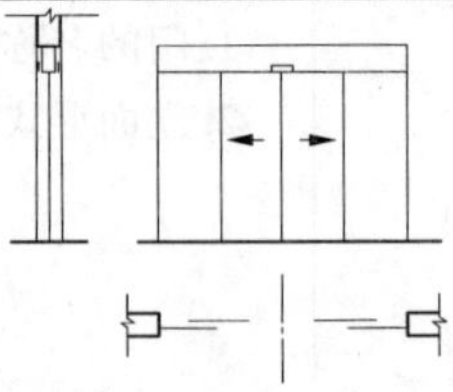	1. 门的名称代号用 M 表示。 2. 立面形式应按实际情况绘制
32	折叠上翻门	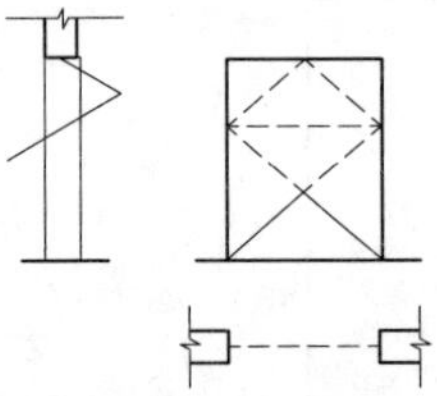	1. 门的名称代号用 M 表示。 2. 平面图中,下为外,上为内。 3. 剖面图中,左为外,右为内。 4. 立面形式应按实际情况绘制
33	提升门	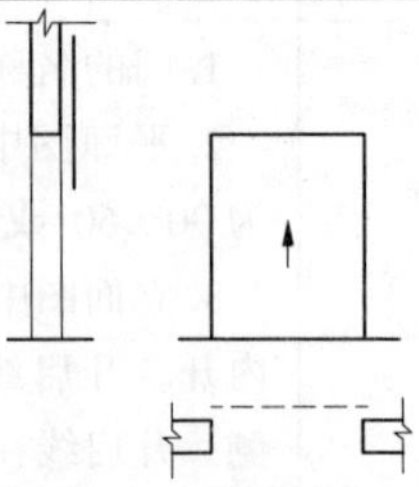	1. 门的名称代号用 M 表示。 2. 立面形式应按实际情况绘制
34	分节提升门	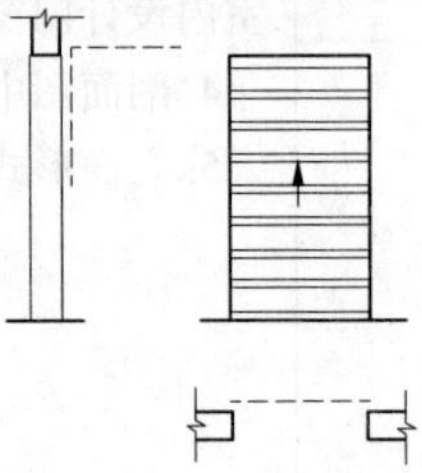	
35	人防单扇防护密闭门	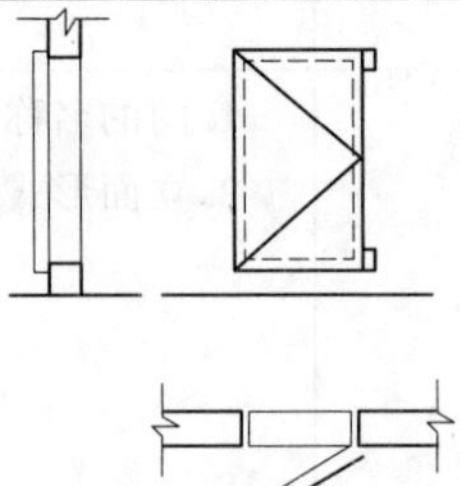	1. 门的名称代号按人防要求表示。 2. 立面形式应按实际情况绘制
	人防单扇密闭门	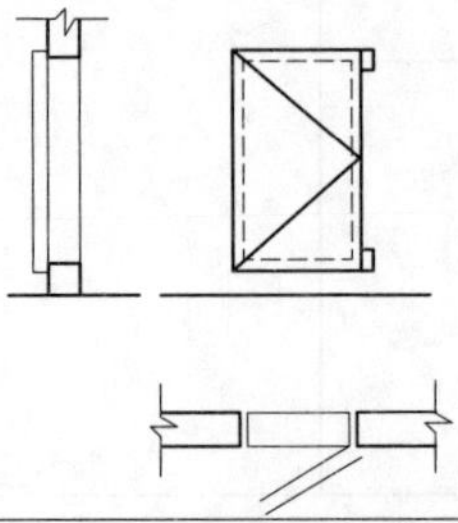	

续表 9-6

序号	名称	图例	备注
36	人防双扇防护密闭门	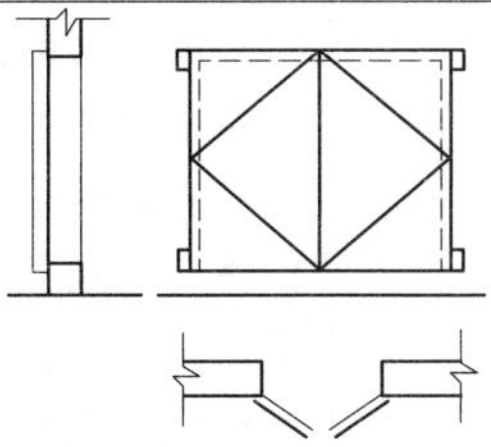	1. 门的名称代号按人防要求表示。 2 立面形式应按实际情况绘制
	人防双扇密闭门	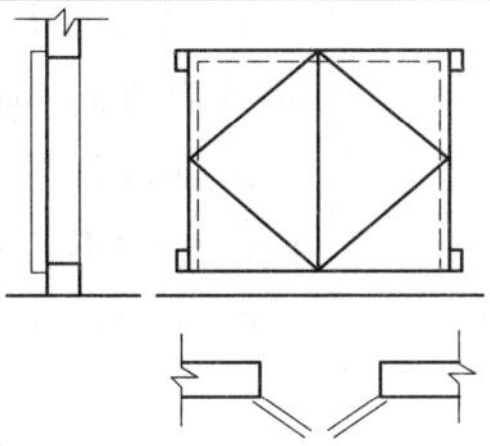	
37	横向卷帘门	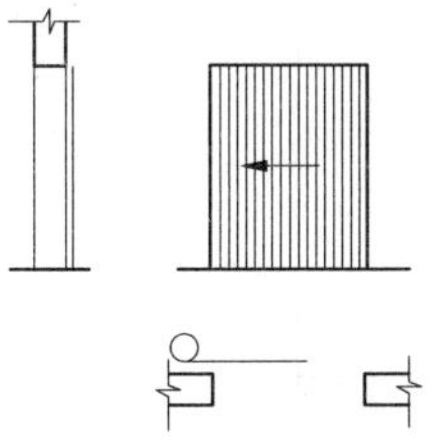	1. 窗的名称代号用 C 表示。 2. 平面图中,下为外,上为内。 3. 立面图中,开启线实线为外开,虚线为内开。开启线交角的一侧为安装合页一侧。开启线在建筑立面图中可不表示,在门窗立面大样图中需绘出。 4. 剖面图中,左为外,右为内,虚线仅表示开启方向,项目设计不表示。 5. 附加纱窗应以文字说明,在平、立、剖面图中均不表示。 6. 立面形式应按实际情况绘制
	竖向卷帘门	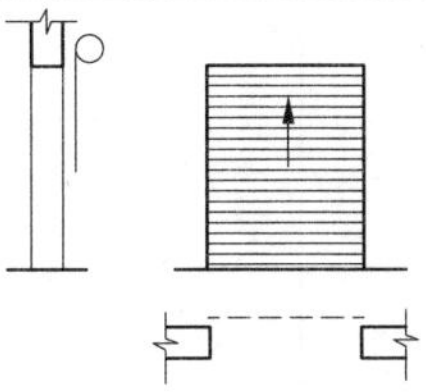	
	单侧双层卷帘门	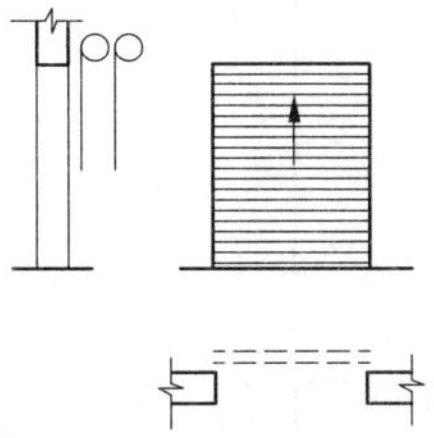	
	双侧双层卷帘门	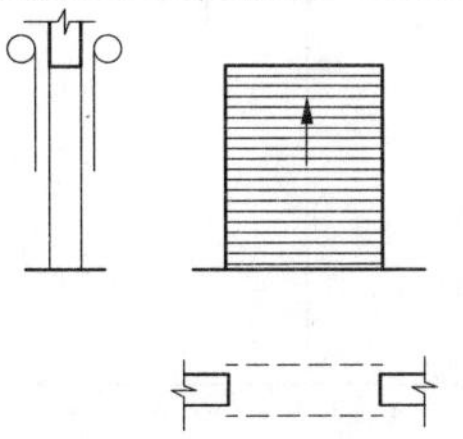	

续表 9-6

序号	名称	图例	备注
38	固定窗	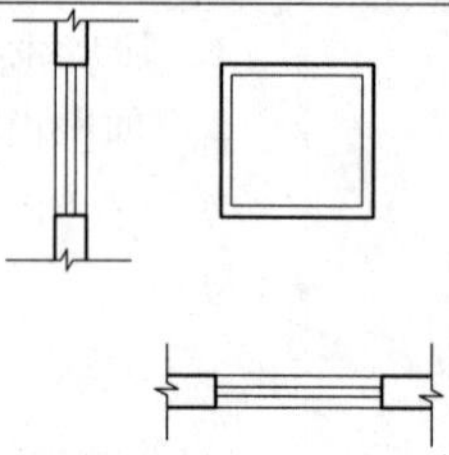	1. 窗的名称代号用 C 表示。 2. 平面图中,下为外,上为内。 3. 立面图中,开启线实线为外开,虚线为内开。开启线交角的一侧为安装合页一侧。开启线在建筑立面图中可不表示,在门窗立面大样图中需绘出。 4. 剖面图中,左为外,右为内,虚线仅表示开启方向,项目设计不表示。 5. 附加纱窗应以文字说明,在平、立、剖面图中均不表示。 6. 立面形式应按实际情况绘制
39	上悬窗	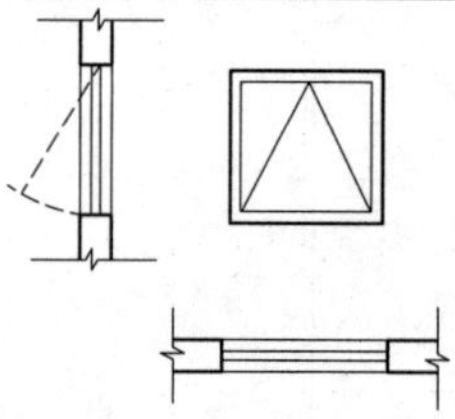	
	中悬窗	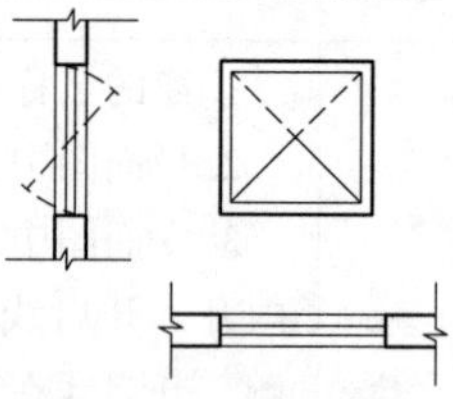	
40	下悬窗	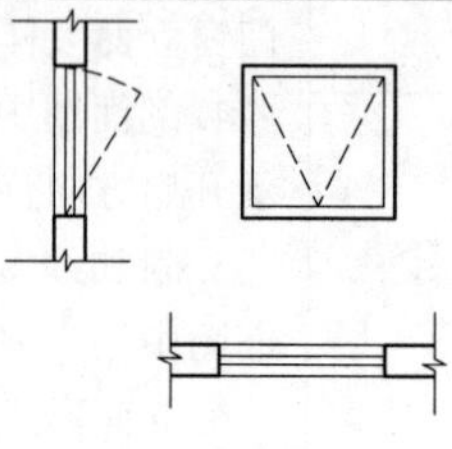	
41	立转窗	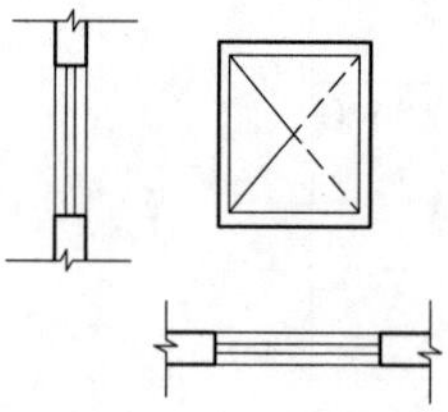	
42	内开开内倾窗	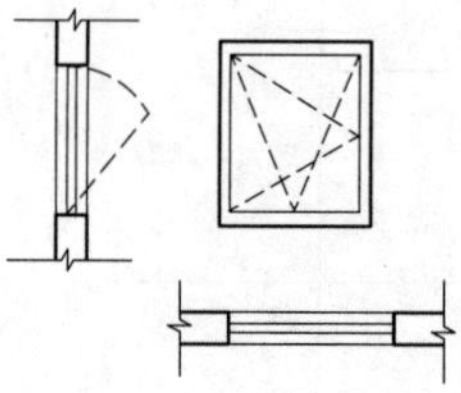	

续表 9-6

序号	名称	图例	备注
43	单层外开平开窗	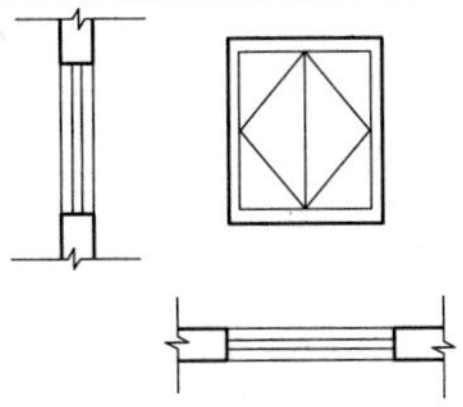	1. 窗的名称代号用 C 表示。 2. 平面图中,下为外,上为内。 3. 立面图中,开启线实线为外开,虚线为内开。开启线交角的一侧为安装合页一侧。开启线在建筑立面图中可不表示,在门窗立面大样图中需绘出。 4. 剖面图中,左为外,右为内,虚线仅表示开启方向,项目设计不表示。 5 附加纱窗应以文字说明,在平、立、剖面图中均不表示。 6. 立面形式应按实际情况绘制
	单层内开平开窗	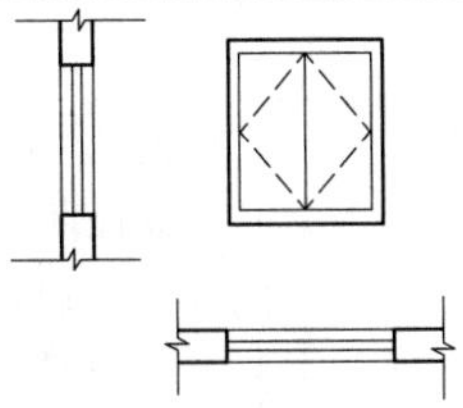	
	双层内外开平开窗	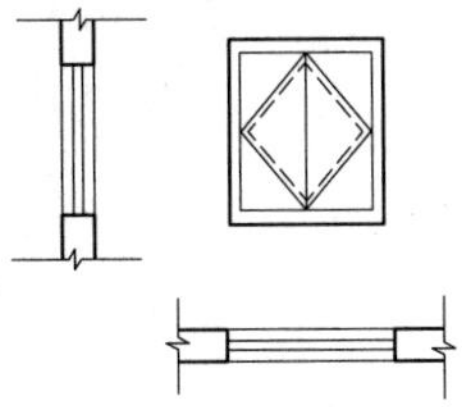	
44	单层推拉窗	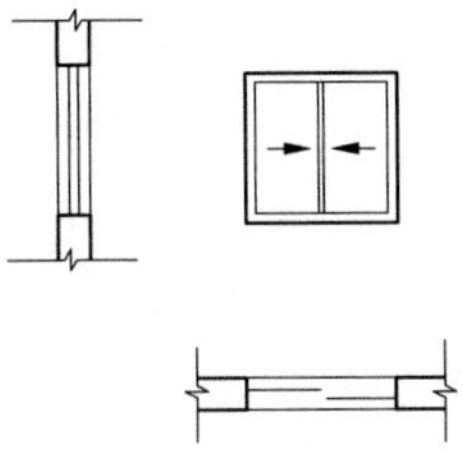	1. 窗的名称代号用 C 表示。 2 . 立面形式应按实际情况绘制
	双层推拉窗	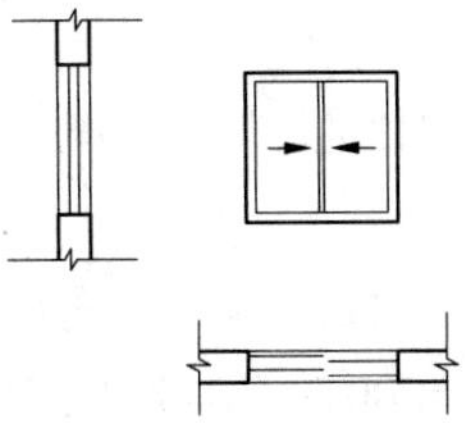	
45	上推窗	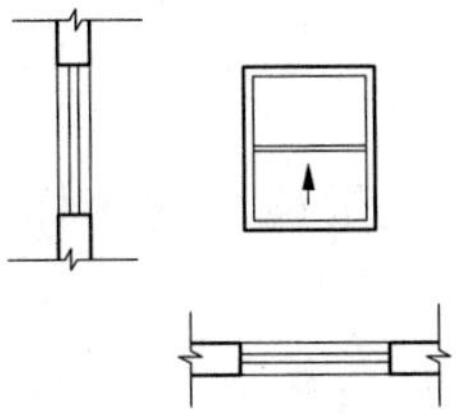	

续表 9-6

序号	名称	图例	备注
46	百叶窗	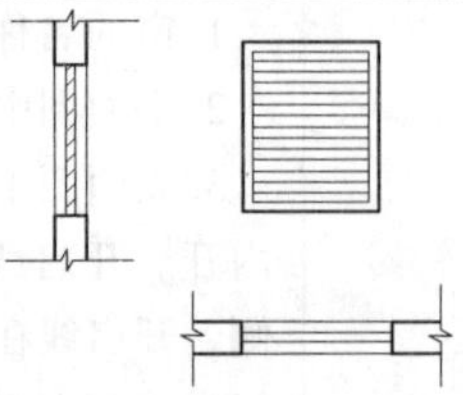	1. 窗的名称代号用 C 表示。 2 . 立面形式应按实际情况绘制
47	高窗	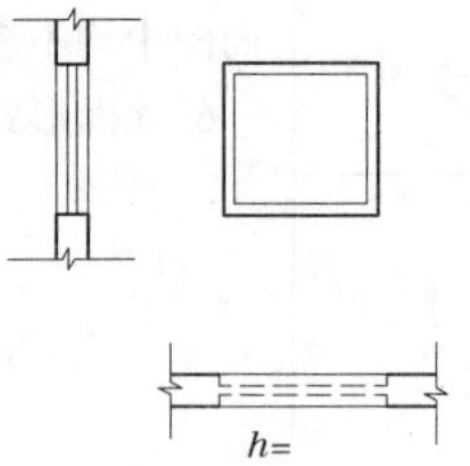	1. 窗的名称代号用 C 表示。 2. 立面图中，开启线实线为外开，虚线为内开。开启线交角的一侧为安装合页一侧。开启线在建筑立面图中可不表示，在门窗立面大样图中需绘出。 3. 剖面图中，左为外，右为内。 4 立面形式应按实际情况绘制。 5. h 表示高窗底距本层地面标高。 6. 高窗开启方式参考其他窗型
48	平推窗	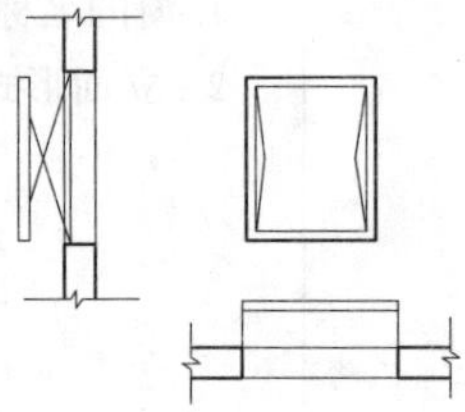	1. 窗的名称代号用 C 表示。 2. 立面形式应按实际情况绘制

（三）图线表示方法

图线的宽度 b，应根据图样的复杂程度和比例，按《房屋建筑制图统一标准》（GB/T 50001—2017）中图线的规定选用。

在建筑平面图、立面图、剖面图及详图中，建筑专业、室内设计专业制图采用的各种图线，应符合《房屋建筑制图统一标准》（GB/T 50001—2017）的规定。

二、识读内容和方法

（一）底层平面图

底层平面图是所有平面图中最重要、信息量最多的图样。底层平面图主要反映以下内容：

（1）表示建筑物图名、比例、形状和朝向；

（2）表示建筑物的墙、柱位置并对其轴线编号，以及门、窗位置及编号；

（3）注明各房间名称及室内外楼地面标高；

(4)表示楼梯的位置及楼梯上下行方向及级数、楼梯平台标高；

(5)表示阳台、雨篷、台阶、雨水管、散水、明沟、花池等的位置及尺寸；

(6)表示室内设备(如卫生器具、水池等)的形状、位置；

(7)画出剖面图的剖切符号及编号；

(8)标注墙厚、墙段、门、窗、房屋开间、进深等各项尺寸；

(9)标注详图索引符号。

下面以图 9-15 为例说明底层平面图的识读内容和方法。

1. 图名、比例、形状、朝向

本图为底层平面图，绘制比例为 1:100。建筑的平面形状为长方形。由指北针可看出建筑为坐北朝南。入口在南侧，楼梯、卫生间在北侧。

2. 结构形式与定位轴线

本建筑为框架结构。以框架柱中心确定定位轴线位置。图中横向定位轴线有①~⑨轴，竖向定位轴线有Ⓐ~Ⓓ轴。主要入口在南向⑤~⑥轴之间，室外设有二步台阶和行车坡道，楼梯间正对入口，内外墙厚度均为 240 mm。

3. 平面布置

建筑底层设有两个入口、大开间办公室，功能可以自由分隔。在建筑北侧有两部楼梯，卫生间紧邻主楼梯。

4. 门窗布置、数量及型号

在建筑平面图中门用 M 表示，窗用 C 表示。不同类型的门窗用编号加以区分并在门窗表中汇总。本平面图中，有六种不同类型的窗：南外墙窗类型为 C-1，北外墙窗类型为 C-1、C-3、C-5 、C-6，东外墙窗类型为 C-2，西外墙窗类型为 C-4，均为推拉窗。有两种不同类型的门：主入口门厅大门 M-1 为双扇平开门，次入口侧门 M-2 也为双扇平开门，M-3、M-4 均为单扇平开门。

5. 尺寸标注

建筑平面图中尺寸标注分为外部尺寸和内部尺寸。外部尺寸一般分三道标注：最里一道是细部尺寸，表示门窗洞口宽、墙垛宽等，一般按需要标注出室内长宽方向净尺寸、房屋内部门窗洞口尺寸、墙厚及轴线的关系、固定设备的大小与位置等；中间一道是轴间尺寸，一般表示房间的开间和进深；最外面一道是外包尺寸，表示建筑物外轮廓的总长和总宽。

该平面图中，由细部尺寸可以看出：C-1 洞口宽 2 400 mm，与轴线间距为 800 mm；C-2 洞口宽 1 500 mm；柱截面尺寸为 400 mm×450 mm；M-1 洞口宽 2 700 mm。由轴间尺寸可以看出：东西方向轴线间距有 2 700 mm、4 000 mm，南北方向轴线间距依次为：4 500 mm、6 900 mm、6 860 mm。由外包尺寸可以看出：建筑总长为 28 240 mm，总宽 18 500 mm。由内部尺寸可以看出：主入口雨篷柱东西间距为 5 200 mm，台阶踏面宽 300 mm，行车坡道宽 4 200 mm，散水宽 600 mm，卫生间墙厚 120 mm。

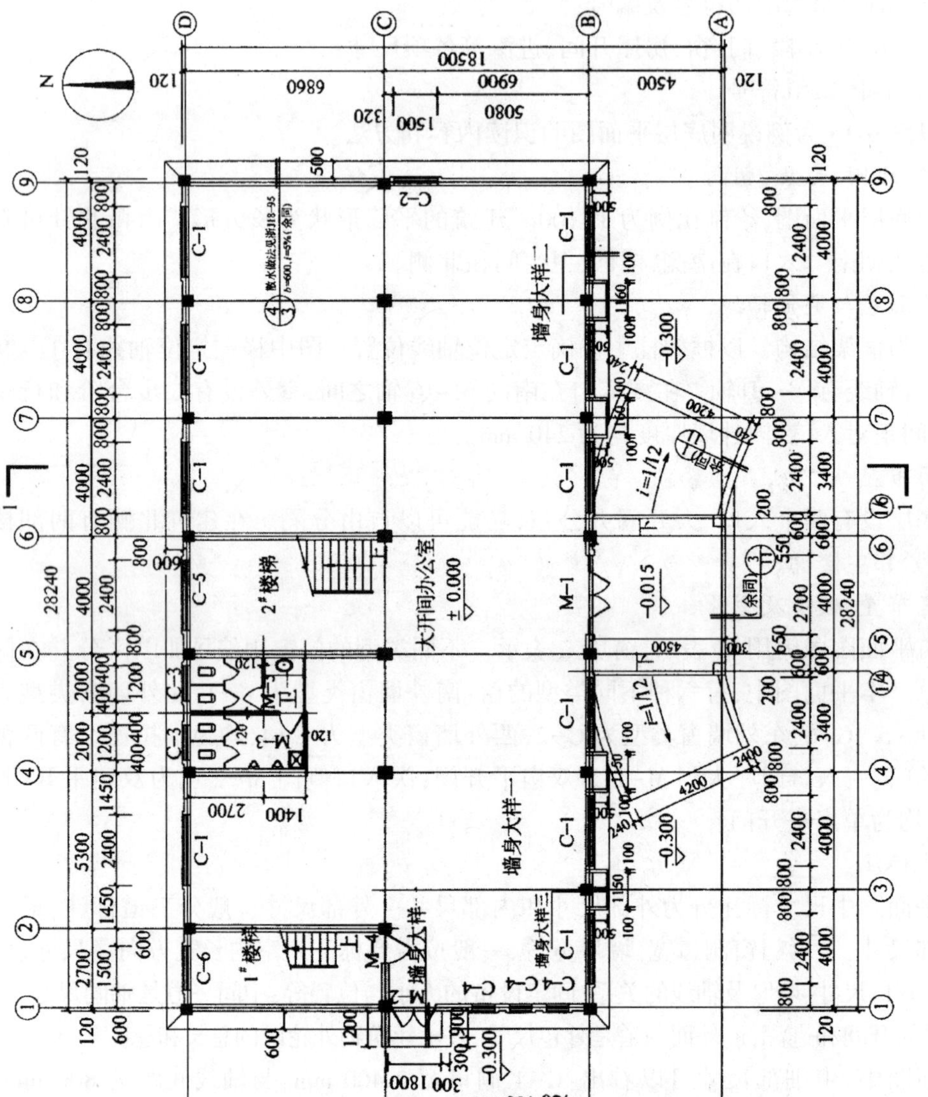

图 9-15 某办公楼底层平面图

6. 标高

建筑底层平面图中一般要注写室内外地坪、室外台阶面等部位的建筑标高，采用相对标高(保留到小数点后三位数字，单位为 m)。

在本平面图中，室内地面标高为±0.000 m，室外台阶面标高为-0.015 m，表示比室内地面低 15 mm。根据说明文字，卫生间地面较相邻房间地面低 30 mm，卫生间地面标高应为-0.030 m。室外地面标高为-0.300 m，表示比室内地面低 300 mm。

7. 剖切位置、索引符号

在建筑施工图中，剖切符号一般画在底层平面图中，表示剖切位置、剖视方向等。若某一局部需另见详图，应用索引符号注明。

在该平面图中，剖切位置在⑥、⑦轴线之间，剖视方向向西。外墙上有索引符号。

8. 设备布置情况

底层平面图中应表示出建筑物内固定设备的位置、形式及尺寸。

该平面图中有洗手池、拖布池、蹲便器、小便器等。具体尺寸可见详图。

(二)其他各层平面图

从底层平面图入手，建立一个比较清晰的轮廓概念，进一步观察其他各层平面图与底层平面图的相同之处和不同之处，必要时可以在图纸上作出相应的标记。其他层平面图包括中间层(标准层)平面图及顶层平面图。已在底层平面图中表示过的内容(如室外台阶、坡道、散水、指北针、剖切符号、索引符号等)不必在中间层平面图及顶层平面图中重复绘制。二层平面图需绘制雨篷及排水坡度。需要注意的是，中间层平面图、顶层平面图与底层平面图中楼梯图例也不完全相同。

某办公楼二层平面图如图 9-16 所示。平面布置与底层不完全相同，门窗位置及型号也有差别，楼面标高为 4.200 m，根据说明文字，卫生间地面较相邻房间地面低 30 mm，卫生间地面标高应为 4.170 m。主次入口处雨篷的尺寸分别为 7 240 mm×5 400 mm、2 340 mm×1 200 mm，排水坡度均为 1%。

(三)屋顶平面图

屋顶平面图主要表示屋顶的形状尺寸、天窗、水箱、屋面出入口、女儿墙、通风道及屋面变形缝等设施和屋面排水方向、坡度、檐沟、泛水、雨水口等位置、尺寸及构造等情况。某办公楼屋顶平面图如图 9-17 所示。

由图 9-17 可了解到：该办公楼为四坡屋顶，排水方式为有组织外排水，屋顶坡度为 1:2、1:1.58；设 ϕ 110UPVC 落水管 4 根，ϕ 100 钢套管泄水孔 2 根，间距约 20 m；檐沟宽度为 800 mm，排水坡度为 1%。

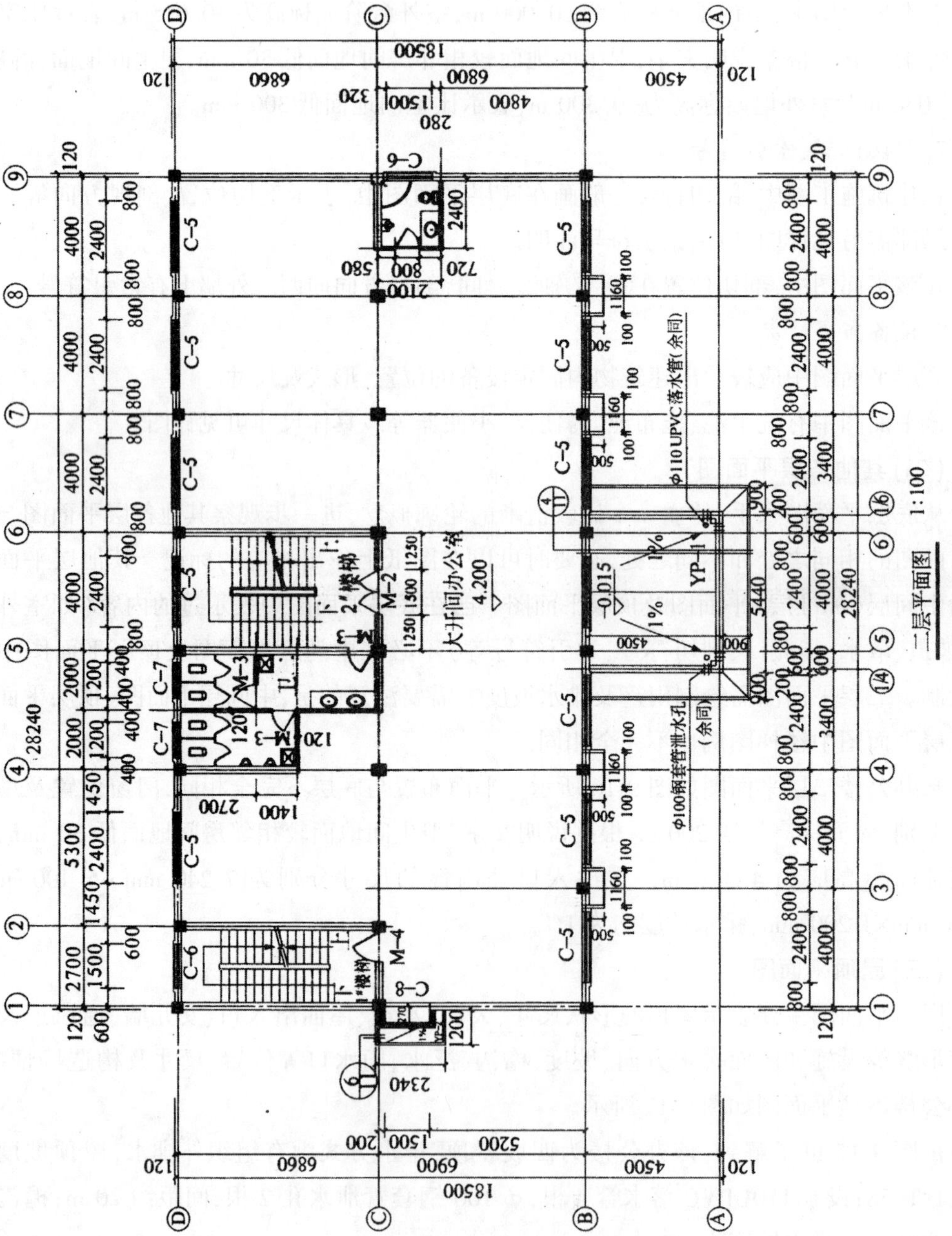

图 9-16 某办公楼二层平面图

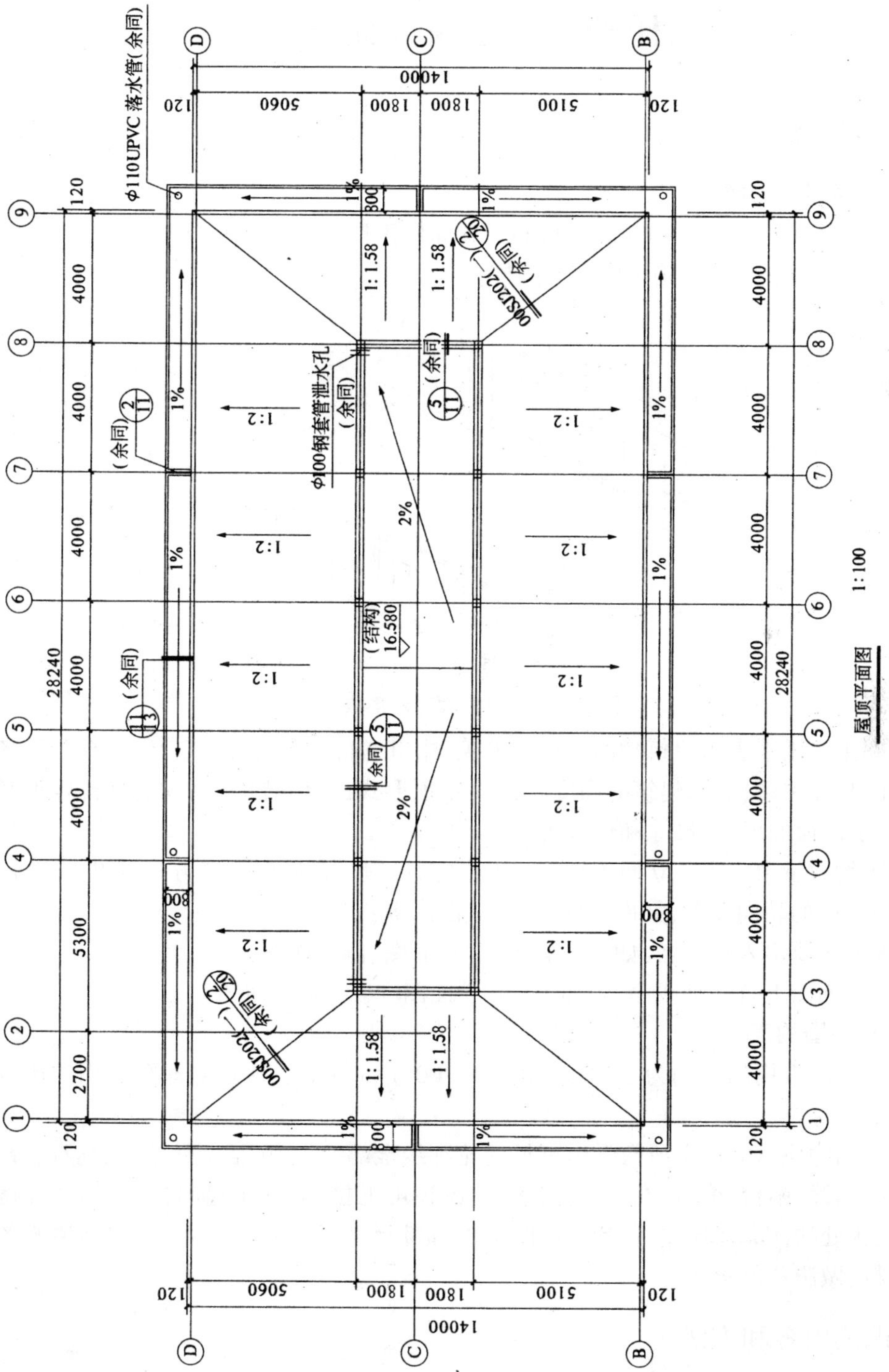

图 9-17　某办公楼屋顶平面图

任务六　建筑立面图

一、图示方法

(一)立面图的形成

建筑立面图是将各立面向与之平行的投影面做正投影而得到的图样,简称立面图,如图 9-18 所示,其是建筑装饰施工的重要图样。

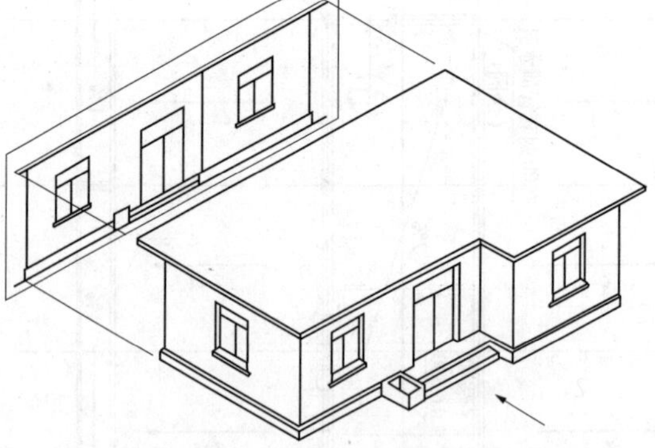

图 9-18　建筑立面图的形成

立面图主要用来表示建筑物的体形和外貌,檐口、窗台、阳台、雨篷、勒脚、台阶等各部位构配件的相互关系;表示建筑的高度、层数、屋顶形式,立面装饰的色彩、材料要求和构造做法;表示门窗的形式、尺寸和位置等。

立面图的数量由房屋各立面的复杂程度而定,一般立面图的命名方式有以下三种:

(1)用房屋的朝向命名,如南立面图、北立面图等;

(2)根据主要出入口命名,如正立面图、背立面图、侧立面图;

(3)用立面图上首尾轴线命名,如①~⑧立面图和⑧~①立面图。

(二)立面图的表示

建筑立面图常用的比例为 1∶50、1∶100、1∶200、1∶300 等。建筑立面图所用的比例应与建筑平面图保持一致。

建筑立面图应将立面上所有投影可见的轮廓线全部绘出,包括室外地坪、勒脚、台阶、花池、门窗、雨篷、阳台、檐口、女儿墙、雨水管、屋顶可见排烟口、水箱间、电梯间和外楼梯等,并标注各处的标高及尺寸,包括立面图上的细部尺寸、层高及总高。用文字说明各部位所用材料、做法及色彩。

二、识读内容和方法

下面以图 9-19 某办公楼立面图为例来说明立面图的识读内容和方法。

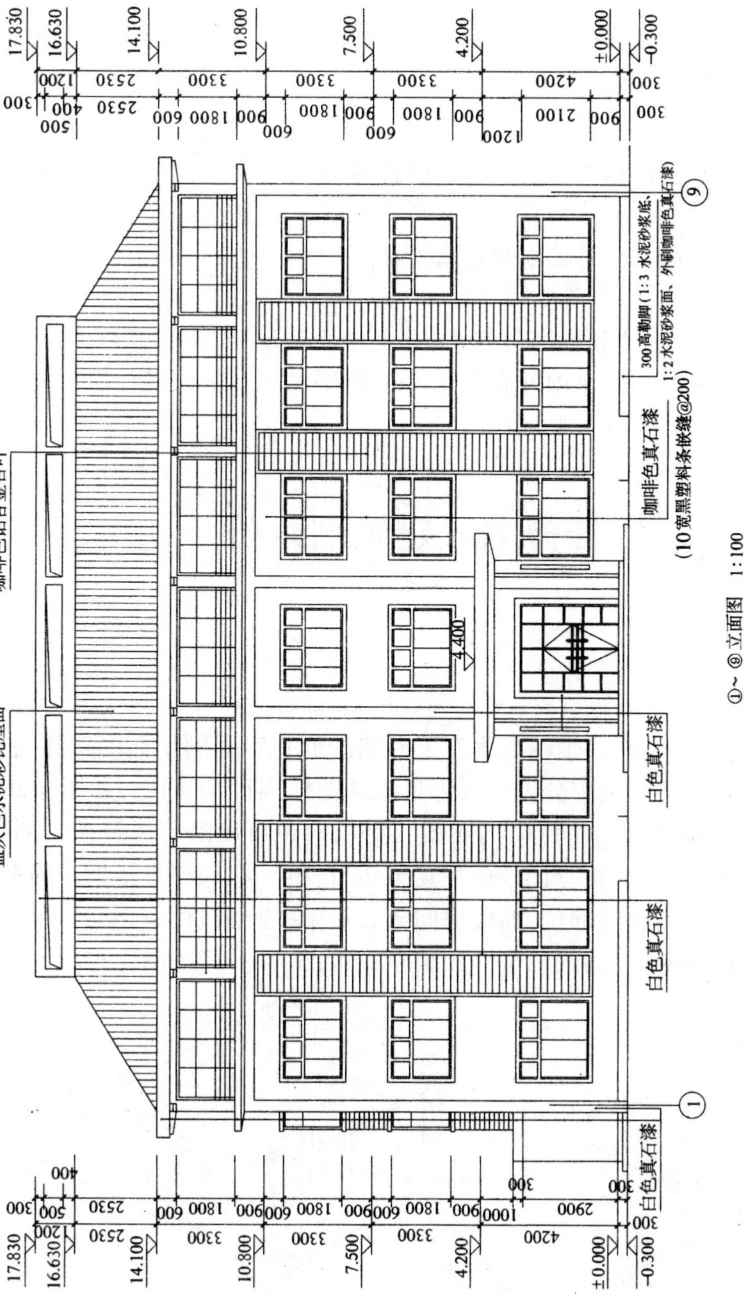

图 9-19　某办公楼立面图

(一)图名、比例

从图名和轴线的编号可知,本立面图为①~⑨立面图,是按两端定位轴线号命名的,即建筑的南立面图。由于主入口也在该立面,也可以称为正立面图。绘制比例为1:100。

(二)外观

该立面图反映出立面造型对称布置,以及建筑主入口、室外台阶、行车坡道、雨篷、门窗、柱、檐口、屋顶、窗台等部位的造型特征。

(三)装饰装修做法

从图中文字说明内容可知:外墙面主要喷涂咖啡色真石漆,雨篷、雨篷柱、门窗套、檐口及墙面线条喷涂白色真石漆,屋顶为蓝灰色水泥彩瓦屋面,部分窗间墙空调位采用咖啡色铝合金百叶装饰,勒脚部分外刷咖啡色真石漆。

(四)高度

从左右两侧的尺寸标注和标高可知:该办公楼为四层,建筑总高度为18.13 m,首层层高4.2 m,其他层高3.3 m,室内外高差0.3 m,首层窗高2.1 m,其他层窗高1.8 m,窗台高0.9 m,雨篷顶部相对标高4.4 m。

任务七　建筑剖面图

一、图示方法

(一)剖面图的形成

建筑剖面图是用一个或一个以上垂直于外墙的假想铅垂剖切面剖切建筑,移去观察者与剖切面之间部分,将剩余部分做正投影形成的图样,简称剖面图,如图9-20所示。剖面图一般沿建筑的横向进行剖切(横剖面图),必要时也可以沿着建筑纵向剖切(纵剖面图)。剖面图的剖切部位,应根据图样的用途或设计深度,在底层平面图上选择能反映全貌、构造特征以及有代表性的部位,如楼梯间等,并应尽量通过门窗洞口。剖面图图名要与对应的底层平面图中标注的剖切符号的编号一致,如1—1剖面图。

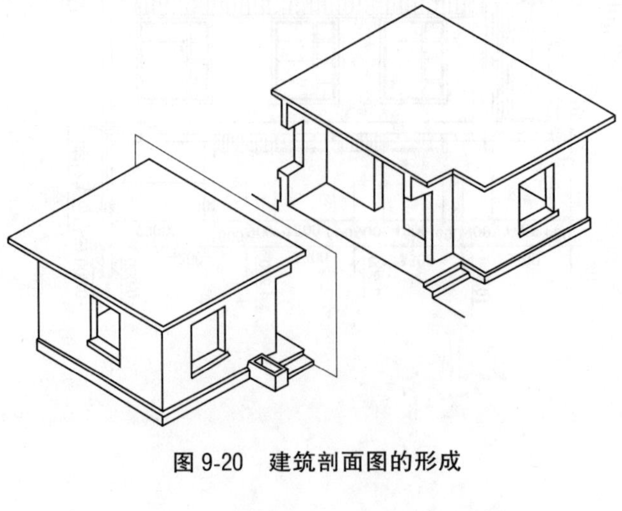

图9-20　建筑剖面图的形成

(二)剖面图的表示

建筑剖面图常用的比例为 1∶50、1∶100、1∶150、1∶200、1∶300。不同比例的剖面图，其抹灰层、楼地面、材料图例可使用省略画法：比例大于 1∶50 的剖面图，应画出抹灰层与楼地面、屋面的面层线，并宜画出材料图例；比例为 1∶50 的剖面图，宜画出楼地面、屋面的面层线，抹灰层的面层线应根据需要而定；比例小于 1∶50 的剖面图，可不画出抹灰层，但宜画出楼地面、屋面的面层线；比例为 1∶100～1∶200 的剖面图，可画简化的材料图例(如砌体墙涂红、钢筋混凝土涂黑等)，但宜画出楼地面、屋面的面层线；比例小于 1∶200 的剖面图，可不画材料图例，楼地面、屋面的面层线可不画出。

建筑剖面图主要用来表示建筑内部构配件垂直关系、结构形式、楼层分层、楼地面构造及必要的尺寸、标高等。剖面图与建筑平面图、立面图相配合，是建筑施工图中不可缺少的重要图样之一。

建筑剖面图宜标注室内外地坪、楼地面、地下层地面、阳台、平台、檐口、屋脊、女儿墙、雨篷、门窗、台阶等处的标高。平屋面等不易标注建筑标高的部位可标注结构标高，并予以说明。结构找坡的平屋面，屋面标高可标注在结构板面最低点，并注明找坡坡度。有屋架的屋面，应标注屋架下弦搁置点或柱顶标高。有起重机的厂房剖面图应标注轨顶标高、屋架下弦杆件下边缘或屋面梁底、板底标高。梁式悬挂起重机宜标出轨距尺寸(以 m 计)。

剖面图图线宽度选用示例如图 9-21 所示。

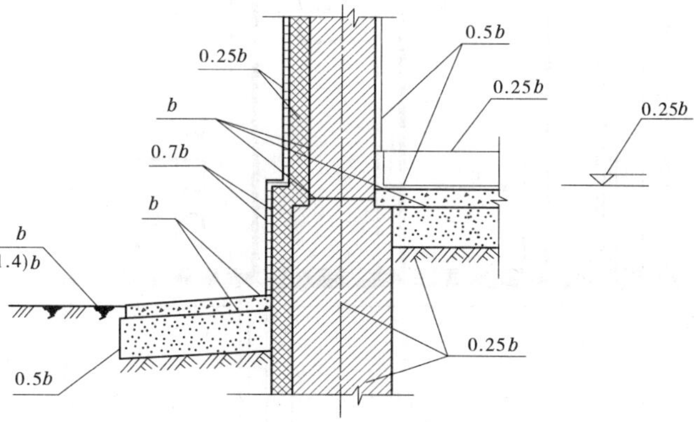

图 9-21　剖面图图线宽度选用示例

二、识读内容和方法

下面以图 9-22 为例说明剖面图的识读内容和方法。

(一)图名、比例

本剖面图为 1—1 剖面图，绘制比例为 1∶100。由底层平面图(见图 9-15)可知，剖切位置在⑥、⑦轴线之间，剖视方向向西。

(二)定位轴线

在剖面图中，被剖切到的墙、柱均应绘制与平面图相一致的定位轴线，并标注轴线编号及轴线间尺寸。本剖面图Ⓐ～Ⓓ轴线与底层平面图(见图 9-15)是一致的。

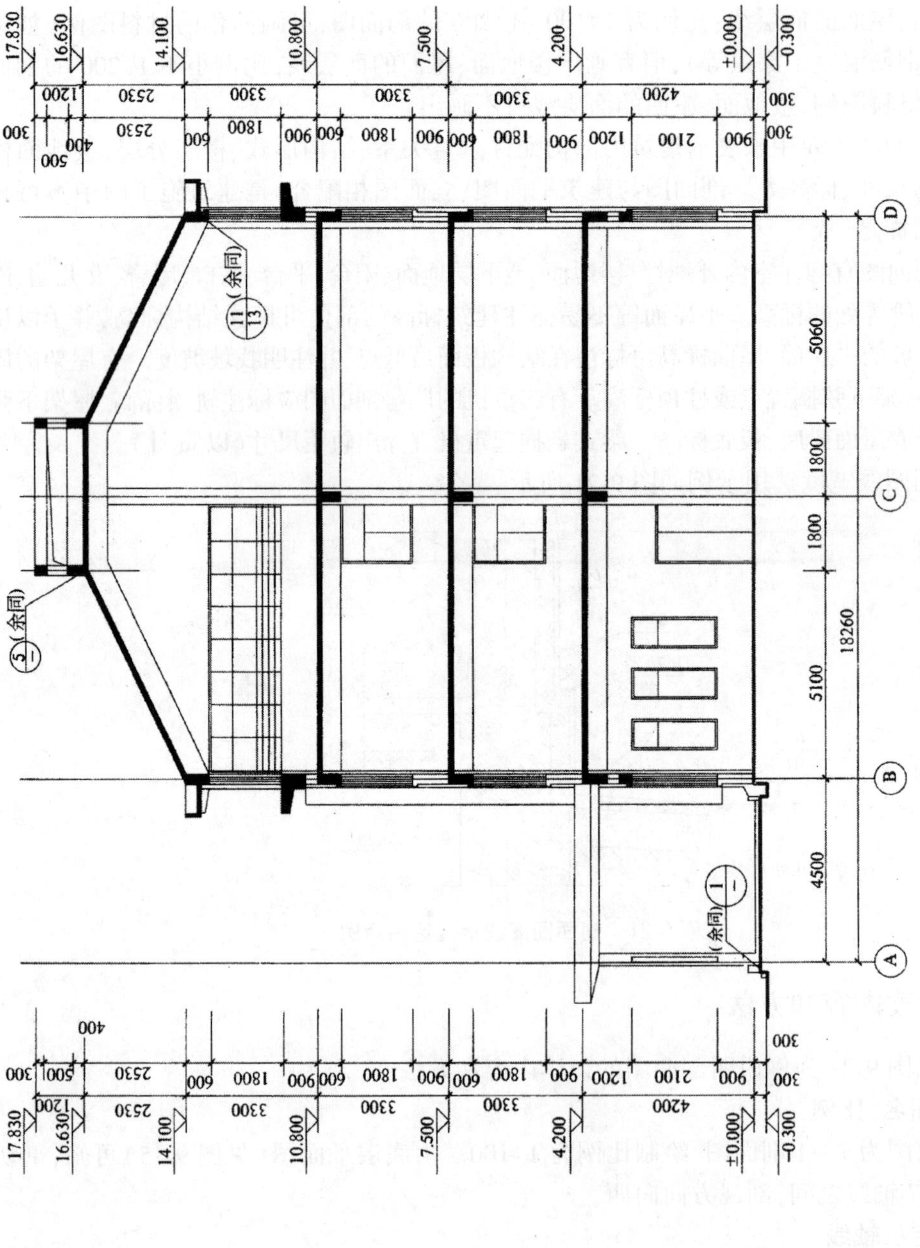
17.830
16.630
14.100
10.800
7.500
4.200
±0.000
-0.300
1200
2530
3300
3300
3300
4200
300
500
400
600
1800
900
2100
1200
5060
1800
1800
5100
18260
4500
A
B
C
D
11
13
(余同)
5
(余同)
1
(余同)
1-1剖面图 1:100

图 9-22 某办公楼剖面

（三）剖切部位

将剖面图与底层平面图对照，可知1—1剖面剖切到散水、Ⓓ轴线墙体、Ⓑ轴线墙体、Ⓓ~Ⓑ轴线楼地层、屋顶、女儿墙、檐口、窗洞、室外台阶及行车坡道，但楼梯、正门、雨篷等构造未被剖切到。

（四）图例

若剖面图采用的绘制比例大于1:50，应画出抹灰层与楼地面、屋面的面层线，并宜画出材料图例，即可了解各部位选用的材料及构造做法，具体详细做法见设计说明或标准图集。

（五）尺寸标注和标高

剖面图一般在竖向标注细部高度（门窗洞口、窗下墙、室内外地坪高差等）、层间高度及建筑总高三道尺寸；在水平方向一般应标注轴线间距、建筑总宽度，以及室内楼梯、门窗及内部设施的定位尺寸。各部位的标高应与尺寸标注保持一致。

从图9-22中左右两侧的尺寸标注可知：该办公楼为四层，建筑总高度为18.13 m，首层层高4.2 m，其他层高3.3 m，室内外高差0.3 m，首层窗高2.1 m，其他层窗高1.8 m，窗台高0.9 m。室内底层地面标高为±0.000 m，二楼楼面标高为4.200 m，三楼楼面标高为7.500 m，四楼楼面标高为10.800 m，檐口标高为14.100 m，女儿墙顶部标高为17.830 m。

（六）文字说明与索引标注

剖面图中的构造做法可用文字说明，也可用索引标注。从本剖面图索引标注可知：各部位详图见本页或本套建筑施工图第13页。

任务八　建筑详图

一、图示方法

（一）详图的形成

建筑平面图、立面图、剖面图是建筑施工图的基本图样，由于反映的内容多、范围大、比例小，对建筑的细部构造难以表达清楚。为了满足施工要求，需要把这些细部构造、构配件做法用较大的比例、正投影方法详细地表达出来，这种图样称为建筑详图，简称详图或大样图。建筑详图是对建筑平面图、立面图、剖面图的完善和补充，是建筑构配件制作和编制预算的依据。

（二）详图的表示

建筑详图可以是平面图、立面图、剖面图中某一局部的放大图，或放大剖面图。比例视细部构造的复杂程度而定，以表达清楚、尺寸齐全为目的。常用比例有1:1、1:2、1:5、1:10、1:20、1:50等。对于某些通用做法，一般在图中通过索引符号注明采用标准图集的代号、页码，不必另画详图。

详图可分为节点构造详图和构配件详图两类，包括墙身大样图和楼梯、阳台、雨篷、台阶、门窗、厨房、卫生间等。

二、楼梯详图

楼梯是由楼梯段、休息平台、栏杆与扶手等组成的，构造比较复杂，在施工图中常用楼梯详图来表达其平面形式、结构类型以及踏步、栏杆、扶手等细部构造的尺寸和做法。楼梯详图一般由楼梯平面图、楼梯剖面图和踏步、栏杆、扶手等细部构造详图组成。平面图、剖面图比例通常应一致，以便对照阅读。楼梯详图是楼梯施工放样的依据。

（一）楼梯平面图

1. 图示方法

楼梯平面图是用一个假想的水平剖切面通过每层向上的第一个梯段的中部（休息平台下）剖切后，向下作正投影所得到的水平投影图。其实际是建筑平面图中楼梯间的放大图样，通常采用 1:50 的比例绘制。

如果各层楼梯的位置、梯段数、踏步数和尺寸均不相同，每层都要画楼梯平面图。但一般三层以上的建筑，中间各层楼梯都完全相同，这时只需画出底层、中间层（标准）和顶层三个平面图，并互相对齐画在同一张图纸内，以便阅读。

每层楼梯被水平剖切面剖切到的梯段，均在平面图相应位置中用 45°折断线表示，在每个梯段上画长箭头，并在箭尾注写“上”或“下”字样，也可在其后注明级数，表明从该层楼（地）面上行或下行多少级可到上（或下）一层的楼（地）面。

2. 识读内容和方法

下面以图 9-23 某办公楼楼梯平面图为例说明楼梯平面图识读内容和方法。

1）楼梯间的位置

从图中楼梯间位置对应的定位轴线编号可以看出：该楼梯位于⑤～⑥与Ⓒ～Ⓓ轴线之间。楼梯的尺寸一般包括楼梯间的开间、进深，休息平台宽度，梯段尺寸，梯井宽度以及栏杆扶手的位置等。

从楼梯平面图可知：楼梯间开间为 4 000 mm，进深为 6 860 mm，梯段宽为 1 800 mm，休息平台宽为 1 800 mm，梯井宽为 160 mm。图中注有“上”“下”字箭头表示上行、下行的方向。图中二、三层平面图尺寸标注“280×10＝2 800”表示该梯段有 10 个踏面（11 个踏步），每个踏面宽 280 mm，梯段长 2 800 mm。图中注明了楼梯剖面图的剖切符号“B—B”，右边为被剖切的梯段，剖视方向向西。

2）楼梯间的标高

楼梯平面图应标注楼层地面和休息平台标高。

从顶层楼梯平面图可知：四层楼面标高为 10. 800 m，三层与四层之间休息平台标高为 9. 150 m。

3）楼梯间的门窗

通过与二层平面图结合识读可知：休息平台处开窗宽度为 2 400 mm，楼梯间门宽为 1 500 mm。

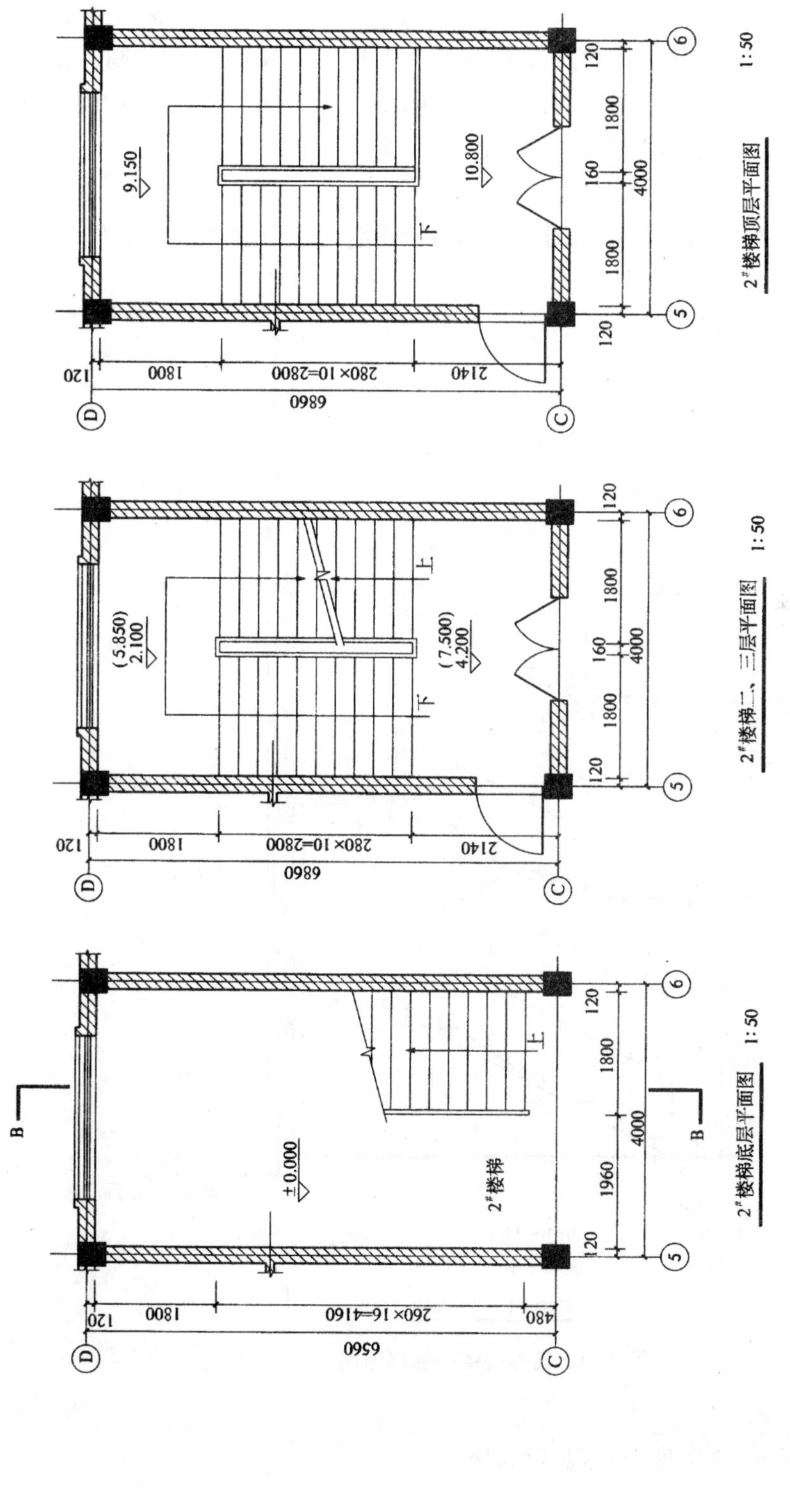

图 9-23　某办公楼楼梯平面图

(二)楼梯剖面图

1. 图示方法

楼梯剖面图是用假想的铅垂剖切面，通过各层的同一位置梯段和门窗洞将楼梯剖开，向另一未剖到的梯段方向作正投影得到投影图。通常采用 1∶50 的比例绘制。在多层房屋中，当中间各层的楼梯构造相同时，剖面图可只画出底层、中间层和顶层，中间用折断线分开；当中间各层的楼梯构造不同时，应画出各层剖面。

2. 识读内容和方法

下面以图 9-24 某办公楼楼梯剖面图为例说明楼梯剖面图识读内容和方法。

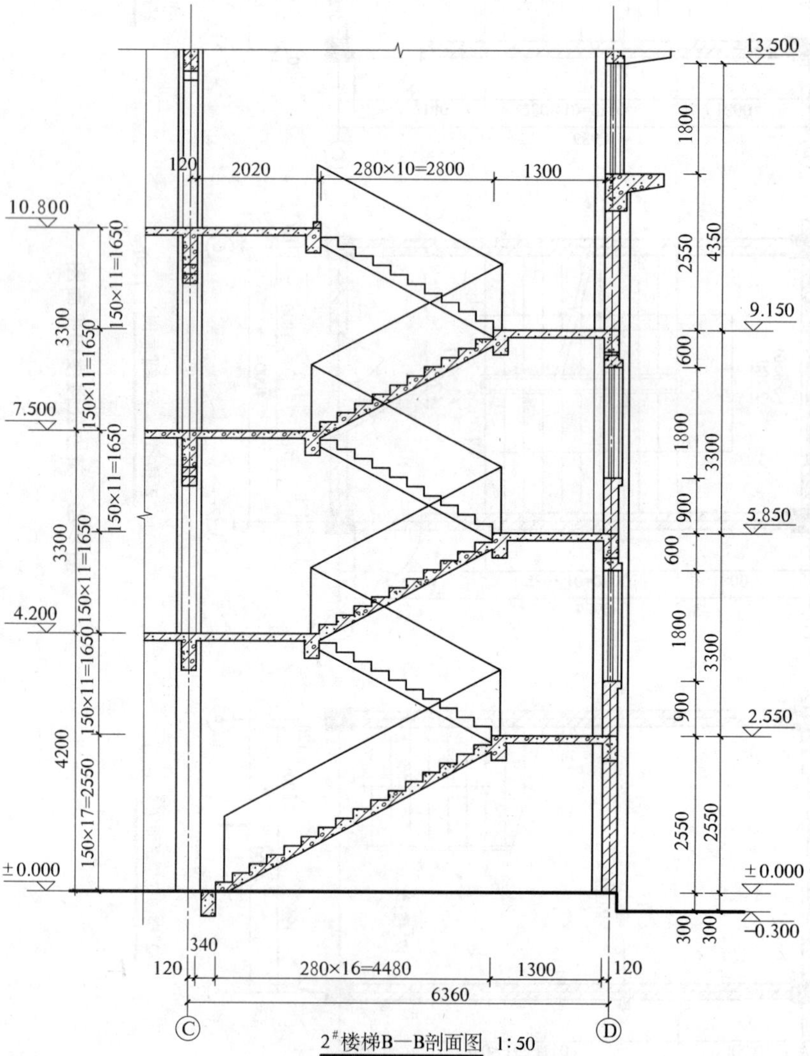

2#楼梯B—B剖面图 1∶50

图 9-24　某办公楼楼梯剖面图

1）楼梯的结构形式

从楼梯剖面图可知：该楼梯为双跑、板式楼梯。

2）楼梯的标高及尺寸

楼梯剖面图中应注明楼地面、休息平台的标高和梯段的尺寸，且应与楼梯平面图保持一致。需要注意的是，梯段在高度尺寸中标注的是级数，而不是平面图中的踏面数（两者相差为 1）。从楼梯剖面图可知：每个踏步高为 150 mm、宽为 280 mm。梯段长与高因踏步数不同而不等，如底层至二层第一梯段的高度为 150×17＝2 550，表示该梯段为 17 级，高 2 550 mm；第二梯段的高度为 150×11＝1 650，表示该梯段为 11 级，高 1 650 mm。

3）材料图例

楼梯剖面图中应表达梯段、平台、梁等被剖切断面的材料图例。

从楼梯剖面图可知：该楼梯的梯段、平台、梁材料均为现浇钢筋混凝土。

（三）楼梯节点详图

1. 图示方法

楼梯节点详图若参考标准图集，一般在图中通过索引符号注明采用标准图集的代号、页码。若其形式特殊，则需要用比例较大的详图来表达材料及具体做法。

2. 识读内容和方法

楼梯节点详图主要表达楼梯踏步、栏杆、扶手的做法。下面以图 9-25 为例说明楼梯节点详图的识读内容和方法。

从踏步详图可知：踏步结构层采用现浇钢筋混凝土，厚度为 100 mm，踏步高 150 mm、宽 280 mm；踏步面层采用水泥砂浆，在阳角处做成外挑 20 mm 的突缘。

从详图④可知：防滑条为宽度 30 mm 的金刚砂，距踏步阳角突缘 40 mm。

从栏板及扶手详图可知：栏板用 53 mm 砖砌筑，两侧为水泥砂浆抹灰；钢筋混凝土扶手宽 53 mm、高 60 mm，内设 2 Φ 8 通长钢筋，拉结筋采用Φ 4@ 150。扶手两侧及顶部为水泥砂浆抹灰，抹灰厚度如图 9-25 所示。

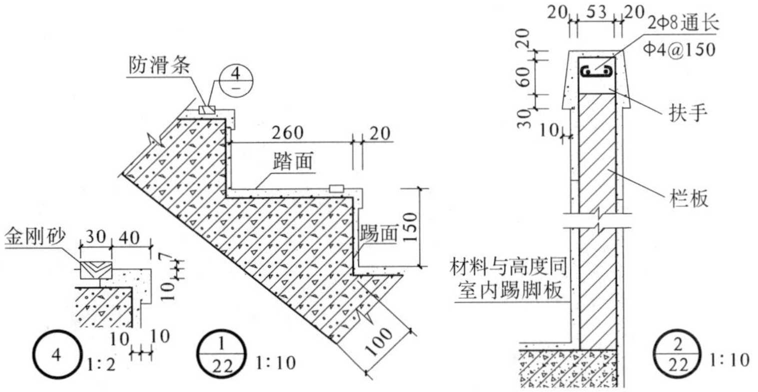

（a）踏步详图　　（b）栏板及扶手详图

图 9-25　楼梯节点详图

小 结

本项目主要介绍了房屋建筑施工图的设计过程及分类,按照专业分工不同,一般分为建筑施工图、结构施工图和设备施工图三部分。

房屋建筑施工图的有关规定和常用符号,房屋建筑施工图的阅读方法和内容。

通过本项目的学习,了解建筑施工图的分类和图示特点,了解建筑总平面图、平面图、立面图、剖面图、建筑详图的作用和内容,掌握建筑平面图、建筑立面图、建筑剖面图及楼梯详图的识图方法和内容。

【技能实操】

扫码 9-1,做项目九的相关复习思考题。

码 9-1

项目十　结构施工图识图

【学习重点】

◇ 结构施工图的形成、内容、构件代号等基本知识。

◇ 钢筋混凝土结构基本知识和图示方法。

◇ 阅读构件图、基础图、楼层结构平面图等钢筋混凝土结构施工图。

◇ 平面整体表示法的识图方法。

【能力培养】

◇ 能够掌握结构施工图的形成。

◇ 能够掌握钢筋混凝土的基础知识。

◇ 能够熟练掌握结构施工图中常用构件的表示方法。

◇ 能够熟练阅读构件图、基础图、楼层结构平面图等钢筋混凝土结构施工图。

◇ 能够熟练掌握平面整体表示法的识图方法。

【任务提出】

通过建筑施工图可以了解一个建筑的平面布局、立面造型、内外装修和具体构造等内容,但是要实现建筑的建造,这些还是远远不够的。房屋结构系统的结构类型、结构布置、构件种类及构件的内部构造是另一个十分重要的问题,主要根据力学计算和各种规范加以确定。工程中将结构构件的设计结果采用正投影的原理绘成图样详细准确表达出来,即为结构施工图。本项目主要介绍结构施工图的内容、形成、读图等内容,对本项目知识的熟练掌握可以促进学生对房屋构成的透彻理解,对以后的进一步学习和工作打下良好的基础。

本项目二维码将附有某工程的结构施工图纸,阅读时参考使用。

【课程思政】

党的二十大报告提出,必须坚持系统观念。万事万物是相互联系、相互依存的。只有用普遍联系的、全面系统的、发展变化的观点观察事物,才能把握事物发展规律。建筑施工图侧重建筑物的细部尺寸、外观尺寸,各种构件的尺寸位置,建筑材料的选择,能使人对建筑物的布局外观有一定的认识。结构施工图则侧重施工过程中结构材料的选用(包括等级、数量),特别是混凝土和砂浆的强度等级,钢筋的强度等级、品种、直径、数量,配筋位置、钢筋长度、锚固及连接长度等。如何提高建筑工程识图的能力?需要利用系统观念,将建筑施工图和结构施工图相结合,运用统筹的思想才能更好的提高识图能力。

任务一　概　述

结构施工图要表示房屋结构系统的结构类型、结构布置、构件种类及数量、构件的内部构造和外部形状大小以及构件间的连接构造等，是建筑结构施工的技术依据。按照制图标准的规定，用正投影的基本原理，详细准确地表达出来的图样，称结构施工图，通常简称结施。

建筑施工图与结构施工图有什么不同呢？建筑施工图就是一种能够十分准确地表达出建筑物的外形轮廓、大小尺寸、结构构造和材料做法的图样，是用来表示房屋的总体布局、外部形状、内部布置、内部构造及室内外装修等情况的工程图样，是房屋施工放线、安装门窗、编制工程概算、编制施工组织设计的依据。

结构施工图是说明一幢房屋的骨架构造的类型、尺寸、使用材料要求和构件的详细构造的图纸，是关于承重构件的布置、使用的材料、形状、大小及内部构造的工程图样，是承重构件以及其他受力构件施工的依据。

结构施工图是根据建筑施工图设计的，目的是达到建筑施工图所设计的功能，根据建筑施工图把钢筋混凝土构件等布置在图纸上；建筑施工图和结构施工图是相辅相成的，缺少哪一个房屋的使用功能都无法实现，建筑施工图是一幢建筑物的外表，结构施工图就是建筑物的骨架，两者缺一不可，这样才能完整地施工出一幢建筑物。

本章主要依据《建筑结构制图标准》(GB/T 50105—2010)的要求介绍结构施工图识图的基本知识。

一、结构施工图的主要内容和用途

(一)结构施工图的主要内容

1. 结构设计说明

结构设计说明以文字叙述为主，主要说明设计的依据(如自然环境条件、地基情况、风雪荷载、抗震情况等)，选用结构材料的类型、规格、强度等级，施工注意事项，选用标准图集和通用图集的名称、编号等。

2. 结构布置平面图

结构布置平面图是表达房屋结构中的各种承重构件总体平面布置的图样，包括基础平面图、楼层结构布置平面图、屋面结构平面图等。

3. 结构详图

结构详图是表示单个构件形状、尺寸、材料、构造及工艺的图样，如基础、梁、板、柱、楼梯等详图。

(二)结构施工图的用途

结构施工图是结构设计的最终成果图，也是结构施工的指导性文件。它是进行构件制作、结构安装、编制预算和安排施工进度的依据。

二、结构施工图常用构件的表示方法

(一)结构施工图图线比例

绘制结构施工图，应遵守《房屋建筑制图统一标准》(GB/T 50001—2017)和《建筑结构制图标准》(GB/T 50105—2010)的规定。结构施工图的图线、线型、线宽及比例应符合表 10-1、表 10-2 的规定。

表 10-1 图线

名称		线型	线宽	一般用途
实线	粗		b	螺栓、钢筋线、结构平面图中的单线结构构件线，钢木支撑及系杆线，图名下横线、剖切线
	中粗		$0.7b$	结构平面图及详图中剖到或可见的墙身轮廓线、基础轮廓线、钢、木结构轮廓线、钢筋线
	中		$0.5b$	结构平面图及详图中剖到或可见的墙身轮廓线、基础轮廓线、可见的钢筋混凝土构件轮廓线、钢筋线
	细		$0.25b$	标注引出线、标高符号线、索引符号线、尺寸线
虚线	粗		b	不可见的钢筋线、螺栓线、结构平面图中不可见的单线结构构件线及钢、木支撑线
	中粗		$0.7b$	结构平面图中的不可见构件、墙身轮廓线及不可见钢、木结构构件线、不可见的钢筋线
	中		$0.5b$	结构平面图中的不可见构件、墙身轮廓线及不可见钢、木结构构件线、不可见的钢筋线
	细		$0.25b$	基础平面图中的管沟轮廓线、不可见的钢筋混凝土构件轮廓线
单点长画线	粗		b	柱间支撑、垂直支撑、设备基础轴线图中的中心线
	细		$0.25b$	定位轴线、对称线、中心线、重心线
双点长画线	粗		b	预应力钢筋线
	细		$0.25b$	原有结构轮廓线
折断线			$0.25b$	断开界线
波浪线			$0.25b$	断开界线

表 10-2　比例

图名	常用比例	可用比例
结构平面图 基础平面图	1:50,1:100,1:150	1:60,1:200
圈梁平面图,总图中 管沟、地下设施等	1:200,1:500	1:300
详图	1:10,1:20,1:50	1:5 ,1:25 ,1:30 ,1:25

(二)常用构件代号

结构图中构件的名称宜用代号表示,代号后应用阿拉伯数字标注该构件的型号或编号。为了简明扼要地图示各种结构构件,《建筑结构制图标准》(GB/T 50105—2010)规定了各种常用构件的代号,如表 10-3 所示。

表 10-3　常用构件代号

序号	名称	代号	序号	名称	代号	序号	名称	代号
1	板	B	19	圈梁	QL	37	承台	CT
2	屋面板	WB	20	过梁	GL	38	设备基础	SJ
3	空心板	KB	21	连系梁	LL	39	桩	ZH
4	槽形板	CB	22	基础梁	JL	40	挡土墙	DQ
5	折板	ZB	23	楼梯梁	TL	41	地沟	DG
6	密肋板	MB	24	框架梁	KL	42	柱间支撑	ZC
7	楼梯板	TB	25	框支梁	KZL	43	垂直支撑	CC
8	盖板或沟盖板	GB	26	屋面框架梁	WKL	44	水平支撑	SC
9	挡雨板或檐口板	YB	27	檩条	LT	45	梯	T
10	吊车安全走道板	DB	28	屋架	WJ	46	雨篷	YP
11	墙板	QB	29	托架	TJ	47	阳台	YT
12	天沟板	TGB	30	天窗架	CJ	48	梁垫	LD
13	梁	L	31	框架	KJ	49	预埋件	M-
14	屋面梁	WL	32	刚架	GJ	50	天窗墙壁	TD
15	吊车梁	DL	33	支架	ZJ	51	钢筋网	W
16	单轨吊车梁	DDL	34	柱	Z	52	钢筋骨架	G
17	轨道连接	DGL	35	框架柱	KZ	53	基础	J
18	车挡	CD	36	构造柱	GZ	54	暗柱	AZ

注:1. 预制混凝土构件、现浇混凝土构件、刚构件和木构件,一般可以采用本表中的构件代号,在绘图中,除混凝土构件可以不注明材料代号外,其他材料的构件可在构件代号前加注材料代号,并在图纸中加以说明。

2. 预应力混凝土构件的代号,应在构件代号前加注“Y”,如 Y-DL 表示预应力混凝土吊车梁。

任务二　钢筋混凝土结构基本知识和图示方法

一、钢筋混凝土结构的基本知识

（一）混凝土和钢筋混凝土

混凝土是由水泥、石子、砂和水按一定比例配合，经搅拌、捣实、养护而成的一种人造石。混凝土是脆性材料，抗压强度高，抗拉强度低，在受拉状态下容易断裂。钢筋抗拉强度高，若把钢筋放在构件的受拉区中使其受拉，并与混凝土良好黏结，可弥补混凝土的缺点。

混凝土的强度等级一般分为 C15、C20、C25、C30、C35、C40、C45、C50、C55、C60、C65、C70、C75、C80 等十四个等级，数值越大，混凝土的抗压强度越高。

混凝土的可塑性强，可按要求浇筑成不同形状和尺寸的构件，也可以在其表面制成各种花式图案，使其具有装饰效果。

（二）钢筋的分类与作用

按钢筋在构件中的作用不同，构件中的钢筋可分为受力筋、箍筋、架立筋、分布筋、构造筋等，如图 10-1 所示。

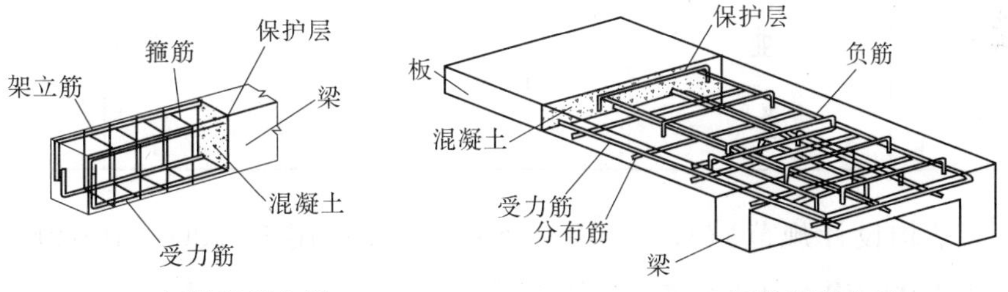

（a）钢筋混凝土梁　　（b）钢筋混凝土板

图 10-1　钢筋混凝土构件中钢筋种类

1. 受力筋

受力筋为承受拉、压作用的钢筋，用于梁、板、柱、剪力墙等钢筋混凝土构件中。钢筋面积根据受力大小由计算决定，并配置在各种钢筋混凝土构件中。

2. 架立筋

架立筋用于梁内，作用是固定箍筋位置，使梁内钢筋骨架成型，固定受力筋位置，并承担部分剪力和扭矩。

3. 箍筋

箍筋是梁、柱中承担剪力的钢筋，同时起固定受力筋和架立筋形成钢筋骨架的作用。

4. 分布筋

分布筋多配置于板中，与板的受力筋垂直布置，将承受的荷载均匀地传给受力筋，固定受力筋的位置，并承担抵抗各种原因引起的混凝土开裂、温度变化而产生的变形。

5. 其他类型钢筋

其他类型钢筋是指按构件的构造要求和施工安装要求而配置的构造筋，如腰筋、吊筋、预埋锚固筋等。

二、钢筋符号与表示方法

(一) 钢筋符号

钢筋混凝土中所用钢筋种类繁多，按其强度和牌号分为不同的等级，用不同的符号表示，如表 10-4 所示。

表 10-4　常用钢筋牌号和符号

牌号	符号	公称直径 d(mm)	屈服强度标准值 f_{yk}	极限强度标准值 f_{stk}
HPB300	Φ	6~14	300	420
HRB400	Φ	6~50	400	540
HRBF400	$Φ^{F}$			
RRB400	$Φ^{R}$			
HRB500	Φ	6~50	500	630
HRBF500	$Φ^{F}$			

《混凝土结构设计规范》(GB 50010—2010) 推荐使用 HPB300、HRB400、RRB400、HRBF400、HRB500、HBRF500 等强度等级钢筋。

HPB300——强度级别为 300 MPa 的热轧光圆钢筋；

HRB400——强度级别为 400 MPa 的普通热轧带肋钢筋；

HRBF400——强度级别为 400 MPa 的细晶粒热轧带肋钢筋；

RRB400——强度级别为 400 MPa 的余热处理带肋钢筋；

HRB400E——强度级别为 400 MPa 且有较高抗震性能的普通热轧带肋钢筋；

HRB500——强度级别为 500MPa 的普通热轧带肋钢筋。

(二) 钢筋的表示方法

为了突出钢筋，结构施工图中的钢筋用比构件轮廓线粗的单实线画出，钢筋的横断面用黑圆点表示，具体使用按照《建筑结构制图标准》(GB/T 50105—2010)，如表 10-5、表 10-6、图 10-2 所示。

表 10-5 普通钢筋的表示方法

序号	名称	图例	说明
1	钢筋横断面		—
2	无弯钩的钢筋端部		下图表示长,短钢筋投影重叠时,短钢筋的端部用 45°斜划线表示
3	带半圆形弯钩的钢筋端部		—
4	带直钩的钢筋端部		—
5	带丝扣的钢筋端部		—
6	无弯钩的钢筋搭接		—
7	带半圆弯钩的钢筋搭接		—
8	带直钩的钢筋搭接		—
9	花篮螺丝钢筋接头	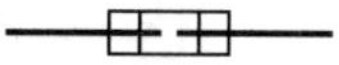	—
10	机械连接的钢筋接头		用文字说明机械连接的方式(如冷挤压或直螺纹等)

表 10-6 钢筋的画法

序号	说明	图例
1	在结构楼板中配置双层钢筋时,底层钢筋的弯钩应向上或向左,顶层钢筋的弯钩则向下或向右	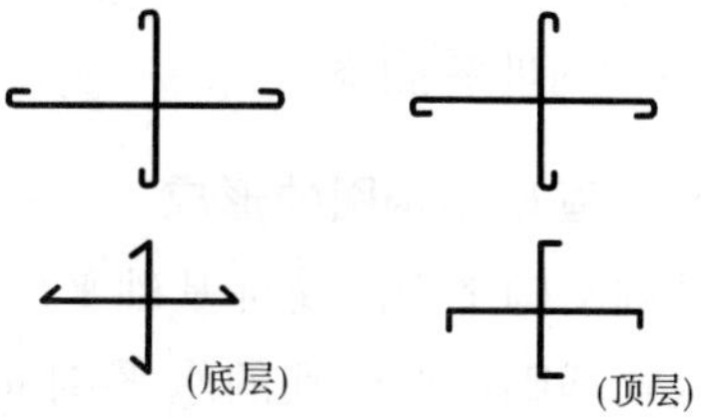
2	钢筋混凝土墙体配双层钢筋时,在配筋立面图中,远面钢筋的弯钩应向上或向左而近面钢筋的弯钩向下或向右(JM 近面,YM 远面)	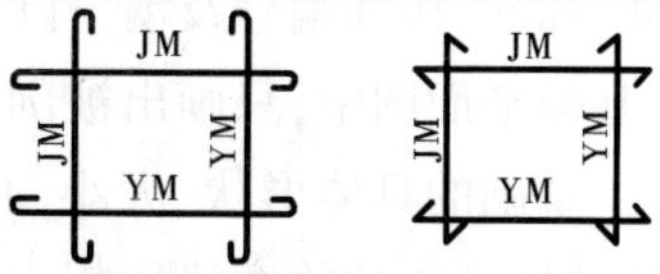

续表 10-6

序号	说明	图例
3	若在断面图中不能表达清楚的钢筋布置，应在断面图外增加钢筋大样图（如：钢筋混凝土墙，楼梯等）	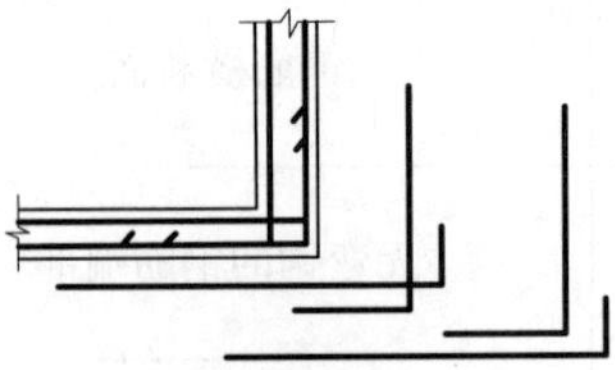
4	图中所表示的箍筋、环筋等若布置复杂时，可加画钢筋大样及说明	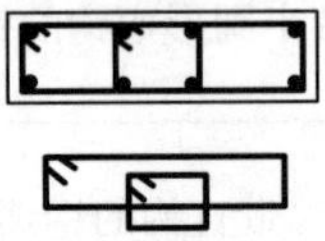
5	每组相同的钢筋、箍筋或环筋，可用一根粗实线表示，同时用一根两端带斜短划线的横穿细线，表示其钢筋及起止范围	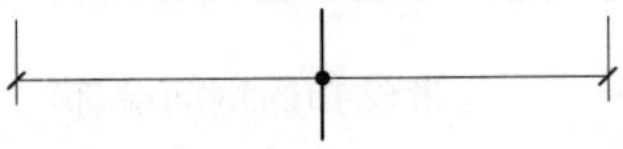

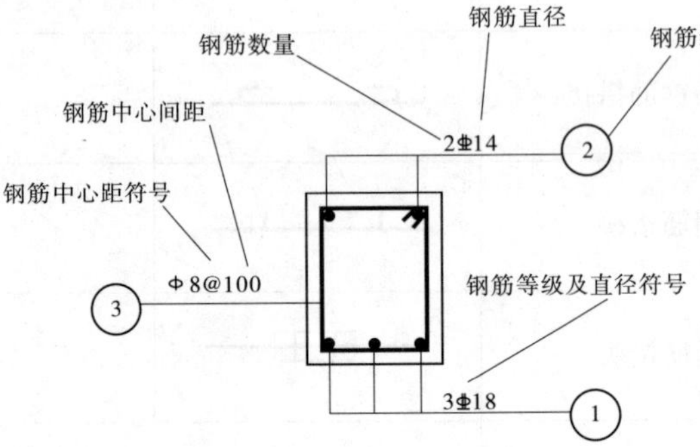

图 10-2　钢筋的表示方法

任务三　基础结构施工图识读

一、基础平面图

（一）基础结构图的形成

基础结构平面图简称基础平面图，是在基坑未回填土以前用一个假想的水平剖切面沿建筑物基础剖切得到的水平剖面图。基础平面图主要反映基础构件的形式、做法、位置、尺寸、标高、构件编号及墙、柱的位置、尺寸和编号等内容。

在基础平面图中，只画出被剖切到的墙和柱的断面、基础底面轮廓线、基础梁及其中心线等。基础的具体形状、大小、材料等在基础详图中表示，在基础平面图中可以不画。其中，墙和柱断面的轮廓线用粗实线表示，并画上相应的材料图例（当图样比例较小时，钢筋混凝土材料可涂黑表示)。

(二)基础平面图的识读示例

下面以图 10-3 为例,讲述基础平面图的识读方法。

1.了解图名和比例

由图 10-3 可知,该图为基础平面图,比例为 1∶100。

2.了解基础类型和轴线尺寸

图 10-3 为条形基础,基础墙宽 240 mm,用中实线绘制;基础墙两边的轮廓线为基坑的边线,一般用细实线表示;图中以不同的剖切代号表示出基础的形式、宽度、埋置深度等;图中的定位轴线及编号与建施图相同。

3.了解平面图中基坑类型

由图 10-3 可知,该基础共有 5 种不同的基坑宽度,分别是:1—1 基坑宽 1 500 mm、2—2 基坑宽 500 mm、3—3 基坑宽 1 000 mm、4—4 基坑宽 1 200 mm、5—5 基坑宽 1 200 mm。该基础有 3 种柱基,基坑尺寸分别是:J-1 为 1 800 mm×1 800 mm、J-2 为 1 200 mm×1 200 mm、J-3 为 1 500 mm×1 500 mm。该基础有 2 种构造柱,为 GZ-1 和 GZ-2。

二、基础详图

(一)基础详图的内容

基础详图主要表达基础的形状、尺寸、材料、构造及基础的埋置深度等。各种基础的图示方法有所不同,常采用 1∶20、1∶25、1∶30 等比例进行绘制。

(二)基础详图的识读

下面以图 10-4、图 10-5 为例,讲述基础详图的识读方法。

1.了解条形基础详图内容

由图 10-4 可知,该图为条形基础 1—1 断面图。该基础为砖基础,轴线与基础墙中心线重合;砖基的大放脚为 9 级,每级高度为 120 mm、60 mm 间隔设置,两侧内缩 65 mm、60 mm 间隔设置;基础垫层为 C20 混凝土垫层,厚度为 100 mm,宽度为 1 500 mm。

该基础墙体设置了钢筋混凝土基础圈梁,断面尺寸为 240 mm×240 mm,配置了 4 Φ 12 的钢筋,箍筋为Φ 6@200;基础底部标高为-1.500 m,基础顶部标高为-0.660 m;本基础中基础圈梁兼作墙身水平防潮层。

2.了解独立基础详图内容

由图 10-5 可知,本图为独立基础 J-1 的详图。该基础为矩形截面,尺寸为 1 800 mm×1 800 mm,基础高度为 400 mm,基础垫层宽度为 2 000 mm×2 000 mm,采用 C20 混凝土,厚度为 100 mm。

在基础底部配置有两端带弯钩的双向钢筋,为Φ 8@100 双向配置。基础与柱连接的钢筋为 4 Φ 18,钢筋伸入基础底部并做直弯钩,弯钩长度为 200 mm,并配置有 2 Φ 6 的箍筋,基础与柱连接的钢筋锚固长度为 1 050 mm。

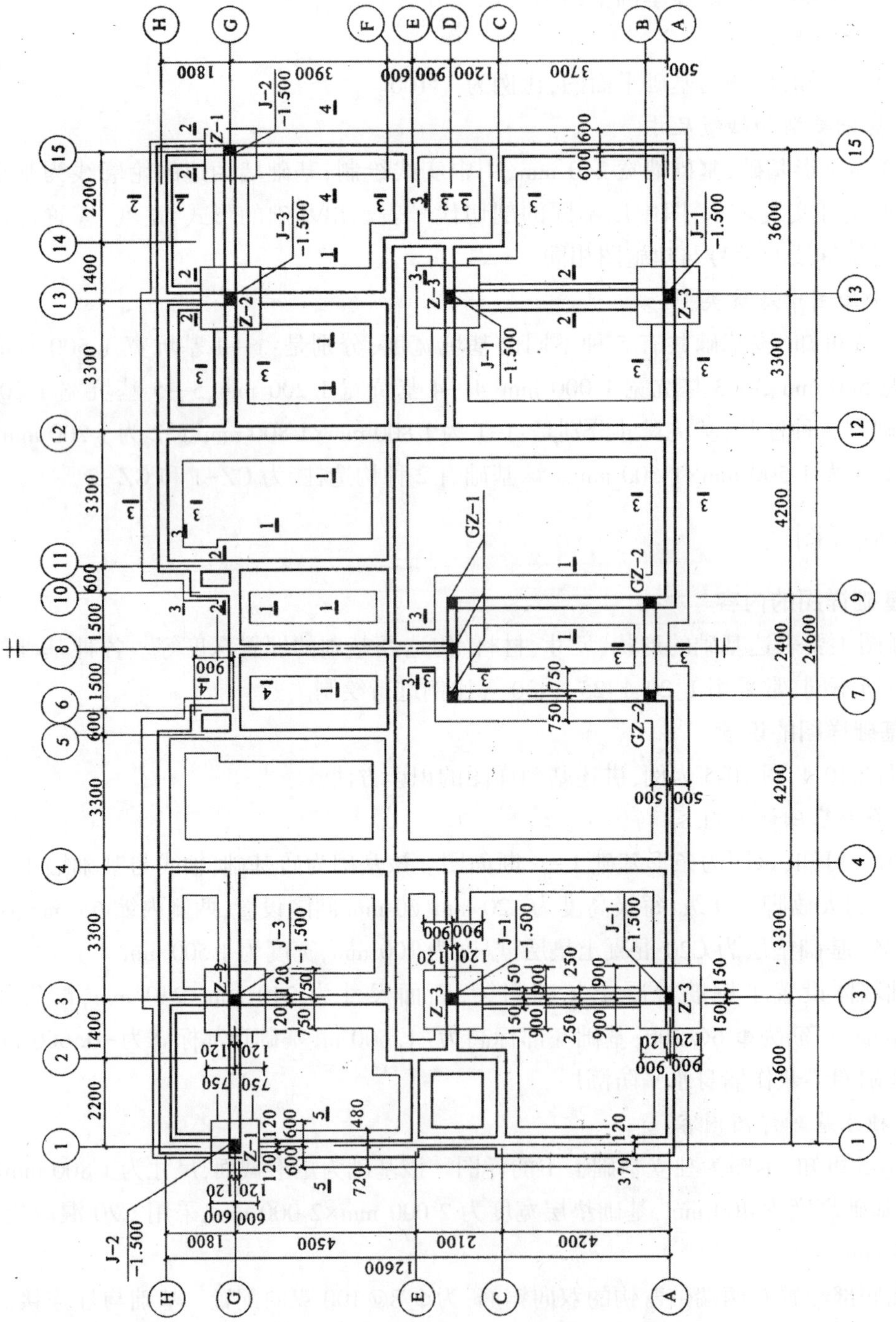

图10-3 某基础平面图 1:100

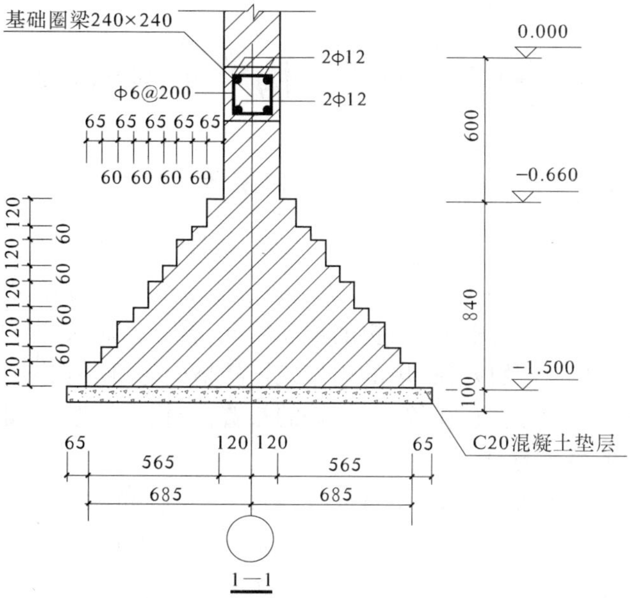

图 10-4　条形基础详图

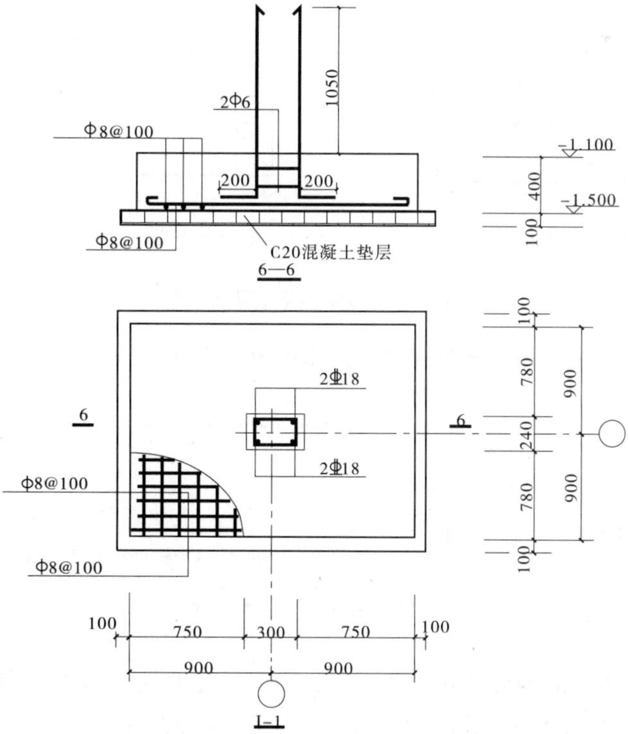

图 10-5　独立基础详图

任务四　楼层结构平面图识读

一、预制楼板结构平面图的图示方法和识读

楼层结构平面图是假想用一个平行于水平面的剖切平面将楼面板剖切后,向下投影得到的水平剖面图。楼层结构平面图主要表示板、梁、墙等的布置情况及它们之间的相互关系。对于现浇板,一般要在图中反映板的配筋情况;若是预制板则反映板的选型、排列、数量等。梁的位置、编号以及板、梁、墙的连接或搭接情况等都要在图中反映出来;另外楼层结构平面图还反映圈梁、过梁、雨篷、阳台等的布置,当构造复杂时,也可单独成图。

(一)预制楼板的表示方法

预制楼板一般搁置在墙或梁上,平行放置,可以按实际布置画结构布置平面图,或画上一根对角的细实线,在线上标出构件代号和数量,如图 10-6 所示。

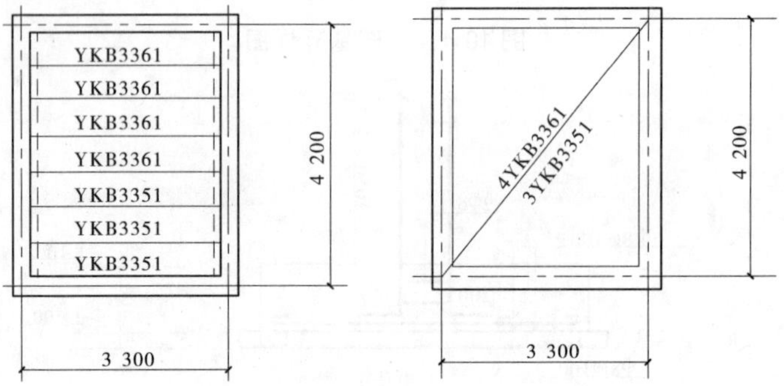

图 10-6　预制楼板的表示方法

预制板一般用代号表示,图 10-6 中用 YKB3361 表示:

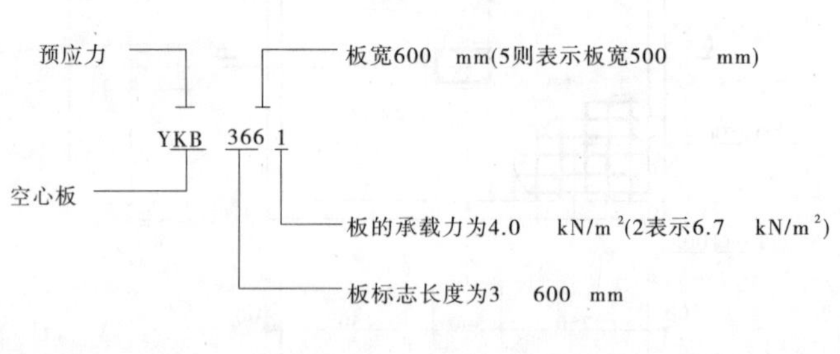

板的宽度有 500 mm、600 mm、900 mm、1 200 mm,板的荷载等级代号有 1、2、3 三种,分别代表板的承载力为 4.0 kN/m^2、6.7 kN/m^2、9.1 kN/m^2。

(二)梁的表示方法

梁一般用双实(虚)线表示,并写出梁的代号,如图 10-7 中 L-1、L-2 等。为防止图线过多,可省去梁的图例,直接将过梁代号注写在门窗洞口的位置上。

其中 GL24243:GL 表示过梁,第 1 个 24 表示梁的净跨 2 400 mm,第 2 个 24 表示墙的

厚度为 240 mm,3 为荷载等级代号,荷载等级为 10 kN/mm^2。

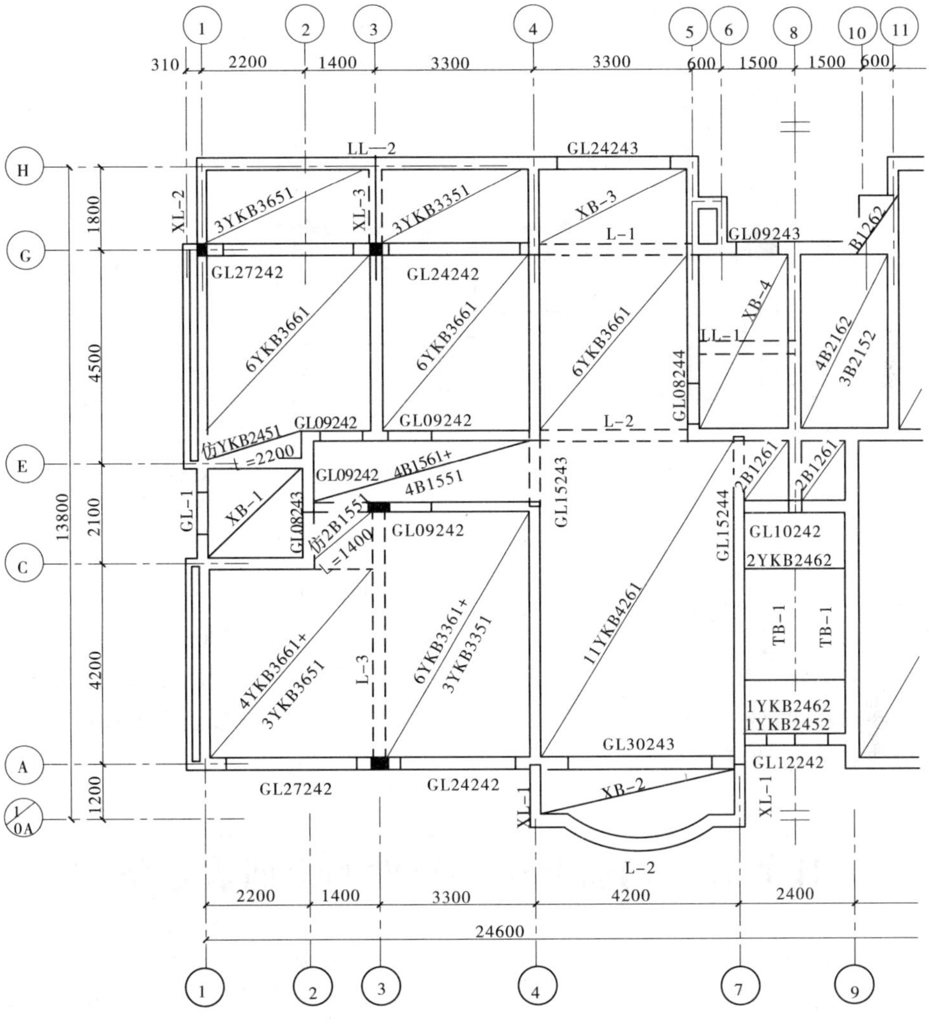

二~五层结构平面图　1:100

图 10-7　某楼层结构平面布置图(局部)

二、现浇楼板结构平面图的图示方法和识读

楼层结构平面图一般分层画出。对于结构相同的楼层,可共用一张结构平面图,称为标准层结构平面图或×~×层平面图。在楼板结构平面图中,楼板轮廓线用中实线表示,楼板下方不可见的墙、梁、柱等用中虚线表示,被剖切到的断面轮廓用粗实线表示,并画上材料图例,当图样比例较小时,钢筋混凝土可涂黑表示;用粗实线画出板中钢筋,每一种钢筋只画一根,同时画出一个重合断面表示板的形状、厚度和标高;配筋相同的板,可画出其中一块板的配筋,并表示出该类板的编号,如 B1、B2 等,其余板不用再重复标注配筋;楼梯间的结构布置一般不在楼层结构平面图中表示,只用双对角线表示,其内容在楼梯结构详图中表示。图 10-8 为某楼层结构平面图(局部)。

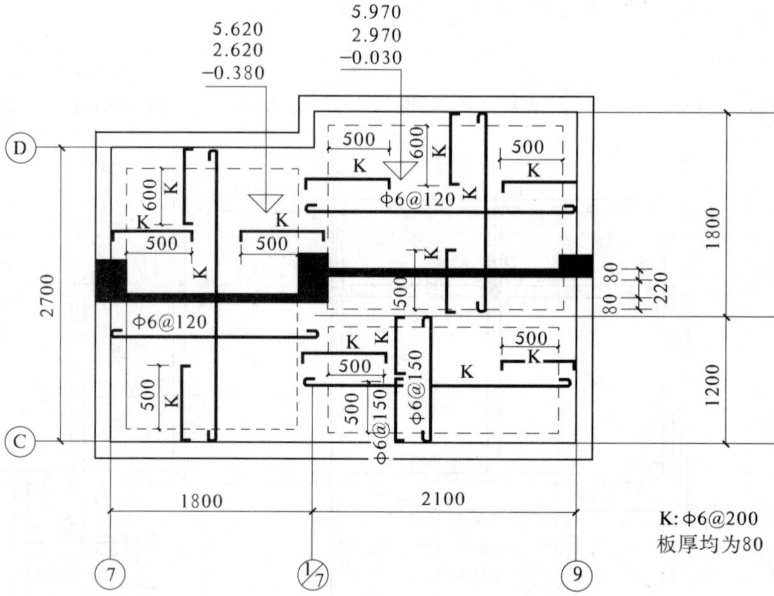

图 10-8　某楼层结构平面图(局部)

图 10-8 表示了板的配筋情况,在图的右下方显示“K:Φ 6@ 200,板厚为 80 mm”。对照图样可知:沿墙体四周布置有负弯矩钢筋,直径为 6 mm,间距为 200 mm,钢筋长度有 500 mm、600 mm 两种;板中的受力筋为Φ 6@ 120(150),板的分布筋为Φ 6@ 200,图中涂黑的部分为板及板的反梁。

任务五　钢筋混凝土构件的平面表示法

为了提高设计效率、简化绘图、缩减图纸数量,并且使施工看图、记忆和查找方便,我国推出了国家标准图集《混凝土结构施工图平面整体表示方法制图规则和构造详图》。结构施工图平面整体表示方法简称平法。所谓平法,是把结构构件的尺寸和配筋等,按照平面整体表示方法的制图规则,直接表达在各类构件的结构平面布置图上,再与标准构造详图相配合,构成一套新型的、完整的结构施工图。它改变了传统的将构件从结构平面布置图中索引出来,再逐个绘制配筋详图的烦琐方法,从而使结构设计方便,表达全面、准确。易随机修正,大大简化了绘图过程。

该图集包括两大部分内容:平面整体表示法制图规则和标准构造详图。该方法主要用于绘制现浇钢筋混凝土结构的梁、板、柱、剪力墙等构件的配筋图。下面仅对常用的梁、柱平面表示法进行介绍。

一、平法施工图的表示方法

梁平法施工图在梁平面布置图上可采用平面注写法或截面注写法表达。

(一)梁平面注写法

梁平面注写包括集中标注和原位标注。集中标注表达梁的通用数值,原位标注表达梁的特殊数值。当集中标注中的某项数值不适用于梁的某个部位时，采用原位标注，施工时原位标注取值优先。

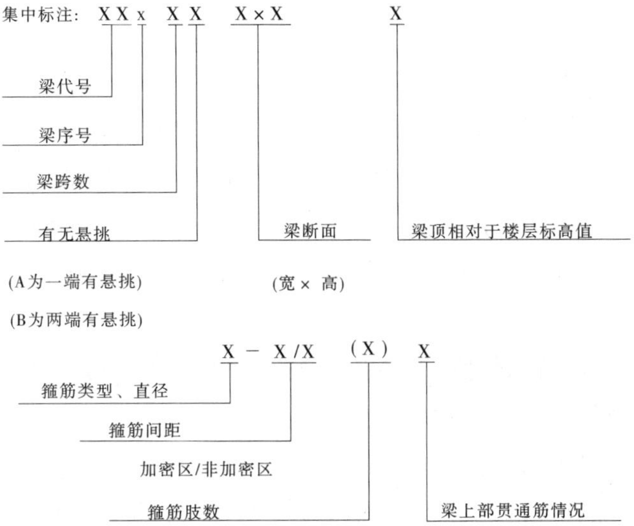

1. 集中标注

梁集中标注的内容有五项必注值及一项选注值。五项必注值为梁编号、梁截面尺寸、梁箍筋、梁上部通长筋或架立筋、梁侧面纵向构造筋或受扭筋，选注值为梁顶面标高高差。图 10-9 中集中标注由上至下的含义为：

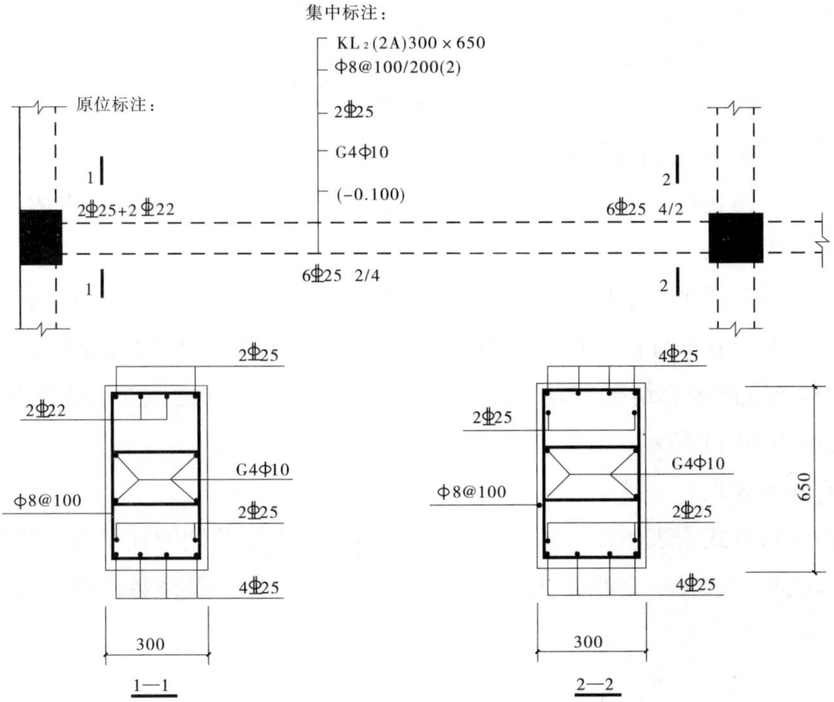

图 10-9　梁的平法(局部)注写方式

KL_2(2A)300×650:表示2号框架梁,有两跨,一端有悬挑,梁断面300 mm×650 mm。

Φ 8-100/200(2):表示此梁箍筋直径8 mm,间距200 mm,加密区间距100 mm,该梁箍筋为双肢箍筋。

2 Φ 25:表示在梁上部贯通筋为2根直径为25 mm的钢筋。

G4 Φ 10:表示设有构造筋4根,直径为10 mm;当梁腹板高度 $h_w \geq 450$ mm时,需配置纵向构造钢筋,以大写字母"G"打头,连续注写设置在梁两侧的总配筋值;当梁侧配置受扭纵向筋时,以大写字母"N"打头,连续注写配置在梁两侧的总配筋值。

(-0.100):表示梁顶结构标高低于本层楼面结构标高0.100 m。

2. 原位标注

原位注写表达梁的特殊数值,将梁上、下部受力筋逐跨注写在梁上、梁下位置,当受力筋多于一排时,用斜线"/"将各排纵筋自上而下分开。

另外,当同排钢筋为两种直径时,可用"+"号相连表示,注写时梁截面角上的钢筋注写在前面。梁侧面配有抗扭钢筋时,可冠以" * "号注写在梁的一侧。

图10-9中原位标注的含义为:

6 Φ 25 2/4:表示为该跨梁下部配筋,上一排纵筋为2 Φ 25,下一排纵筋为4 Φ 25全部伸入支座。

2 Φ 25+2 Φ 22:表示梁支座上部有四根钢筋伸入支座,2 Φ 25放在角部,2 Φ 22放在中部,当梁支座两边的上部纵筋相同时,可仅在一边标注配筋值。

图10-10为平面注写与截面注写结合使用的图例,图中吊筋直接画在平面图的主梁上,用引线标明总配筋值,如 L_3 中吊筋为2 Φ 18。

(二)柱平法施工图的表示方法

柱平法施工图在柱平面布置图上采用列表注写方式或截面注写方式表达。

1. 列表注写方式

用列表注写方式来表示柱平法施工图,是指在柱平面布置图上,分别在同一编号的柱上选择一个或几个界面标注几何参数代号,在柱表中注写柱号、柱段起止标高、几何尺寸(含柱截面对轴线的偏心情况)与配筋的具体数值,并配以各种柱截面形式及其箍筋类型图的方法,如图10-11所示。

2. 截面注写方式

用截面注写方式来表达柱平法施工图,是指在按标准层绘制的柱平面布置图上,分别在同一编号的柱中选择一个截面,以直接注写截面尺寸和配筋具体数值的方法进行标注,如图10-12所示。

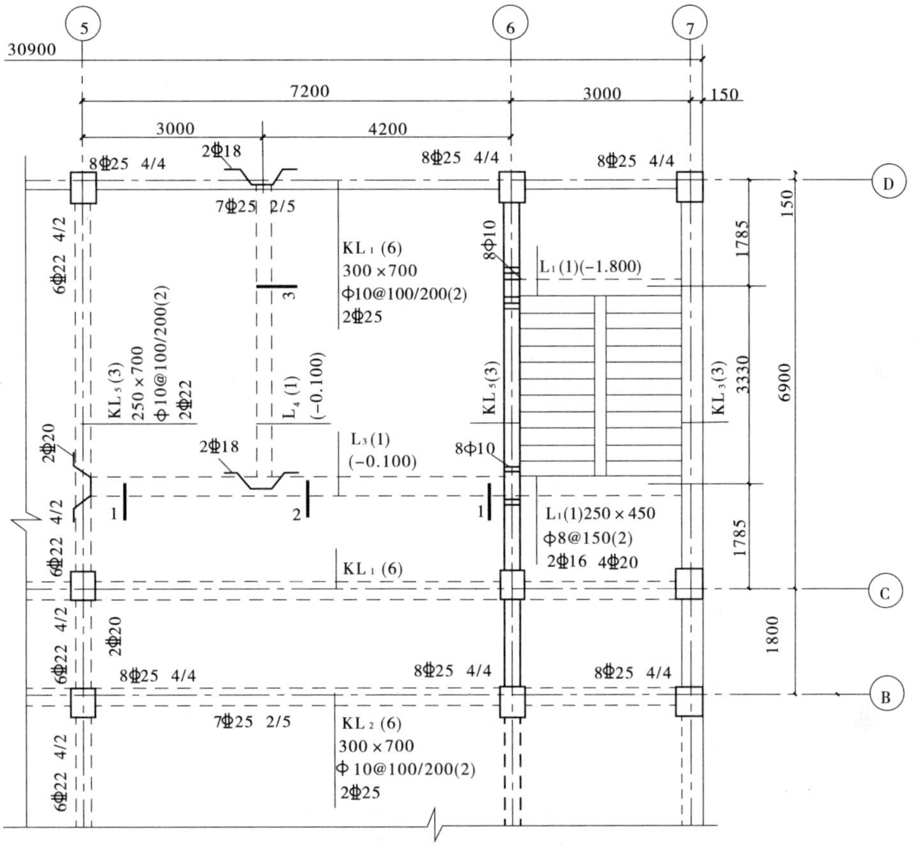

9	30.270	3.60
8	26.670	3.60
7	23.070	3.60
6	19.470	3.60
5	15.870	3.60
4	12.270	3.60
3	8.670	3.60
2	4.470	4.20
1	-0.030	4.50
层号	标高(m)	层高(m)

楼高结构标高、层高

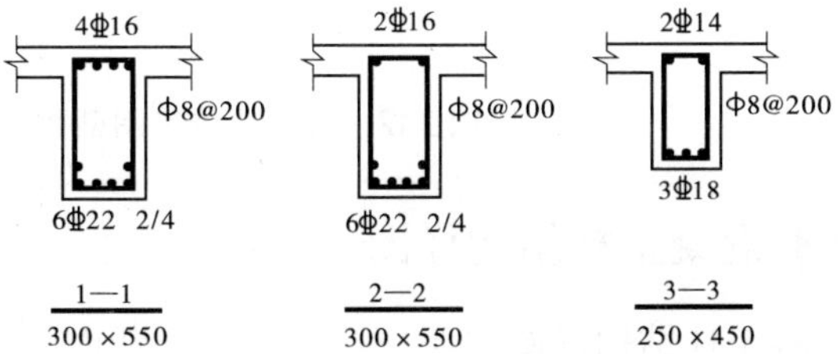

图 10-10　梁平面整体配筋示例图

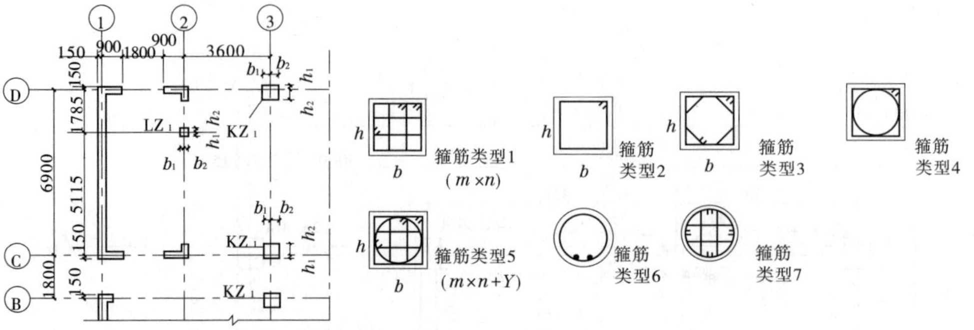

柱表

柱号	标高(m)	b×h (圆柱直径D)	b_1	b_2	h_1	h_2	全部纵筋	角筋	b边一侧中部筋	h边一侧中部筋	箍筋类型号	箍筋	备注
KZ1	-0.030~19.470	750×700	375	375	150	550	24Φ25				1(5×4)	Φ10@100/200	
	19.470~37.470	650×600	325	325	150	450		4Φ22	5Φ22	4Φ20	1(4×4)	Φ10@100/200	
	37.470~59.070	550×500	275	275	150	350		4Φ22	5Φ22	4Φ20	1(4×4)	Φ8@100/200	
XZ1	-0.030~8.670						8Φ25				按标准构造详图	Φ10@200	③×⑧轴KZ1中设置

图 10-11　柱平法施工图列表注写方式

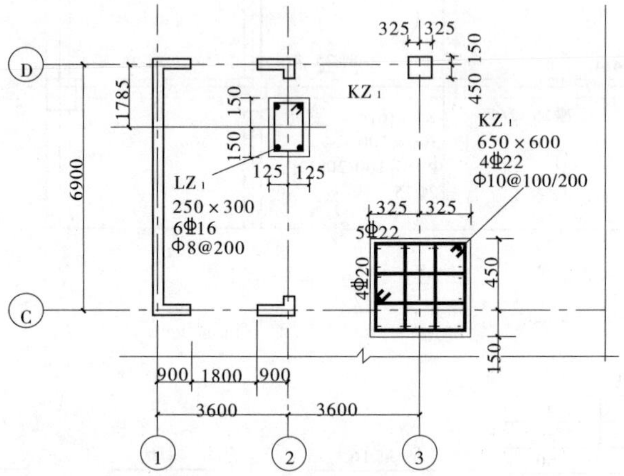

图 10-12　柱平法施工图截面注写方式

二、钢筋混凝土柱结构详图

钢筋混凝土柱结构详图主要包括立面图和断面图。如果柱的外形变化复杂或有预埋件，则还应增画模板图，模板图即构件的外形图，一般用细实线绘制。

如图 10-13 为现浇钢筋混凝土柱的结构详图。该柱从标高为-0.030 m 起直通顶层标高为 11.10 m 处。柱为矩形断面，长×宽为 300 mm×250 mm，由 1—1 断面可知受力筋是 4 根直径 25 mm 的钢筋，由 2—2 断面可知受力筋是 4 根直径 20 mm 的钢筋，3—3 断面是 4 根直径 16 mm 的钢筋，箍筋用直径为 6 mm 的钢筋，柱上不同位置，箍筋的疏密程度不同，其中@200 表示箍筋间距为 200 mm，@100 表示箍筋加密为间距 100 mm。

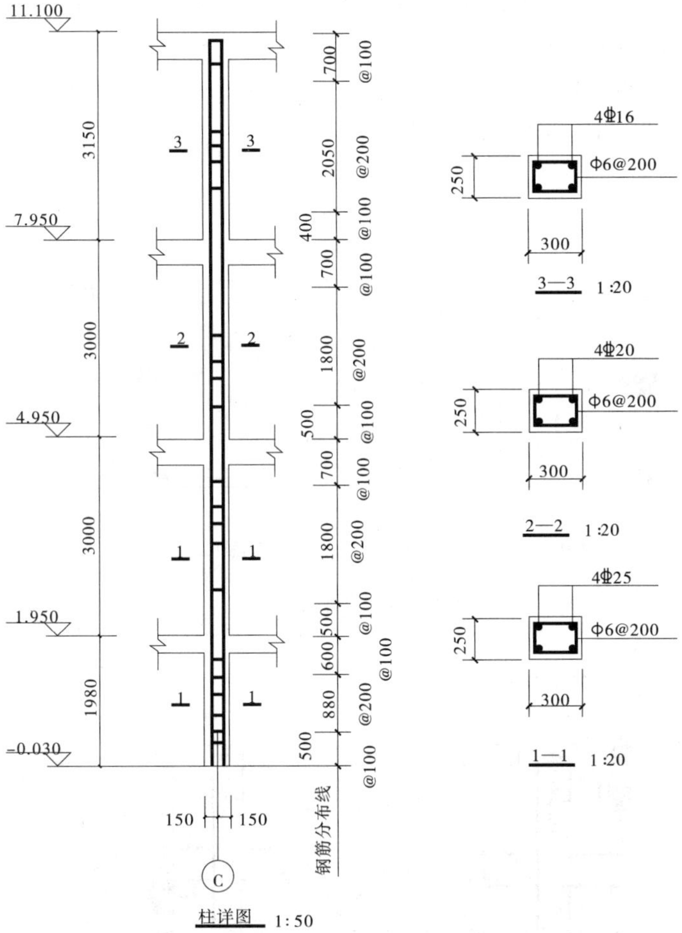

图 10-13　现浇钢筋混凝土柱的结构详图

任务六　楼梯结构施工图识读

一、楼梯结构平面图的形成和表示方法

楼梯结构平面图是设想沿上一楼层平台梁顶剖切后所作的水平投影。楼梯结构施工图包括楼梯结构平面图、楼梯结构剖面图和楼梯构件详图。

楼梯结构平面图主要表示楼梯类型、尺寸、结构及梯段在水平投影的位置、编号、平面布置、代号、大小、定位尺寸以及它们的结构标高、休息平台板配筋和标高等。图中的轴线编号与建筑施工图一致，剖切符号仅在底层楼梯结构平面图中表示，剖切到的墙用中实线表示；楼梯梁、板的轮廓线可见的用细实线表示，不可见的则用细虚线表示。图 10-14 所示为某楼梯结构平面图。从图中看出楼梯间的轴线尺寸，从地下室到第一休息平台(标高-1.070 m)共有 9 级踏步，每步宽 300 mm；TB_1、TB_2 分别是踏步板 1、踏步板 2 的编号，从图 10-14(c)中看到 TB_1、TB_2 的长为 2 400 mm、宽均为 1 170 mm，其中 TB_1 只在中间 670 mm 范围内有踏步、两边为斜平板。TL_1 表示支撑楼梯平台板的楼梯梁。XB_1、XB_2 表示两个休息平台板，其标高分别为-1.070 m、-0.020 m，板厚 $h=80$ mm。在图 10-14(b)中画出了休息平台板 XB_1、XB_2 的配筋情况。

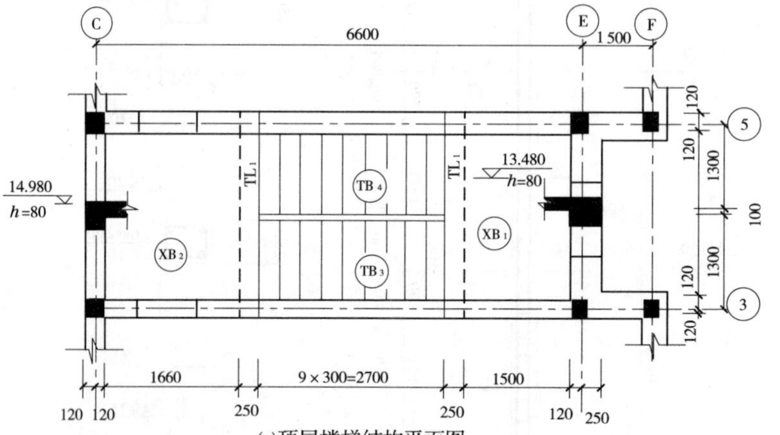
(a)顶层楼梯结构平面图

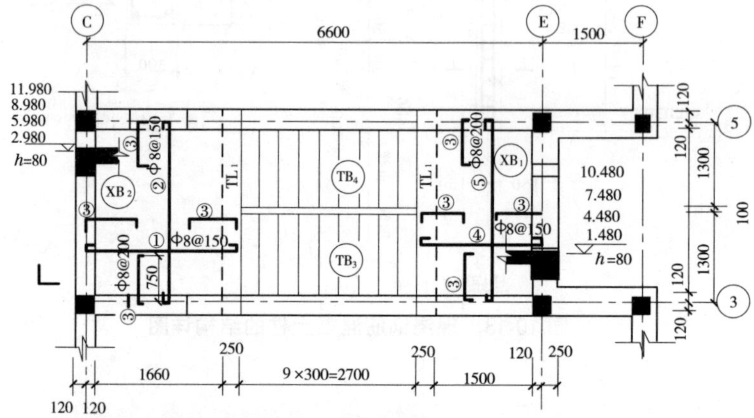
(b)标准层楼梯结构平面图

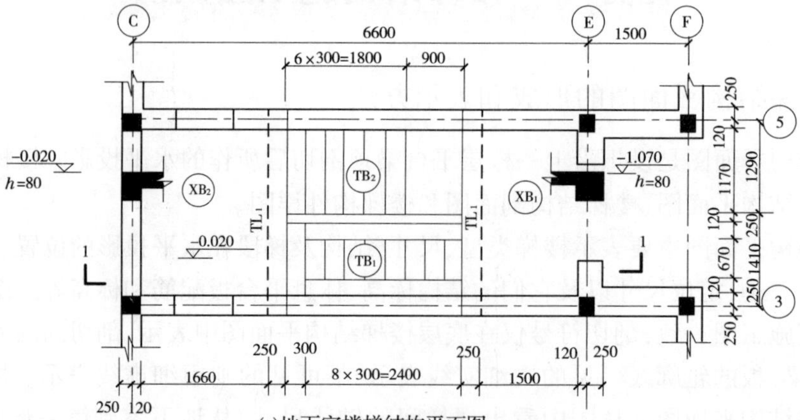
(c)地下室楼梯结构平面图

图 10-14 楼梯结构平面图

二、楼梯剖面图及楼梯详图

楼梯结构剖面图主要表示各楼梯段、休息平台板的立面投影位置、标高等；在结构图中，由于比例较小，构件连接处无法详细表示各构件配筋时，可用较大的比例画出每个构件的配筋图，即楼梯构件详图，如图 10-15 所示。

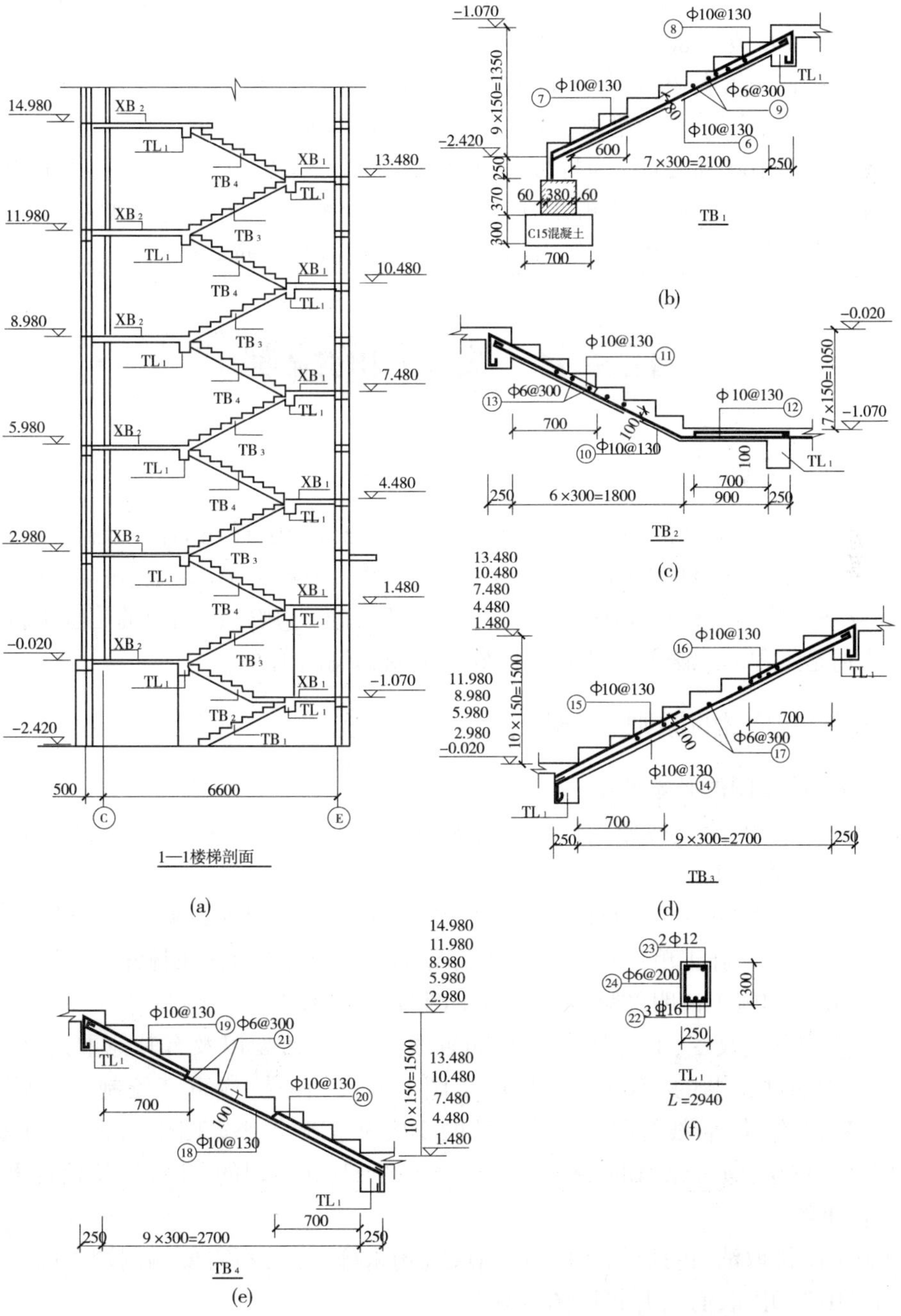

图 10-15　某楼梯结构剖面图及构件详图

图 10-15(a)为 1—1 楼梯剖面图,主要表示了 TB、TL、XB 在竖向的位置、标高、结构情况。由图中看出 TB_1、TB_2 各 1 块,TB_3、TB_4 各 5 块。TL_1 共 12 根,各构件在空间的位置一目了然。

图 10-15(b)、(c)、(d)、(e)、(f)为楼梯构件详图,也就是楼梯配筋详图。图 10-15(b)、(c)、(d)、(e)分别为 TB_1、TB_2、TB_3、TB_4 的剖面图,图 10-15(f)为平台梁 TL_1 的剖面图。从图 10-15(b)可以看出,从地下室-2.420 m 到-1.070 m 共有 9 步,每步高 150 mm。从图中可知,TB_1 踏步板厚 80 mm 且与平台梁 TL_1 直接相连,梯板中的配筋⑥Φ 10@130 为纵向受力筋,布置在板底;⑨号分布筋横向布置在受力筋上面,⑦、⑧号为构造筋,布置在板两端的上方,两端深入平台梁内。TB_2、TB_3、TB_4 的构造形式与 TB_1 基本相同,不同之处是,踏步板厚改为 100 mm,TB_2 为折板。图 10-15(f)为平台梁 TL_1 断面图,梁宽 250 mm、高 300 mm、长 2 940 mm,左右两侧分别与踏步板、平台梁相连,它的标高见 1—1 楼梯剖面图,梁中受力筋㉒号筋为 3 Φ 16,架力筋㉓号筋为 2 Φ 12,箍筋Φ 6@200。

任务七　竣工图的编制

一、编制竣工图的范围

我国对于竣工图编制范围的规定:各项新建、扩建、改建、迁建的基本建设项目都要编制竣工图,特别是建设项目中的基础、地下建筑、管线、结构、井巷、峒室、桥梁、隧道、港口、水坝以及设备安装等工程都要编制竣工图。要求所有上述规定范围内的工程项目要编制竣工图,特别是工程的隐蔽部位要重点做好竣工图的编制工作。

二、编制竣工图的原则、依据

(一)编制竣工图的基本原则

(1)凡在施工中,完全按原设计施工而无任何变动的,则由施工单位在原设计图上加盖"竣工图"标志章,即作为竣工图。

(2)凡在施工中,虽有一般性设计变更,但能将原施工图加以修改补充作为竣工图的,可不重新绘制,由施工单位负责在原施工图(必须是新图)上注明修改的部分,并附以设计变更通知单和施工说明,然后加盖"竣工图"标志章作为竣工图。

(3)凡结构形式改变、工艺改变、平面布置改变、项目改变以及有其他重大改变,或者图面变更面积超过 35%的,不宜再在原施工图上修改、补充,应重新绘制改变后的竣工图,特别是基础、结构、管线等隐蔽工程部位的变更应重新绘制竣工图。由于设计原因的,设计单位负责重绘;施工原因的,施工单位负责重绘;其他原因的,建设单位负责重绘或委托别的单位重绘。

(4)施工图被取消,包括设计变更取消或现场未施工的,不需要编制竣工图。但应在原图纸目录中注明"取消",并将原图作废。

(5)编制竣工图必须编制各专业竣工图的图纸目录,绘制的竣工图必须准确、清楚、完整、规范、修改必须到位，真实反映项目竣工验收时的实际情况。

(6)用于改绘竣工图的图纸必须是新蓝图或绘图仪绘制的白图，不得使用复印的图纸。

(二)编制竣工图的依据

(1)设计施工图。建设单位提供的作为工程施工的全部施工图，包括所附的文字说明，以及有关的通用图集、标准图集或施工图册。

(2)施工图纸会审记录或交底记录。

(3)设计变更通知单，即设计单位提出的变更图纸和变更通知单。

(4)技术联系核定单，即在施工过程中由建设单位和施工单位提出的设计修改，增减项目内容的技术核定文件。

(5)隐蔽工程验收记录，以及材料代换等签证记录。

(6)质量事故报告及处理记录，即施工单位向上级和建设单位反映工程质量事故情况报告，鉴定处理意见、措施和验证书。

(7)建(构)筑物定位测量资料，施工检查测量及竣工测量资料。

三、竣工图编制的基本内容

竣工图应按单位工程，并根据专业、系统进行分类和整理。其主要由以下两方面组成，即总体方面和专业方面。

(一)总体方面

(1)项目总平面布置图、位置图及地形图。

(2)设计图总目录。

(3)设计总说明。

(4)总体工程图。

(5)各单项工程图。

(二)专业方面

土建工程(含建筑、结构)竣工图，给水排水工程竣工图，电力、照明电气和弱电(包括通信、避雷、接地、电视等)工程竣工图，暖通(包括采暖、通风、空调)工程竣工图，煤气(氧气、乙炔气、蒸汽、压缩空气等)工程竣工图，设备及工艺流程竣工图。

1. 建筑工程竣工图

图纸目录；设计说明；屋面、楼面、地面(含地下室工程)、分层平面图；立面图；剖面图；门窗图；楼梯间、电梯间、电梯井道的平面和剖面详图；电梯机房平面图、剖面图；地下部分的防水防潮图，外墙伸缩缝防水图；阳台、雨篷、挑檐及其他建筑大样图；专业性特别强的建筑图(如声学、光学、热学、抗震、防辐射等)；总体工程中的道路、铁路、围墙、大小堤岸、码头、闸门、桥梁，各种动力管、路、线、网的沟、坑、井、支架等地上和地下的建筑图；属于建筑工程的金属构件、钢筋混凝土的零星构件图。

2. 结构工程竣工图

图纸目录；设计说明；基础平面、剖面及结点大样图；屋面、楼面、地面(含地下室工程)分层结构平面布置图；柱详图，包括模板图、配筋图、剖面图、结点大样图；各层结构布置中的梁、板详图,包括模板图、配筋图、剖面图、结点大样图;工业厂房屋盖结构中的梁、板、支撑平面布置及大样图;吊车梁、吊车轨道及与柱结点大样图;楼梯间、电梯间、电梯井道结构平面、剖面、结点大样图;电梯机房结构平面、剖面图。

3. 给水排水工程竣工图

图纸目录;设计说明;给水排水设备明细表;各层给水排水(包括给水、废水、污水、雨水、透气管)平面布置图;各种给水排水主管图及透视图;各种给水排水工程实际施工详图;屋顶水箱、屋面给水排水工程图,水泵房、水池、水塔、冷水塔等工程给水排水工程图;总体工程中的给水排水工程图。

4. 电力、照明电气和弱电工程竣工图

图纸目录;设计说明;电气设备明细表;变配电、供电、动力、照明、冷暖通风、消防等电管、电线、电缆平面图、系统图;设备、工艺流程、制冷系统电管、电线、电缆走向图;各种高低压柜、变配电箱原理图,二次接线图;弱电系统的通信、避雷、接地、电视线路图;总体工程中的电力、照明的地上架空线路图及地下线路图。

5. 暖通工程竣工图

图纸目录,设计说明,暖通设备明细表,各层平面布置图,暖通管道立面透视图,总体工程中的暖通管道系统图。

6. 煤气工程竣工图

图纸目录;设计说明;各层平面布置图,煤气管道立面透视图;总体工程中的煤气管道系统图。

氧气、乙炔气、蒸汽、压缩空气等工程竣工图与煤气工程类同,此处略。

7. 设备及工艺流程竣工图

图纸目录;设计说明;设备明细表;设备安装竣工图;管道化生产工艺流程竣工图;总体工程中,有关工艺流程系统竣工图。

四、编制竣工图的时间、套数

(一)编制竣工图的时间

根据国家规定编制各种竣工图,必须在施工过程中(不能在竣工后)进行。国家对编制竣工图的时间之所以做出这样的规定,其主要原因是编制竣工图的工作具有下列几个特点:

(1)工程建设周期一般较长,竣工后再编制竣工图,原始记录不易收集齐全,事后许多问题要靠回忆进行整理,往往因为当事人记不清楚,造成编制的竣工图不准确。

(2)施工中往往会出现管理组织、管理人员的变动和交替现象,特别是施工单位的人员变动,都会对竣工后编制竣工图有直接影响,容易出现责任不清或互相扯皮现象。

(3)由于有些施工单位承包的工程项目较多,而技术力量又不足,一个技术人员要负责几项工程,前面的工程刚接近收尾,新的工程又跟着上,全部精力主要用在工程建设上,造成竣工图编制工作"老账未了,新账又来"的局面。随着时间的推移,竣工的项目越来越多,编制竣工图也就更困难了。

综上所述,把编制竣工图放在竣工后集中完成,工作量太大,时间要求紧,人员也不好

安排,赶编出来的竣工图质量也不高,所以国家规定把编制竣工图的工作放在施工中进行,其优点是:

(1)跟随施工进度进行编制,做到细水长流,把繁重的工作量分散,可以克服技术力量不足的困难。

(2)跟随施工进度编制,工程情况看得清、摸得准,观测清楚,编制准确。

(3)工程质量检查人员,能及时核对竣工资料与实物的误差,以保证竣工图的质量。

(二)编制竣工图的套数

国家有关编制竣工图的规定,原则上为:一般不少于两套,一套移交生产使用单位保管,一套移交有关主管部门或技术档案部门长期保存,国家重点建设项目,以及其他重要工程,若两套竣工图不能满足需要,建设单位、施工单位在施工合同中必须明确其编制竣工图的套数。

五、编制竣工图的单位、人员、费用

(一)编制竣工图的单位

我国规定:施工单位在施工中做好施工记录、检查记录,整理好变更文件,并及时做好竣工图,保证竣工图质量,对竣工图及竣工文件的验收是工程验收的内容之一。这一规定明确了编制竣工图是施工单位必须履行的职责,以施工单位为主编制竣工图对落实编制竣工图任务和确保竣工图的质量是有利的和十分必要的。编制竣工图是施工单位的任务。

(1)按照基本建设程序,每项工程都要经过计划审批,划拨建设用地、征用土地和确定建筑位置,委托设计和审批,组织施工和竣工验收等过程。在施工过程中发生的技术变更,一般都是施工单位及建设单位提出,然后同设计部门协商处理,而设计部门提出技术变更的则很少,因此除设计变更较大,需要重新绘图的由设计部门负责外,一般的变更则由施工单位完成竣工图的编制任务。

(2)编制竣工图所依据的文件有:图纸会审纪要,隐蔽验收记录,技术变更通知单,建(构)筑物定位测量资料,施工检查测量资料及竣工测量资料等,基本上都是施工部门形成的。

(3)施工单位是项目产品的直接建造者,对工程变化最熟悉,尤其是对隐蔽部分有实测检验记录,可以保证编制的竣工图符合实际情况。

(4)工程竣工后,施工单位应按国家规定向建设单位提交完整、准确的竣工图等文件材料,作为交工验收的依据。

以上几点充分说明了编制竣工图是施工单位义不容辞的责任和义务,各建筑施工企业应严格遵守国家对编制竣工图的有关规定和要求;加强对该项工作的管理,提高竣工图的编制质量。

(二)履行编制竣工图应由施工技术人员承担

施工单位在工程建设过程中履行编制竣工图的职责时,必须贯彻“谁施工谁负责”的原则。一般应由参加工程施工的有关技术人员承担,其原因是:

(1)编制竣工图是一项技术性较强的工作,而且要承担技术责任,因此应由参加组织施工的施工技术人员或由队(处)的工程师、技术员负责编制。

(2)负责施工的工程技术人员,其主要任务是按照施工图指导工人施工,解决和处理施工中的技术问题。一旦由于发生技术变更,使建筑物与施工图不相符合时,工程技术人员有责任进行更改绘制竣工图,以保证图、物相符。

(3)负责施工的工程技术人员,对施工情况最了解,对变动部位知道得最详细,尤其对隐蔽部位验收质量情况最清楚,且绝大部分原始记录等第一手资料都掌握在施工技术人员手中。因此,由施工技术人员编制竣工图能做到准确、符合实际,能够保证竣工图的质量。

(三)编制竣工图的费用

编制竣工图所需的费用,凡是属设计原因造成的,由设计单位解决;施工单位负责编制所需的费用,由施工单位在建设安装工程造价中解决;建设单位负责编制和需要复制的费用,由建设单位在基建投资中解决;建成使用以后需要复制补制的费用,由使用单位负责解决。这在建设单位或有关部门与承包单位签订的合同中要加以明确。

六、竣工图编制的基本方法

(一)注记修改法

此法是用一条粗直线将被修改部分划去。因为注记修改基本上不涉及图纸上线条修改的内容,而用文字、符号加以注释,因此此法仅适用于原施工图上仅是用文字注释的内容,如建筑施工图、结构施工图的总说明、材料代用、门窗表的修改等变更。

(二)杠划法

杠划法即在原施工图上将不需要的线条用粗直线或叉线划去,重新编制竣工图的真实情况。此法是竣工图编制工作中最常用的一种基本方法。其特点是:被划去的内容和重新绘制的内容都一目了然,且编制竣工图的工作量较小;不足的是,当变更较大或较多时,图面易乱,表达不清。

(三)刮改法

刮改法即在原施工底图上刮去需要更改的部分,重新绘制竣工后的真实情况,再复晒竣工蓝图。此法的特点是:必须具备施工底图方可进行,对于大型工程和重要建筑物,考虑到目前蓝图不利于长期保存,最好编制竣工底图,或者利用现代复印设备,先制作施工底图,再利用刮改法做竣工底图。

(四)贴图更改法

原施工图由于局部范围内文字、数字修改或增加较多,较集中,影响图面清晰,或线条、图形在原图上修改后使图面模糊不清,宜采用贴图更改法。即将需修改的部分,用别的图纸书写绘制好,然后粘贴到被修改的位置上。粘贴时,必须与原图的行列、线条、图形相衔接。在粘贴接缝处要加盖编制人印章。重大工程不宜采用贴图更改法。整张图纸全面都有修改的,也不宜用贴图更改法,应该重绘竣工图。

(五)重新绘制新图

此法是在施工过程中,随工程分部的修建而逐步编制,待整个工程竣工,各个部分的竣工图也基本绘制完成,经施工部门有关技术负责人审查、核实后,再描绘成底图,底图核签之后即可晒制竣工蓝图。此法的特点是:竣工图清晰准确、系统完整,便于永久保存和利用。

七、编制竣工图的质量要求

在编制竣工图时必须重视编制的质量,“百年大计、质量第一”是基本建设的宗旨。其要求包括三个方面:一是内在质量标准,就是竣工图必须符合实际,反映施工结束最终状况;二是外观质量标准,就是幅面整洁、图形清晰、标志醒目、标注位置合理,达到查阅迅速、利用方便的目的;三是使用质量标准,主要是所用纸张、书写、裱糊、盖章印泥印色等材料质量应符合档案长期安全保管要求。

(1)竣工图的图形和有关文字说明必须清楚准确、反映现场变更实际。做到图、物、文字一致,没有错误,遗漏和含糊不清的地方。

(2)利用施工图改绘竣工图时必须在更改处注明变更依据,即在修改时要注明设计变更单、图纸会审记录或材料代用单的编号。做到指示明确、整齐美观,以便于查阅。当无法在图纸上表达清楚时,应在图标上方或左上方用文字说明,并须标注有关变更洽商记录的编号。新增加的文字说明,应在其涉及的竣工图上做相应的添加和变更。

(3)蓝图的更改可根据变更的具体情况选用注记修改法和杠划法,不能刮改,以保持图面整洁。应用施工蓝图编制竣工图时,必须使用新蓝图。禁止用在工地上受到磨损、残缺不全和有油垢的旧蓝图编制竣工图。

(4)图上各种引出说明,一般应与图框平行,引出线不得相互交叉,不遮盖其他线条。

(5)所有竣工图均须由编制单位逐张加盖、签署竣工图章。竣工图章中的内容填写齐全、清楚,不得代签。竣工图章盖在图纸标题栏附近空白处。重新绘制的“竣工图”按原图编号,末尾加注“竣”字,或在新图图标的“图名栏”内注明“竣工阶段”字样。

(6)编制“竣工图”必须用碳素墨水笔书写和绘制,不得用其他墨水和颜色的笔绘制,以便长期保存。描绘用纸必须是质地优良、透明度好的硫酸或薄尼龙纸,描绘线条要实在,墨色要均匀,以符合复晒的要求。竣工图章应使用不褪色红印泥。

(7)同一建(构)筑物重复的标准图、通用图可不编入竣工图中,但必须在图纸目录中列出图号,指明该图所在位置并在编制说明中注明;不同建(构)筑物应分别编制。

(8)竣工图应按《技术制图 复制图的折叠方法》(GB 10609.3—2009),统一折叠成A4图幅(210 mm×297 mm)。

(9)竣工图要具备完善的图样目录或文件目录。

(10)竣工图样上各专业名词、术语、代号、图形文字、符号和选用的结构要素,以及填写的计量单位,均应符合有关标准和规定。

为了确保竣工图的编制质量,对竣工图的编制还应做到完整、准确和及时。

(1)完整的具体要求:一是竣工图的编制范围、内容、数量应与施工图一致。在没有新增加施工图或没有取消施工图的情况下,必须做到有一张施工图就有一张相应的竣工图(包括总平面图、位置图、地形图、施工总说明、施工说明、图纸目录、设备明细表等)。有新增加的施工图,也应有相应的竣工图;对没有施工图但实际进行施工且已竣工的工程,必须编制竣工图;被取消的施工图,不应编制竣工图,但必须将取消的依据纳入竣工图编制资料。二是除被变更取消或修改外,施工图中原有的内容在竣工图中必须仍然保存,变更增加和修改后的内容,必须在竣工图中得到反映;施工质量事故处理后的情况,包括文字、数字、图形改变,必须在竣工图上反映。

(2)准确的具体要求:竣工图必须加盖竣工图标记章,并经有关人员签章。增删、修改必须做到标注依据清楚,文字、数字准确工整,图形清晰,编制要规范化、标准化。

(3)及时的具体要求:要及时做好竣工图编制的基础工作,在施工过程中,及时收集和整理资料,注意保管好设计变更文件。变更单位要对出具的设计变更文件统一编号。对变更内容的实际施工日期、修改施工图日期及修改哪几张图等事项应由施工单位及时做好记录。

竣工图是建筑工程竣工档案的重要组成部分,是工程建设完成后的主要凭证性材料,是建筑物真实的写照,是工程竣工验收的必备条件,是工程维修、管理、改建、扩建的依据,因此各项新建、改建、扩建项目均必须按要求编制竣工图。

小　结

1. 本项目主要介绍了结构施工图的形成、内容、构件代号、图示方法等基本知识。

2. 钢筋混凝土结构的基本知识,钢筋的种类及其表示方法。

3. 基础结构施工图识读:掌握独立基础的平面图表示与详图内容。

4. 楼层结构平面图识读:能掌握预制楼板结构平面图的图示方法和识读、现浇楼板结构平面图的图示方法和识读以及梁、柱、板等构件的位置关系。

5. 钢筋混凝土构件的平面表示方法:梁、柱结构施工图的图示方法与识读。

【技能实操】

扫码 10-1,做项目十一的相关复习思考题。

码 10-1

参考文献

[1] 魏琳. 建筑构造与识图[M]. 郑州:黄河水利出版社,2010.
[2] 赵妍. 建筑识图与构造[M]. 北京:中国建筑工业出版社,2008.
[3] 张根凤. 房屋建筑学[M]. 武汉:华中科技大学出版社,2006.
[4] 苏炜. 房屋建筑学[M]. 北京:化学工业出版社,2005.
[5] 袁雪峰,李效梅,戴杰. 房屋建筑学[M]. 北京:科学出版社,2007.
[6] 王远正,王建华,李平诗. 建筑识图与构造[M]. 重庆:重庆大学出版社,1996.
[7] 黄金凯,杨伯明. 房屋建筑学[M]. 北京:冶金工业出版社,1995.
[8] 季敏. 建筑制图与构造基础[M]. 北京:机械工业出版社,2007.
[9] 高远. 建筑构造与识图[M]. 北京:中国建筑工业出版社,2004.
[10] 吴伟民. 建筑识图与构造[M]. 北京:中国水利水电出版社,2007.
[11] 郑贵超. 建筑识图与构造[M]. 北京:北京大学出版社,2009.
[12] 何斌,陈锦昌,陈炽坤. 建筑制图[M]. 北京:高等教育出版社,2005.
[13] 吴曙球. 民用建筑构造与设计[M]. 天津:天津科学技术出版社,1997.
[14] 谷云香,徐蔚. 建筑识图与构造[M]. 郑州:黄河水利出版社,2009.
[15] 郑贵超,赵庆双. 建筑构造与识图[M]. 北京:北京大学出版社,2009.
[16] 舒秋华. 房屋建筑学[M]. 3 版. 武汉:武汉理工大学出版社,2006.
[17] 高远,张艳芳. 建筑构造与识图[M]. 北京:中国建筑工业出版社,2004.
[18] 聂洪达,郄恩田. 房屋建筑学[M]. 北京:北京大学出版社,2007.
[19] 冯美宇. 房屋建筑学[M]. 武汉:武汉理工大学出版社,2004.
[20] 舒秋华. 房屋建筑学[M]. 武汉:武汉理工大学出版社,2006.